科普人才培养丛书
庞晓东 王 挺 郑永和 主编

科普研究导论

主 编 郑 念 张利洁
副主编 颜 燕

科学出版社
北 京

内 容 简 介

本书阐述科普研究的内涵，系统梳理科普研究的理论、方法、内容，以及研究与写作过程，揭示科普研究的内在规律与独特研究特点。在内容编排上，本书注重理论联系实践，尽量做到基础性、实用性。全书分为五章及一个附录。第一章为科普研究概述，探讨科普的内涵、要素与功能，阐述科普研究的内涵、特征及科普学科建立的基本要素。第二章聚焦于科普研究的理论，从哲学、传播学、教育学、社会学四个学科视角出发，深入分析适用于科普研究的理论及其应用。第三章为科普研究的方法，系统总结科普研究常用的八类研究方法，并通过具体案例阐释每类方法的应用。第四章为科普研究的内容，借鉴传播学经典5W模式，将目前科普研究关注的重点和焦点内容划分为理论与政策、主体与对象、传播媒介、场馆建设、监测评估、内容创作六个方面，对每个方面内容的背景、现状及未来研究趋势进行分析。第五章为科普研究的过程，梳理从选题到成果呈现的全流程工作。附录部分基于文献计量学分析，可视化呈现2013～2022年我国科普研究的演进轨迹。

本书主要面向科普相关专业本科生、研究生，以及刚刚踏入科普研究领域的初学者，是一本科普研究入门读物。

图书在版编目（CIP）数据

科普研究导论 / 郑念，张利洁主编. — 北京：科学出版社，2025.7.
ISBN 978-7-03-082199-7

Ⅰ．G322

中国国家版本馆 CIP 数据核字第 2025Y2C707 号

责任编辑：张 莉 姚培培 / 责任校对：韩 杨
责任印制：师艳茹 / 封面设计：有道文化

科学出版社 出版
北京东黄城根北街16号
邮政编码：100717
http://www.sciencep.com

北京九州迅驰传媒文化有限公司印刷
科学出版社发行 各地新华书店经销
*

2025年7月第 一 版　开本：720×1000　1/16
2025年7月第一次印刷　印张：15 1/4
字数：270 000

定价：98.00元
（如有印装质量问题，我社负责调换）

本书编委会

主　　编：郑　念　张利洁
副 主 编：颜　燕
编　　委（按姓氏拼音排序）：
　　　　　何　薇　金兼斌　李正风　翟杰全
编 写 组（按姓氏拼音排序）：
　　　　　步　一　蔡雨坤　陈广明　和树美
　　　　　胡俊平　黄　瑄　荆祎澜　李红林
　　　　　李朝晖　王　明　王建洲　王丽慧
　　　　　张国伟　张　寒
学术秘书：和树美　荆祎澜

总　　序

　　科学技术普及（简称科普）是国家和社会普及科学技术知识、倡导科学方法、传播科学思想、弘扬科学精神的活动。科普伴随着科学技术的传播而产生，并随着不断适应时代进步的要求而发展。中华文明作为世界四大古文明之一，自诞生以来，就以其独特而持续的发展轨迹熠熠生辉。中华文明涵盖了中国传统科技文明，这体现在中华民族与自然互动的过程中，形成了一套独特的认知自然和变革自然的技术体系。中华民族还开创了传播自然知识和扩散技术的路径，造纸术、指南针、火药、印刷术就是其中的杰出代表，这些不仅为中国人民带来了福祉，更传遍了世界各地，成为全人类共享的宝贵财富。然而，近代西方现代科学技术最初传入中国时，曾被视为"奇技淫巧"而未受到足够重视，致使中国错失了把握工业革命、工业文明带来的先进生产力的良机，错失了通过科技实现自强自立的历史机遇。

　　在认识理解科学技术的作用后，近代中国涌现出无数仁人志士，不断探索强国振兴之道。五四运动高举"民主"和"科学"两大旗帜，积极传播科学精神，推动科学启蒙和思想解放。新民主主义革命时期，中国共产党秉持着科普为民的理念情怀，致力于扫除文盲，大力推广医药卫生、军事、农业及工业等领域的科普活动，以提升根据地军民的科学素质，提高生产力水平。中华人民共和国成立之际，将"普及科学知识"作为基本国策写入《中国人民政治协商会议共同纲领》，并在文化部下设专门的科普行政机构——科学普及局；1950年8月，又成立中华全国科学技术普及协会（简称"全国科普"），以积极开展广泛而深入的群众性科学普及活动。1978年，党中央召开了具有深远历史意义的全国科学大会，中华大地迎来了"科学的春天"，也迎来了"科普的春天"。《中华人民共和国宪法》规定"国家发展自然科学和社会科学事业，普及科学和技术知识，奖励科学研究成果和技术发明创造"。科普工作在激发群众的创造活力、树立新风、破除迷信、提高全民族的科学文化素质、推动经济社会全面发展和持续进步等方面发挥了积极作用。

进入21世纪以来，在党和国家的重视与推动下，我国科普事业呈现新的发展态势。2002年颁布《中华人民共和国科学技术普及法》（简称《科普法》），不仅在我国科普事业发展史上树立了一座丰碑，更是全球范围内首部专门的科普法律，为科普工作走上法治化轨道开创了世界先河。2006年国务院颁布实施《全民科学素质行动计划纲要（2006—2010—2020年）》，是我国首次以国家战略高度系统规划公民科学素质建设的纲领性文件，其颁布实施对科普事业的建制化、体系化发展具有里程碑意义。

党的十八大以来，中国特色社会主义进入新时代。习近平总书记创造性地提出"科技创新、科学普及是实现创新发展的两翼，要把科学普及放在与科技创新同等重要的位置"①的重要论断，为新时代科普工作指明了方向，提供了根本遵循。

"两翼理论"②以长远的战略眼光完善了当今中国创新发展的基本逻辑，提出了突破传统理论框架的创新发展观。它创造性地把科普作为创新发展的"一翼"，进一步强调中国的科技发展以人民为中心，现代化进程需要更高的公民科学素质、更崇尚创新的社会氛围、更高水平的科技文明程度。科普以促进知识扩散、提高公众科学素质、营造文化氛围的方式，推动创新发展不断向前迈进。

在"两翼理论"引领下，我国科普事业取得了前所未有的历史性成就，谱写了壮丽的史诗篇章。2022年中共中央办公厅、国务院办公厅印发《关于新时代进一步加强科学技术普及工作的意见》，2024年新修订的《科普法》颁布实施。通过"一法、一纲要、一意见"③的颁布实施，我国构建了科普事业的顶层设计规划。截至2022年底，全国共有29个省（自治区、直辖市）据此制定了科普条例或科普法的实施办法。同时，相关部委、行业也出台了一系列科普法规和制度，已经形成了从中央到地方、从专业机构到职能部门的较为完善的科普政策法

---

① 习近平. 为建设世界科技强国而奋斗——在全国科技创新大会、两院院士大会、中国科协第九次全国代表大会上的讲话. 北京：人民出版社，2016.
② 全国政协科普课题组. 2021. 深刻认识习近平总书记关于科技创新与科学普及"两翼理论"的重大意义 建议实施"大科普战略"的研究报告（系列一）. http://www.cppcc.gov.cn/zxww/2021/12/15/ARTI1639547625864246.shtml[2023-11-12].
③ "一法、一纲要、一意见"指《中华人民共和国科学技术普及法》《全民科学素质行动计划纲要（2006—2010—2020年）》及随后的《全民科学素质行动规划纲要（2021—2035年）》《关于新时代进一步加强科学技术普及工作的意见》。

规体系，为我国科普工作和公众科学素质建设提供了政策法规保障，使其成为一项系统性的国家工程。

在政策法规的有力保障下，我国的科普工作体系逐步建立健全，自中央部门到地方基层形成了全覆盖的社会动员网络。政府、社会、市场等协同配合，构建了社会化科普发展格局，在各级财政预算中设有专门的科普经费，积极引导社会资金和社会资源投入科普事业。科学教育与培训体系持续完善，科学教育纳入基础教育；大众传媒的科技传播能力大幅提高，科普信息化水平显著提升；科普基础设施迅速发展，现代科技馆体系初步建成；科普人才队伍不断壮大；科普监测评估体系不断完善，定期开展全国科普统计和公民科学素质调查；科学素质国际交流实现新突破。经过长期不懈努力，我国公民具备科学素质的比例从2001年的1.44%提升到2024年的15.37%[①]，为中国创造经济社会发展奇迹提供了坚实支撑。

当前，世界之变、时代之变、历史之变正以前所未有的方式展开。世界百年未有之大变局正在加速演进，国际科技竞争更加激烈，大国战略博弈日趋白热化。在党的坚强领导下，广大人民群众团结一心，全力推进强国建设和民族复兴。实现这一宏伟目标，需要大力加强国家科普能力建设，充分发挥科普服务创新功能，提升国家创新体系整体效能，推动形成全社会理解、支持和参与创新的良好社会氛围，孕育科技创新突破潜能，确保以科技现代化支撑中国式现代化行稳致远。

人才是第一资源。为推动新时代科普工作高质量发展，指导和服务高等学校、科研院所、科普场馆、媒体等各类机构加强对高层次科普专业人才的培养和科普专兼职人员的能力培训，促进培育专兼结合、素质优良、覆盖广泛的科普工作队伍，中国科普研究所联合北京师范大学共同启动"科普人才培养丛书"编写工作，邀请全国高层次科普专门人才培养试点高校教师和一线科普专家共同参与，总结科普理论和实践经验，探索科普创新发展的方向和路径，为科普人才培养课程建设和科普人员继续教育提供参考。

"科普人才培养丛书"由庞晓东、王挺、郑永和担任主编，首批包括《新时代中国科普理论与实践》《科普活动探究》《科普资源的开发与传播》《科普研究导论》《科学课程标准与教材研究》5个分册。其中，《新时代中国科普理

---

① 国家统计局. 中华人民共和国2024年国民经济和社会发展统计公报. https://www.stats.gov.cn/sj/zxfb/202502/t20250228_1958817.html[2025-04-19].

论与实践》由王挺、任定成担任主编，郑念、谢小军担任副主编，全面总结了新时代科普工作的主要成就，深入探讨了中国科普事业的历史演进、当下现状、行动纲要及未来发展趋势，该册已由中国科学技术出版社出版。《科普活动探究》由王小明担任主编，傅骞、胡富梅担任副主编，跨越传统学科界限，从深度学习的视角出发，以参与者为主体设计具有亲和力、沉浸式和场景化的科普活动，在案例梳理和研究的基础上，提出了适应不同认知水平和规模的科普活动实施流程与评价原则。《科普资源的开发与传播》由周忠和担任主编，陈玲、李红林担任副主编，系统阐述了科普资源的概念、分类、发展脉络及应用场景，深入分析了科普资源开发与传播的现状与问题，并探讨了有效的推广策略与效果评估。《科普研究导论》由郑念、张利洁担任主编，颜燕担任副主编，阐述科普研究的内涵，系统梳理科普研究的理论、方法、内容以及研究与写作过程，揭示科普研究的内在规律与独特研究特点。《科学课程标准与教材研究》由王晶莹、杨洋担任主编，与当前科学教育的情况与趋势保持高度一致，突出了科学课程标准与教材在科学教育中的作用，为科学教育工作者提供了严谨的课程标准与教材分析工具。

衷心希望"科普人才培养丛书"的研发及出版能够为科普工作的高质量发展，为全民科学素质的提升，为加快实现高水平科技自立自强，为建设科技强国作出积极贡献。

"科普人才培养丛书"编写组
2025 年 5 月

前　　言

当前，全球正经历以人工智能、量子信息、生物技术为代表的新一轮科技革命和产业变革，科学技术的渗透力和影响力以前所未有的速度拓展。在此背景下，科普作为科技与社会的桥梁，其战略价值已从知识传播向创新生态构建维度跃升。新修订的《科普法》明确将科普定位为"国家创新体系的重要组成部分""实现创新发展的基础性工作"，将科普的战略地位提升至全新高度，彰显了其在国家发展全局中的重要作用。随着科普地位的提升，其理论内涵与实践范式研究已得到学界日益广泛的关注，科普研究已从经验总结阶段迈入理论建构阶段。

科普研究以科普实践及其发展规律为研究对象，综合运用多学科理论和方法，探究科普的本质特征、功能机制、传播路径、效果评估及其与社会系统互动关系，是科普学科体系建设的基础环节。回溯发展历程，我国科普研究自20世纪70年代后期步入建制化发展阶段，经过四十余年的耕耘，已积累了丰富的成果，但在理论、方法的创新性等方面仍存在很大的提升空间。系统推进科普研究，构建中国特色科普学科体系，已成为新时代赋予学术共同体的重要使命。

本书阐述科普研究的内涵，系统梳理科普研究的理论、方法、内容，以及研究与写作过程，揭示科普研究的内在规律与独特研究特点，以期为更多人士了解、投身科普研究提供有益参考。本书的编写遵循三个原则。一是体系化建构，包含理论基础、研究方法、内容体系、研究流程等维度。二是理论联系实际，以理论为先导，注重通过典型案例阐释具体应用。三是跨学科融合，本书编委均为科普研究领域的资深专家，主要执笔团队则由来自多个学科背景的青年才俊组成。

在内容布局上，本书划分为五章和一个附录。第一章为科普研究概述，探讨科普的内涵、要素与功能，阐述科普研究的内涵、特征及科普学科建立的基本要素，全章由王丽慧执笔。第二章聚焦于科普研究的理论，从哲学、传播学、教育学、社会学四个学科视角出发，深入分析适用于科普研究的理论及其应用，其中第一节和第四节由张寒执笔，第二节由张国伟执笔，第三节由黄瑄执笔。第三章为科普研究的方法，系统总结科普研究常用的八类研究方法，并通过具体案例阐释每类方法的应用，全章由蔡雨坤执笔。第四章为科普研究的内容，借鉴传播学经典 5W 模式，将目前科普研究关注的重点和焦点内容划分为理论与政策、主体与对象、传播媒介、场馆建设、监测评估、内容创作六个方面，对每个方面内容的背景、现状及未来研究趋势进行分析，其中第一节由王丽慧执笔，第二节由王明、陈广明执笔，第三节由张国伟执笔，第四节由李朝晖执笔，第五节由胡俊平执笔，第六节由李红林执笔。第五章为科普研究的过程，梳理从选题到成果呈现的全流程工作，由王建洲、荆祎澜、和树美共同执笔。附录部分基于文献计量学分析，可视化呈现 2013~2022 年我国科普研究的演进轨迹，由步一执笔。全书由郑念、张利洁、颜燕统稿。

  本书在跨学科理论与方法整合方面进行了尝试。受编者学识所限，本书在高度、深度、广度等方面仍存在不足，恳请学界同仁指正。另外，本书引用诸多论文以提供理论、方法应用的范例，但并不构成对论文整体学术价值的全面评判。在此谨向所有被引论文作者致以谢忱。

  新时代丰富生动的科普实践呼唤构建与之相适应的科普理论体系。唯有以跨学科的学术胸怀、直面实践的问题意识、面向未来的理论追求，方能推动科普学科走向成熟。我们期待更多立足时代需求、兼具理论与实践价值的研究成果不断涌现，推动科普研究迈上新台阶，进一步筑牢科普理论体系建设的根基，助力科普事业在新时代绽放璀璨光芒，进而为建设科技强国、推进中国式现代化贡献磅礴力量！

作　者
2025 年 5 月

目 录

总序 ··· i

前言 ··· v

第一章 科普研究概述 ··· 1

 第一节 科普的内涵、要素与功能 ································ 3
  一、科普的概念及其历史演变 ···································· 3
  二、科普的基本要素 ·· 5
  三、科普的功能 ·· 6
  四、小结 ·· 8

 第二节 科普研究的内涵和特征 ···································· 9
  一、科普研究及其作用 ·· 9
  二、科普研究的特征 ··· 11
  三、我国科普研究的发展 ······································· 12

 第三节 科普研究的基础理论和相关学科 ························· 17
  一、科普研究的理论基础 ······································· 17
  二、科普研究涉及的相关学科 ··································· 18

 第四节 我国科普研究的建制化 ··································· 21
  一、科普研究专门机构 ··· 21
  二、高校和其他研究机构 ······································· 21
  三、期刊与学术交流 ··· 24

 本章参考文献 ··· 25

第二章　科普研究的理论 27

第一节　科普研究的哲学视角 29
一、哲学视角 30
二、科普研究中的哲学视角 32
三、基于哲学视角开展科普研究 36

第二节　科普研究的传播学视角 40
一、传播学视角 40
二、传播学视角下的科普研究 41
三、基于传播学视角的科普研究展望 48

第三节　科普研究的教育学视角 49
一、教育学视角 50
二、教育学视角下的科普研究 50
三、教育学视角下科普研究的范式 54

第四节　科普研究的社会学视角 56
一、社会学视角 56
二、科普研究中的社会学视角 59
三、基于社会学视角开展科普研究 63

本章参考文献 67

第三章　科普研究的方法 73

第一节　访谈法 75
一、访谈法的概念和类型 76
二、访谈法的基本要求 76
三、访谈法的研究范例 79

第二节　参与观察法 80
一、参与观察法的概念和类型 80
二、参与观察法的基本要求 81
三、参与观察法的研究范例 83

第三节　历史研究法 84
一、历史研究的概念、特点和类型 84
二、历史研究的主要方法 87

三、历史研究法的研究范例 …………………………………………… 89
第四节　内容分析法 …………………………………………………………… 90
　　一、内容分析法的概念和特点 …………………………………………… 90
　　二、内容分析法的主要要求 ……………………………………………… 91
　　三、内容分析法的研究范例 ……………………………………………… 92
第五节　问卷调查法 …………………………………………………………… 93
　　一、问卷调查法的概念、特点和类型 …………………………………… 94
　　二、问卷调查法的主要要求 ……………………………………………… 95
　　三、问卷调查法的研究范例 ……………………………………………… 97
第六节　实验法 ………………………………………………………………… 98
　　一、实验法的概念和特点 ………………………………………………… 99
　　二、实验法的主要要求 …………………………………………………… 99
　　三、实验法的研究范例 ………………………………………………… 100
第七节　文献计量法 ………………………………………………………… 102
　　一、文献计量法的概念和特点 ………………………………………… 102
　　二、文献计量法的主要要求 …………………………………………… 103
　　三、文献计量法的研究范例 …………………………………………… 104
第八节　科普研究方法的综合运用 ………………………………………… 107
　　一、科普研究方法的有机联系 ………………………………………… 107
　　二、如何选择适当的研究方法 ………………………………………… 109
　　三、科普研究方法的有效运用 ………………………………………… 111
本章参考文献 ………………………………………………………………… 111

第四章　科普研究的内容 …………………………………………… 115

第一节　理论与政策 ………………………………………………………… 117
　　一、研究意义 …………………………………………………………… 117
　　二、研究进展 …………………………………………………………… 119
　　三、研究的未来趋势 …………………………………………………… 124
第二节　科普主体与对象 …………………………………………………… 125
　　一、研究意义 …………………………………………………………… 126
　　二、研究进展 …………………………………………………………… 127
　　三、研究的未来趋势 …………………………………………………… 130

第三节　传播媒介 ··· 132
　　一、研究意义 ··· 132
　　二、研究进展 ··· 133
　　三、研究的未来趋势 ·· 136
第四节　场馆建设 ··· 137
　　一、研究意义 ··· 137
　　二、主要研究内容 ·· 138
　　三、主要研究进展 ·· 140
　　四、研究的未来趋势 ·· 143
第五节　科普监测评估 ·· 145
　　一、研究意义 ··· 145
　　二、主要研究内容 ·· 146
　　三、主要研究进展 ·· 148
　　四、研究的未来趋势 ·· 152
第六节　内容创作 ··· 153
　　一、研究意义 ··· 153
　　二、主要研究内容和进展 ·· 155
　　三、研究的未来趋势 ·· 159
本章参考文献 ··· 161

第五章　科普研究的过程 ·· 173
第一节　确定选题 ··· 175
　　一、确定选题的意义 ·· 175
　　二、选题的基本分类 ·· 176
　　三、选题的确定原则 ·· 177
第二节　提出研究设想 ·· 178
　　一、研究设想的基本内涵 ·· 179
　　二、研究设想的主要作用 ·· 179
　　三、研究设想的建构路径 ·· 180
第三节　搜集和整理资料 ··· 181
　　一、搜集和整理资料的意义 ··· 181
　　二、搜集资料的途径和方法 ··· 181

三、整理资料的程序和技巧 ································ 182
　第四节　撰写研究成果 ·· 182
　　一、研究成果的基本结构 ································ 183
　　二、撰写研究成果的主要步骤 ························· 184
　　三、学术论文的撰写规范 ································ 184
　第五节　验证评价研究成果 ································ 200
　本章参考文献 ·· 201

附录　我国科普研究领域热点和研究趋势分析——基于文献计量的分析（2013~2022年） ································ 203
　　一、数据与方法 ··· 205
　　二、研究结果 ·· 206
　　三、研究结论 ·· 223

第一章

科普研究概述

科学技术进步深刻改变着人类文明的进程，从史前时期使用简单工具，到近代以来的三次科学革命，再到当前新一轮科技革命和产业变革，渗透并改变着人类社会的生产生活方式乃至思维方式，科学技术在经济社会发展中的作用愈加重要。科学技术的发展不断拓展人类的认知边界，也在一定程度上加大公众与科技之间的距离，普通公众往往难以理解深奥的科学原理。面向广大公众的科普应运而生，早在17、18世纪，科学家就努力向公众说明和展示科学，将深奥的科学原理、复杂的技术成果以通俗易懂的方式呈现给公众，出现了科普读物、场馆、仪器和演讲等多样的形式。随着科普的不断深入，与科技发展和公众生活的关系日益密切，科普不仅推动形成了先进的科学理念、丰富的知识体系，还带动了实用的技术革新，不仅潜移默化地塑造着经济社会结构，还极大地影响了公众的生活方式与思维方式，成为推动社会进步与文明发展的重要因素之一。

在当今信息爆炸的时代，科普已不仅仅是科学知识和方法的传播，在科学思想和精神层面的作用更加突出，传递科学的思想观念和行为方式，具有价值引领的作用。相应地，科普研究的作用也愈发重要。科普研究是以科普现象及其发展规律为研究对象，综合运用多学科理论和方法，探究科普的本质特征、功能机制、传播路径、效果评估及其与社会系统互动关系的系统性学术活动。科普研究将科普作为研究对象进行深入探索和分析，旨在理解科普的本质、目标、方法、效果及其在社会中的角色和影响。科普研究通常涉及多个学科领域，包括教育学、传播学、社会学、心理学等，这些学科为科普研究提供了不同的视角和工具。科普研究不仅关注如何更有效地传播科学知识和技术，还深入地探讨科普活动的社会影响、受众心理、传播策略等多个维度，为科普实践提供理论指导和实证支持。本部分将对科普研究进行概述，揭示其重要性、发展历程、主要领域及未来趋势，以期全面呈现我国科普研究的样貌。

第一节 科普的内涵、要素与功能

关于科普的内涵、要素和功能的研究，是了解科普这一对象的前提，也是科普研究的基石，可为全面理解科普并深入实践提供理论支撑。

一、科普的概念及其历史演变

科普是科学技术普及的简称。科普的表达形式和内涵随时代发展而不断变化和拓展。国内外理论研究和实践领域通常使用科普、科学传播、公众理解科学、公众参与科学等术语。

在国外，最初使用科学大众化（popular science）来表示科普，指科普的普及化和大众化。自 20 世纪 40 年代起，随着自然科学的发展，面向大众的科学频繁出现在人们的日常生活中，普及性科学作品和活动日益丰富，深奥科学变得更加通俗易懂，逐渐普及到更广泛的社会层面。1985 年，英国皇家学会出版的《公众理解科学》(The Public Understanding of Science) 提出了"公众理解科学"，表示科学技术的普及活动要从面向公众的单向知识灌输逐渐走向公众的理解和接受。1992 年，《公众理解科学》(Public Understanding of Science) 杂志创刊，此后近 20 年的时间里，公众理解科学在西方语境中一度成为科普或科学传播的代名词。但无论是科普还是公众理解科学，都坚持科学传播中的"缺失模型"，即将公众视作知识匮乏的群体，认为公众是科学知识的被动接受者，这也显示出传播上主体和对象的不对称关系。因此，西方国家为了鼓励公众以不同方式参与科学政策的制定，建立双向的回应、参与和问责制度，遏制错误信息传播，消除反科学环境，从根本上实现公众与科学的互动，出现了公众参与科学（public engagement with science）以及公民科学（citizen science）的新趋势。

在我国，谈到科学技术的普及时，多使用"科学普及""科学技术普及"的说法。"科普"作为专有名词，在中华人民共和国成立后逐渐出现成为广泛使用的概念，并在 1979 年被收入《现代汉语词典》中。同时，研究中也使用"科学传播""科技传播"等术语。

回顾我国科普的发展历程，科普最初的内涵是指知识普及，这也与西方的"科普"相一致，如早在新民主主义革命时期，面向广大群众的识字运动和医药卫生、农业技术教育，就是教授公众通俗化的科学知识。1949 年 9 月，"普及科学知识"被写入《中国人民政治协商会议共同纲领》。中华人民共和国成立后，科普工作在相当长的时间内以自然科学知识普及为核心，通过努力发展自然科学指导生产实践，服务工业、农业和国防建设，这也成为科普的重要使命。1978 年，"科学的春天"的到来进一步促进了大量有益的科普实践的开展，科普的内涵也从普及科学知识进一步拓展和丰富。科学思想与科学方法被吸收进对科普的内涵的阐释中，有学者将科普定义为："把人类已经掌握的科学技术知识和技能以及先进的科学思想和科学方法，通过各种方式和途径，广泛地传播到社会的有关方面，为广大人民群众所了解，用以提高学识，增长才干，促进社会主义的物质文明和精神文明。"（章道义，1983）1994 年，中共中央、国务院发布《关于加强科学技术普及工作的若干意见》，指出"从科普工作的内容上讲，要从科学知识、科学方法和科学思想的教育普及三个方面推进科普工作"。2002 年，我国颁布了世界上唯一的科普专门法律《科普法》，其中指出："本法适用于国家和社会普及科学技术知识、倡导科学方法、传播科学思想、弘扬科学精神的活动。"学术界的相关研究，也基本围绕"四科"（科学知识、科学方法、科学思想、科学精神）展开，可以看到，我国科普的内涵是随着时代发展而不断丰富的，并且具有浓烈的时代特色。科普内涵从中华人民共和国成立初期的普及科学知识、开启民智、服务提高生产力，逐渐发展成具有更加丰富和深刻内涵的、涵盖价值引领的综合性社会实践。

二、科普的基本要素

科普涵盖科学知识传播和普及过程中的多个环节与要素，其基本要素包括主体、对象、内容、媒介与形式。这些要素随着时代的发展而不断变化，以适应公众对科学知识日益增长的需求，同时也随着时代的发展采用多样化的传播方式。

（一）主体

科普的主体是指科普行为的施动者，可以包括从事科普工作的组织、机构和人。通常来讲，人是科普的主体。从历史的角度看，在 17～19 世纪自然科学发展初期，科学家、科普作家是主要的科普主体。随着 19 世纪中叶以来科学建制化程度的提高以及社会结构和分工的精细化，科普的主体逐渐丰富，一些科研机构和教育机构成为科普活动的实施主体。当前，我国科普的主体范围更宽，根据《关于新时代进一步加强科学技术普及工作的意见》，科普主体既包括政府、科学技术协会、学校、科研机构、企业、媒体、社会组织等机构主体，也包括科技工作者、公民等个人主体。

（二）对象

科普的对象是多元化的，既包括公众、团体或组织，也包括科学界内部。科普的对象也是逐渐变化的。在 17～19 世纪自然科学发展初期，科普具有明显的自发性，科普的对象主要是热衷科学研究的贵族群体和对科学有兴趣的中产阶级。随着经济社会发展，尤其是进入 21 世纪以来，公众受教育水平逐渐提高，科普的对象范围越来越大，包括了不同阶层的公众。具体来看，我们可以根据年龄、职业、居住区域、受教育程度等对科普对象进行分类。我国科普的主要对象是全体公民，但不同时期的科普对象也有不同侧重点。如《全民科学素质行动计划纲要（2006—2010—2020年）》规定，青少年、农民、产业工人、老年人、领导干部和公务员是提升科学素质的重点人群。由于科学技术的高度分化和日益精细化，某一领域的专家在其他专业方面存在知识盲区，因此在专业之外，高素质人群（如大学生、科学家等）同样是科普的对象。在一些情况下，团体或组织也是科普的对象。例如，为提高某行业或领域内的专业知识水平，那么该行业或领域内的团体或组织就可能成为科普的目标。

（三）内容

科普的内容是指科普工作中面向对象所传递的科学知识、技术和信息等，既包括不同领域的自然科学知识以及科学方法、科学思想、科学精神，也涉及社会科学知识。科普的内容充分体现了不同时代科学技术的进步，随着时代的发展，科普的内容在科学知识的深度和广度上不断拓展。总体上看，科学知识、技术等知识性内容的普及一直是科普的主要内容，而当前除了科学知识等的普及，还注重对科学方法、科学思想和科学精神的传播。新时代科普不仅关注科学技术的最新进展，而且关注科学对社会、环境和人类自身的影响，以及科学在解决全球发展问题中的作用。

（四）媒介与形式

科普的媒介与形式是指在传播、普及科学知识和技术的过程中所采用的手段、方式及方法，包括书籍、报纸、杂志、广播、电视、电影、网络、移动应用等不同类型的媒介，以及演讲、展览、实验、游戏、竞赛等不同形式的科普活动。科普的媒介与形式也经历了17～19世纪以科普图书、报刊、科学家演讲为主，以及19世纪中叶至20世纪末以图书、广播、电视和科普场馆为主的科普阶段；随着互联网发展，新兴的媒介渠道成为主流，科普在内容展示方式上也逐步从语言、文字等形式向图画、视频等形式转变。与学校教育及学术交流不同，科普的传播媒介与方式必须喜闻乐见，便于受众接受。

三、科普的功能

科普的功能深深植根于科技和经济社会发展的内在需求之中，同时鲜明地反映出时代的特征。这些功能不仅作用于个体层面，还广泛体现在经济社会的发展、文化等多个领域。回顾人类历史，科学发现与技术发明在相当长的时期内，最初都出自个人兴趣、社会需求的探索与实践，经过传播与普及，这些科技成果才得以广泛触达公众，并应用于整个社会，进而推动科技的进步和社会的发展。可见，科普的功能既体现在个体层面，也体现在社会层面。

（一）教育功能：提升科学素质

促进人的发展是教育的重要功能。从促进人的全面发展角度，科普是学校教育的重要延伸和补充，通过向公众普及与科学相关的知识、方法等，提升他们的科学素质和综合素质。科普作为科学与公众之间的重要桥梁，其核心功能在于通过向公众传播和普及科学知识、科学方法和科学思想等，帮助个体深入了解和掌握科学领域的基本概念与原理，从而提升公众的科学素质。首先，在当前科技日新月异的时代，具备基本的科学素质已成为个体适应社会发展、参与公共事务的必备条件。科普让公众能够接触到最前沿的科学发现，有助于他们更好地应对生活中的科学问题，做出更为理性和科学的决策。其次，科普展现出的科学魅力，不仅仅是科学知识的积累，更是一种探索未知的精神，能够激发公众尤其是青少年的好奇心和求知欲，鼓励他们勇于探索、敢于质疑、不断创新。最后，科普的最终目标是促进人的全面发展。公众科学素质的提升和创新能力的培养，不仅关乎个体的知识水平和技能，更在于塑造一种全面的、具有现代意识的人格。科普工作通过弘扬科学精神、倡导理性思考，帮助公众形成科学的世界观和价值观，使其在社会生活中展现出更高的责任感、更强的适应能力和更深的人文关怀。这一过程不仅仅是科学知识的传递，更是一次深刻的思想启蒙和价值引领。

（二）社会功能：推动社会发展

科普的社会功能主要体现在其对科技进步与经济发展的推动作用上。首先，在推动科技进步方面，科普通过向公众普及最新的科技成果和科研进展，培养公众的科学态度和科学精神，营造尊重科学、崇尚创新的社会氛围。这不仅能吸引更多人投身于科学研究和技术创新中，还能激发全社会的创新活力，推动科技不断发展和进步。同时，科普内容要紧密结合社会发展需求，传播实用的科学技术知识，为经济建设、社会进步和民生改善等提供有力支持，如在农业和医疗健康领域的应用。其次，科普在推动经济发展方面也发挥着重要作用。作为科研成果转化为生产力的桥梁和纽带，科普通过专业化或通俗化的解读，让专业人士和大众了解科研成果的创新点、作用和价值，使其发现相关成果在实际生产生活中的应用场景，促进相关成果的进一步推广与运用。这有助于促进科研成果与社会需求的精准对接，提高科研成果的转化率和利用率。最后，科普活动还能推动新兴产业的发展和壮大。通过向公众普及新兴产业的科技知识和发展前景，科普能吸引更多的投资和人才进入相关领域，推动相关产业的快速发展和转型升级；同时，还能提升公众对新兴产业的认知度和接受度，为产业的发展创造良好的市场环境和社会氛围。

（三）文化功能：推进人类文明进步

科普作为科学文化传播的重要途径之一，将科学知识和科学精神融入文化领域之中，丰富了文化的内涵和表现形式。第一，科普在推动一个国家和地区的文化传播方面发挥着重要作用。通过科普活动的开展和传播渠道的拓展，科学文化得以广泛传播，并逐渐成为社会文化的重要组成部分。这不仅有助于塑造国家和地区的科学文化形象，还能促进形成良好的文化风尚，提升公众的科学素质和文化水平。第二，科学无国界，科普也具有跨越地域和文化界限的能力，能够促进不同国家和地区之间的交流与传播。通过互访、合作等形式，科普工作者可以分享经验和资源，共同推动科学文化的传播和发展，增进各国之间的了解和友谊，推动全球科学文化的共同繁荣和进步。科普还能传播科学思想和文化，促进人类文明的交流和互鉴，为推动人类社会的进步和发展贡献力量。同时，科普也能提高公众对全球性问题的认识和关注，引导公众积极参与全球治理，促进全球治理体系的完善和发展。第三，科普在弘扬科学精神、塑造科学文化方面也发挥着重要作用，借助于科普，科学与公众之间的距离被拉近，科学文化得以广泛地传播，并促进科学知识与艺术、文学等其他形式结合，丰富人类文化内涵。

四、小结

总体来看，无论是科普的概念、要素还是功能，都随着时代的发展而逐渐变化，这种变化也带来了科普体系的深刻转型。一方面，随时间迁移，科普所涉及的各要素间的关系从简单的线性变化演变为复杂的网络式变化；另一方面，从科普本身来看，其所蕴含的功能与经济社会发展的关联日益紧密。无论是科普与科技创新内在关系的变化，还是科普与教育、文化、经济等领域的互动影响，都成为当前时代科普工作应关注的重点。因此，随着科普日益影响社会和公众生活，对科普内在变化进行理论研究的新需求也日益紧迫。

第二节 科普研究的内涵和特征

任何社会实践都离不开理论的指导，而科学的理论来自对实践的研究和总结。科普实践作为社会实践的一种形式，也需要对其进行理论总结。开展科普研究，可以深入探索和揭示科普活动的本质，总结和提炼科普实践中的规律，为实践活动提供理论支撑。科普研究是针对"科普"开展的深入分析，其核心目的在于揭示科普及其相关领域的一般性规律。科普研究的主要内容包括科普的内涵、性质和功能，科普的过程和机制，科普的学科基础，科普的方法等科普工作链条中的方方面面。科普研究与科普实践工作相辅相成，科普研究为科普实践工作提供理论指导，科普实践工作为科普研究提供丰富的实践案例和数据支持。目前，我国的科普研究已经形成了相对比较系统的理论框架和体系，为科普实践工作提供了基础指导。

一、科普研究及其作用

科普研究基于多种理论和方法针对科普一般性规律进行研究。具体而言，科普研究关注科普的发展规律，通过运用社会学、传播学、教育学等许多学科的理论观点和研究方法来研究科普的本质与特点；科普过程中各基本要素的相互联系与制约，各种科普媒介的功能与地位，科普制度、结构与社会各领域各系统的关系等，都具有交叉性、边缘性、综合性等特点。科普研究对科普的基础理论建构、学科建设和科普工作实践都具有重要作用。

首先，科普研究服务于基础理论的构建。一方面，科普实践需要理论的指导，科普研究不仅是科普理论建设的基础性工作，也是对科普工作实践的回应。通过研究发现科普实践中存在的问题，总结优秀的科普工作经验并更好地宣传推广，从而发挥示范引领作用。系统、规范地开展科普研究，发现相关规律，归纳建构理论，能够为科普的政策、规划、行动等提供理论支撑和实践依据。另一方面，科普研究有助于科普学科建设。我国科普工作具有自身发展的客观规律，并通过长期的体制化、社会化实践，形成了政府、社会、公众协同的运行方式，也出现了相应的科普研究机构、科普管理机构、科普法规政策。但我国并没有科普的独立学科，高校科普人才的培养也大多依托传播学、教育学、科技哲学等学科。科普研究的开展为学科建设提供了理论、人才、方法和平台等方面的支撑，是推动科普学科不断发展和完善的重要动力。科普研究通过系统研究科普的规律，将分散的实践经验凝练成为具有逻辑性和系统性的理论框架，搭建科普学科建设的理论基础。开展科普研究，培养一批来自高校、科研院所和一线的专业队伍，为学科发展提供人才资源保障。科普研究与其他学科交叉融合发展的特点，促进不同学科之间的相互渗透和融合，为科普学科发展提供了新的思路和方法。

其次，科普研究指导科普工作实践。科普研究的重要任务之一是服务科普工作实践，为各行业领域的科普工作提供理论基础与实践参考。科普研究能够总结归纳科普实践的经验与规律，发现需要回答与解决的真问题，基于案例经验、政策工具和理论框架等更好地回应实践需求，促进科普实践的发展。当前，我国的科普工作涉及各个行业领域，有着丰富的学科知识体系作为支撑，因此面向不同的主体和对象，需要结合实际工作开展研究，为科普实践提供理论依据。不同时期，公众对科普的诉求不同。比如，中华人民共和国成立初期，科普主要为工农生产实践服务，科普主要探索的是示范推广、田间实验、野外观测等技术手段；当前信息时代，科普需要对数字技术等进行研究，以更有针对性地适应经济社会的发展和公众生活的需要。针对不同阶段、不同领域的科普，需要分门别类地开展研究，从而形成有针对性的理论加以指导。应以创新精神和实践精神为引领，推动科普研究向更高水平发展，更好地为科普政策制定与规划、人才培养和科普能力建设提供政策与理论支撑。

再次，科普研究服务政府决策。当前科技迅猛发展和社会环境复杂多变的形势下，科普研究正日益成为服务政府决策的重要力量。科普研究为政府决策提供科学依据，国家制定各类科普政策时，需要全面、准确的信息作为支撑，科普研究基于对科普的一般规律和社会发展趋势的深入探究，能够敏锐准确地把握原理和变化情况，相应的研究成果为政策制定、政府决策提供研究支撑。科普研究有助于政府与公众的沟通交流，结合科普研究的成果，政府可以更清晰地向公众宣传和阐释政策背后的科学逻辑，增强公众对科技相关政策和决策的理解与支持，提高政策的执行力和公信力。

随着科技的飞速进步和社会的持续发展，新时代的科普工作面临前所未有的挑战与机遇，科普的内涵、对象、手段、形式、技术等都在快速发展变化中，迫切需要结合科技迅速发展、信息爆炸、社会需求多元等多重因素来强化科普研究，从而促进科普理论与技术不断进步，更好地发挥理论的引领性作用，以指导科普工作实际。系统的科普研究，能够揭示科普对提升公众科学素质、提升劳动力综合素质、进一步提升劳动生产率、促进社会经济高质量发展的内在逻辑关系及作用机理；能揭示科普在推动文化建设、提高社会文明程度、促进实现人的现代化等方面的内在逻辑；能分析各类科普主体、科普实践的对象和领域的具体问题与解决方案，从而更好地回答科普工作的现实之需，回应社会发展对科普的要求。

二、科普研究的特征

科普具有鲜明的时代特征。当前科普的内容丰富、形式多样、渠道广泛，成为影响公众工作生活的重要元素。相应地，科普研究随着时代发展呈现出开放性、实践性、融合性、多元性等特征。

（一）开放性

科普研究能够吸收和整合其他学科的理论、方法和成果。首先，开放性体现在科普研究领域的广泛性上，相关研究既涵盖自然科学、社会科学、技术科学等多个方面，同时也与科技、教育等领域充分融合，共同促进全体公众科学素质的提高。其次，开放性体现在研究内容积极适应时代变化上，不断吸收新的科技成果和创新理念，使科普内容和形式始终保持与时俱进。最后，开放性体现在研究方法的多样性上，科普研究不局限于特定的研究方法，而是根据研究主题和目标受众的不同，灵活运用定量研究、定性研究、实证研究、案例分析等多种方法，这也确保了科普研究的全面和深入。

（二）实践性

科普研究是随着实践不断发展完善起来的。实践赋予了科普工作生命力和活力。科普研究不仅仅局限于理论层面的探讨和解析，还更加注重将科学知识转化为运用于实践的能力，解决现实生活中的具体问题。科普研究中所总结的规律性认识，可以通过科学实验、科技竞赛、科普讲座等各种活动得以在实践中落实，让参与和体验的公众能够感受到科普研究成果的实际应用，从而加深对科学的理解和兴趣。这种强调实践性的做法，不仅有助于全面提升公众的科学素质，还能在实践中不断发现新的问题、探索新的方法，进而促进科学技术的创新与发展，为社会的进步贡献科普研究的力量。

（三）融合性

科普研究具有学科融合的特点。随着科学技术的不断进步，各学科之间的交叉与融合成为必然趋势。科普研究也积极适应这一趋势，应用不同学科的最新理念和方法，推动自身研究的深入和拓展。物理学、化学、生物学、天文学等自然科学的主题和方法为科普研究提供了丰富的素材，社会学、传播学、教育学等理念和视角丰富了科普研究的视角，多学科、跨学科的知识和方法相互融合，能为科普研究提供更全面、更深入的科学解释和阐述。这种学科融合性不仅丰富了科普工作的内容，而且拓展了科普研究的视野和深度。

（四）多元性

科普研究涉及经济、社会、文化等多个领域。这种多元性体现在多个方面：首先，科普研究的内容具有多元性，涵盖自然科学、社会科学、人文科学等各个领域；其次，科普研究的受众具有多元性，面向不同年龄、性别、文化背景的人群；最后，科普研究的传播方式和渠道具有多元性，包括图书、杂志、电视、网络等多种媒体形式。多元性使得科普研究能够更广泛地触达不同受众群体，满足不同人群的科学需求，进而推动科学知识的普及和传播。

三、我国科普研究的发展

随着科普事业发展逐渐深化，我国科普研究经历了起始、拓展、蓬勃发展和构建自主知识体系的不同阶段。

（一）科普研究起始时期

1949年9月通过的《中国人民政治协商会议共同纲领》第四十三条规定："努力发展自然科学，以服务于工农业和国防的建设。奖励科学的发现和发明，普及科学知识。"中华人民共和国成立后，我国的科普工作步入跨越发展阶段，1949年设立科学普及局，1950年成立中华全国科学技术普及协会等，从国家层面全面推动科普工作。在这一阶段，尚未有成体系的科普研究，实践工作中与科普研究相关的内容包括探索适合我国的本土科普方式、译介国外科普作品，为发展具有中国特色的科普理论奠定了基础。例如，创刊于1937年的《科学大众》的主要目标是面向公众普及科学知识，1950年该刊出了一期特刊，以"新中国新科学为题"，刊登了多篇关于普及科学知识的短篇论述，大多为科技工作者的科普感悟，其核心观点认为，科学应该做到"普及与提高并重，理论与实践配合"，即科学工作中既要有面向大众的普及，也要推动科学事业本身的进步，这可以视为我国科普研究的早期探索形式。其中，曾昭抡的《科学的普及与提高》一文，指出新中国的科学工作者有双重任务，"一方面我们要帮助广大人民，充实他们的科学知识。另外一方面，我们还得手不释卷，尽可能不要离开实验室，不断寻求，对科学的创造有所贡献"（曾昭抡，1950）。这是对于上述科普和科学研究的早期典型论述。杨钟健（1950）的《论科学大众化》一文，则详细地分析了当时时代下，科学大众化需注意文字简明易懂、多用插图、博物馆展览等方式。在对科普工作整体思考方面，还包括对科学工作者普及科学的责任的思考（吴襄，1950），都促进了随后的科普工作和研究的发展。总体来说，中华人民共和国成立后对科普的思考多为从工作层面定位科普的目标、功能、形式等内在特点。

20世纪80年代，随着"科学的春天"的到来，我国科普工作逐渐恢复，也是国内科普理论研究的萌动期。这一时期，随着国家对科普工作的重视以及社会大众对科学知识的需求日益增长，科普工作逐渐从以往的基本停滞状态中复苏，并开始步入新的发展阶段。这一时期，科普研究的重点主要聚焦于科普创作，旨在提升科普作品的质量与影响力；同时还围绕建立更加系统化的科普学科开展了一系列基本问题研究，力求为科普实践提供坚实的理论支撑。在科普创作方面，创刊于1979年的《科普创作》是中国科普作家协会会刊，1992年更名为《科技与企业》，历时14年，共出版77期，刊登科普政策、理论研究、评论、原创作品等近2000篇，为推动科普创作发展发挥了重要作用。在学术期刊和著作方面，中国科普研究所创办了《评论与研究》[①]，为科普理论与实践的交流搭建了平台；出版了《科普创作概论》《科普编辑概论》《科普学引论》等著作，这些著作不仅系统梳理了科普工作的基本理念、原则和方法，还深入探讨了科普创作的规律与技巧、科普编辑的职责与使命，以及科普学作为一门新兴学科的构建路径和发展前景等。这些研究著作的出版，标志着科普工作者对科普工作的理论思考达到一个新的高度，为后续的研究和实践奠定了坚实的基础。

值得注意的是，这一时期是我国科普工作经验积累时期，科普实践以科学家为主。科普研究主要由科普工作者群体来推动，他们既是科普实践的主体，也是

---

① 中国科普研究所出版的内部刊物，1987年改为《科普研究》，2006年取得正式出版刊号。

理论研究的主力军。上文提到的重要著作的作者大多来自中国科普研究所、中国科普作家协会等专业机构，他们不仅在科普创作和编辑实践中积累了丰富的经验，更在此基础上形成了对科普工作的深刻反思，提出了许多具有前瞻性和创新性的理论观点，极大地丰富了我国的科普理论研究，也为后续科普研究事业的持续发展奠定了基础。

（二）科普研究拓展时期

20世纪90年代，是我国科普研究适应国内外形势发展和吸收借鉴国外理论并逐渐拓展形成的重要时期。从国内科普环境看，国家实施科教兴国战略和可持续发展战略，全社会充分意识到科技进步的重要性。与此同时，也存在公众科学文化素质不高，对科学本身的认知薄弱，气功、特异功能等伪科学一度盛行的情况，共同构成了科普工作和研究面临的复杂环境。面对国家科技发展战略的转变，以及迷信、气功等现象对科普理论研究带来的挑战和冲击，研究者们开始反思科普工作的不足和缺陷，并意识到科普不仅需要关注科学知识的传播和普及，还需要加强对公众科学思维、科学方法的培养和引导。在研究内容上，针对气功、特异功能等伪科学，一方面通过科学实验和观察揭示了其骗局和作假手段，研究者通过在媒体发表相应的揭露文章，促使更多人开始反思和质疑伪科学。

从科普研究对国家法制政策的影响看，1994年出台的《关于加强科学技术普及工作的若干意见》以及为《科普法》出台所开展的研究，都是这一时期国内环境下的科普研究理论应用于政策的典型表现，也初步显示出科普研究服务国家决策的重要作用。从公民科学素质的研究看，我国于1992年正式接轨美国米勒（Miller）使用的公众科学素养研究理论与调查模式，这标志着我国公民科学素质调查研究工作的正式启动。与此同时，相关的公民科学素质理论与测评研究逐渐开展，并日益走向成熟与完善。更为重要的是，相关研究开始注重深入分析区域差异、人群差异、国际比较等，这也为相关政策的制定奠定了坚实的研究基础。

这一时期，也是国际上关于公众科技传播讨论的繁荣时期，国内学界被源源不断地引入国外理念，如公众理解科学、公众科学素养、公众科技传播等。受到国外科学传播研究的影响，我国科普研究和工作从中汲取有益于国家科普事业发展的部分，进而也使得国内的科普活动在内容、形式、层次乃至理论认识方面都发生了巨大的变化。在基础理论层面，有研究者认为，国内的科普研究也逐渐沿着不断争论但又相互影响的方向发展，即本土的"科普派"、认同国外理念的

"科学传播派",以及温和的"科技传播派"(吴国盛,2001;石顺科,2007)。相应地,科普理论研究的著作可以归为三类:科普(学)概论类、科学传播类、科技传播类。科普(学)概论类的著作从传统科普视角入手,侧重科普工作的组织管理,一般包括科普活动、科普活动载体、科普对象等,具有一定的实操性特点。科学传播类的著作更加注重理念的建构,注重对传播的结构和规律以及科学精神、科学与民主、科学与社会的相互关系等形而上的思考。这种观点上的分歧鲜明地表现出我国科普理论建设中两种不同的进路,即是用"普及"还是用"传播"来指代科学知识的扩散。虽然不同派别的学者都试图阐发科普或科学传播的内涵和边界,但在具体表述中又存在交叉,探讨的也是共同的现象,尤其是涉及科学家(科技工作者)这一主体开展工作时,二者的分界线更为模糊。持科技传播观点的研究更为温和,关注科学技术的扩散视角,讨论的是更为具体的行业领域的知识扩散,同时也与持"普及"与"传播"观点的两派分界更为模糊。

总体而言,通过对这一时期科普理论研究的著作进行深入分析,可以看到,我国学者对科普现象的认知与整合经历了一个逐步深化和拓展的过程。随着研究的不断推进,越来越多的高校研究者投身于科普研究领域,他们积极出版了大量以科普和科学传播为主题的著作,这些著作不仅丰富了研究视野,而且促进了不同观点之间的争鸣与融合,为我国科普研究的深入发展奠定了坚实的研究基础。

(三)科普研究蓬勃发展时期

进入 21 世纪以来,关于科普、科学传播的理论探讨和研究在全球范围内受到了前所未有的广泛关注。这一趋势不仅体现在学术界的热烈探讨上,也反映在以此为主题的学术论文、专著、译著等出版物数量的显著增长上。据统计,近二十年来,全球范围内发表的关于科学传播和科普的学术论文数量成倍增长;我国的硕博论文数量也呈现稳步上升的趋势;相关专著和译著的出版也大量涌现,以满足不同读者群体的需求。

尽管关于科学传播和科普的概念界定依然存在争论,不同学者从不同视角出发,对这两个概念的理解各有侧重,但学术界在理论研究和实践中还是取得了一定程度的共识。大多数研究者都认同,无论是科学传播还是科普,其核心目的都在于提升公众的科学素质,促进科学技术的社会应用,以及加强科学与公众之间的对话与理解。在这一共识的基础上,持"传播"观点的"科学传播派"与持"普及"观点的"传统科普派"两种进路虽然仍有分歧,但也在实践中展现出相当程度的合作。"科学传播派"强调科学的双向互动和公众参与,认为科学传播是一个更加动态、多元的过程;"传统科普派"则侧重知识的单向传递,强调科普内容的准确性和普及性。尽管两者在方法论和操作层面有所不同,但是在实际项目中,两者往往能够相互补充,共同推动科普事业的发展。

近年来,针对科普的理论研究和实践获得了更广泛的进展,尤其是在关于公民科学素质、科普的主体对象、渠道等方面的研究都有大量的进展。在科普的主体对象方面,越来越多的研究开始关注不同年龄群体(如青少年、老年人)以及特定职业群体(如农民)的科普需求,面向科学家等主体也探索出更加精准、有效的科普策略。在科普渠道方面,随着互联网、社交媒体等新兴技术的发展,科普研究针对这些新兴形式、手段的研究更加多元,研究结果作为提升科普载体和途径的支撑效果也日益明显。

(四)科普研究构建自主知识体系时期

近年来,科普理论的讨论和研究不仅受到了广泛关注,还在实践中取得了显著进展。从科普研究的主体来看,来自高校、研究院所、专门机构的科学家、研究人员和科普工作者,以及在校硕博士研究生等共同构成了科普研究的主力军。多元化研究主体的积极参与,使得当前的科普研究不仅关注理论的发展,还致力于将科研成果转化为易于公众理解的科普内容,并促进科普研究成果在科普内容的开发、传播渠道的拓展以及科普效果的评估等方面发挥作用。

相应地,我国科普研究也进入了构建自主知识体系时期。从研究内容来看,科普研究的范围涉及基础理论与政策、科学素质、科学场馆、科普创作等多个维度,研究聚焦于我国的科普实践及其影响,并着重构建具有本土特色的科学素质、科普理论研究模式。例如,关于科普理论和政策的研究,围绕新时代科普事业发展所需的资源、体制、机制等问题开展,具有一定的实践指导意义;科学素质监测评估构建具有中国特色的评价体系,同时拓展了数字素养评估和科普活动等的评估研究;科普创作的研究从创作者、作品、环境等多角度切入,聚焦"四个面向"(面向世界科技前沿、面向经济主战场、面向国家重大需求、面向人民生命健康)和新兴创作手段的运用研究;等等。从研究方法来看,研究者使用社会学、教育学、传播学等传统研究方法,实践中科普研究与这些学科的交叉融合特征更加明显。从学术期刊来看,2006年《科普研究》正式创刊以来,刊载大量科普理论研究成果和实践案例,具有较高的学术水平和实践价值。从研究成果来看,近年来论文、专著等的数量不断攀升,面向公众的科普作品也更加多样化。

第三节　科普研究的基础理论和相关学科

科普研究作为一门典型的交叉研究学科，其发展过程受到多个学科的影响，从中汲取了重要的基础理论和方法。科普研究体系的构建可以首先从它与其他相关学科的关系上找到依据，科普研究的发展与众多相关学科对它的哺育分不开。从指导理论来看，科普研究离不开马克思主义科技观、"两翼理论"等重要理论的指导；从相关方法来看，科普研究需要广泛汲取科学哲学、社会学、传播学、教育学等基础理论和学科的知识养分，不断构建并优化科普研究体系。

一、科普研究的理论基础

（一）马克思主义科技观

马克思主义科技观是基于马克思（Karl Heinrich Marx）、恩格斯（Friedrich Engels）的科学技术思想，运用马克思主义的立场、观点和方法对科学技术的本质、特征、发展规律及其社会功能的系统认识。马克思主义科技观起源于19世纪，是由马克思、恩格斯开创并为后继者所不断丰富发展的科学理论体系，是马克思主义理论的重要组成部分。马克思主义科技观对科学技术的作用进行了深刻论述，是科普研究工作的重要指导理论。具体来说，包括以下几个方面。

第一，科学技术的本质是人与自然的理论与实践关系。科学本质上体现为人与自然界的理论关系，是一般生产力，从社会学范畴而言，科学是一种特殊的社会意识形态。技术则体现为人与自然的实践关系，技术是人的本质力量的对象化，属于直接生产力。第二，科学技术是推动社会革故鼎新的强力杠杆。科学技术作为先进生产力，成为推动社会发展与促进社会进步的最终决定力量。科学技术作为社会发展动力推进了社会整体面貌更新换代。第三，科学技术助力社会成员科学素质提升和人类文明进步。第四，科学技术推动科学理念的普及和人的自由全面发展。科学技术大发展掀起浪潮的前提是，要通过科学理念的普及来更新人们的思想观念、提高劳动者的劳动技能和科学素质，因为劳动者是社会变革与革命中最具能动性的因素。第五，科学技术还是破除宗教迷信、革新思想观念的重要杠杆和力量。科学技术是沟通人类文明的桥梁，推动了世界各国由孤立隔绝的状态进入互融互通的世界整体化的状态。

（二）两翼理论

在 2016 年 5 月 30 日召开的全国科技创新大会、中国科学院第十八次院士大会和中国工程院第十三次院士大会、中国科学技术协会第九次全国代表大会上，习近平总书记深刻指出："科技创新、科学普及是实现创新发展的两翼，要把科学普及放在与科技创新同等重要的位置。没有全民科学素质普遍提高，就难以建立起宏大的高素质创新大军，难以实现科技成果快速转化。"（习近平，2016）这一重要论述为新时代科普工作指明了方向并提供了根本遵循。"两翼理论"不仅完善了当前中国创新发展的基本逻辑框架，还提出了一种突破传统理论束缚的创新发展观。该理论创新性地将科普视为创新发展不可或缺的"一翼"，首次赋予了科普前所未有的重要地位，对科普寄予了与科技创新同等重要的期望和重托。

科技创新以其最先进的成果和最直接、快速的方式，不断推动创新发展迈向新高度；科普则主要通过促进知识的广泛传播，提升公众的科学素质，营造浓厚的科学文化氛围，以更加基础性和长远性的方式推动创新发展。科普工作的具体作用体现在以下两个方面。

一是，在人的发展层面，科普工作深入融入全民教育和终身教育体系，积极构建学习型社会，致力于提高全体国民的科学素质，从而夯实民族科学的根基。科普工作通过不断普及科学知识、科学方法，弘扬科学思想和科学精神，致力于实现人的全面发展和现代化，激发亿万人民的创新智慧和活力，为创新发展培养一支高素质的人才大军。

二是，在社会层面，科普工作直接推动了科技成果的快速转化和应用，特别是推动了数字技术等具有重大牵引作用的关键、共性、基础性科学技术在全社会的普及和推广。这不仅极大地提升了社会生产力和文明程度，还引导公众以更加科学理性的态度认识和分析事物，让公众形成正确的行为方式。同时，科普工作还为创新发展培育了一种讲科学、爱科学、学科学、用科学的社会氛围，为全社会的创新发展提供了良好的环境和条件。

二、科普研究涉及的相关学科

（一）科学哲学

科学哲学是一门深入探讨科学知识本质、科学理论及其方法论的学科。科学哲学在科普研究中发挥着重要作用，不仅提供了评估科学知识可靠性的框架，还为科学概念的传达和科学信息的传播提供了理论指导，并与科学技术史和科学、技术与社会（science, technology and society, STS）研究相结合，为科普工作提供了丰富的历史和社会文化背景。

首先，科学哲学为评估科学知识的可靠性和准确性提供了理论框架。这一框架不仅有助于判断信息的科学性，还为科普研究提供了一种理解和传达科学概念的有效方式。在科普过程中，科普工作者需要将复杂的科学理论转化为易于公众理解的语言和形式。科学哲学中关于理论解释的理论框架，能够指导这一转化过程，确保科学概念在传达过程中既准确又不失其核心意义。其次，科学哲学还涉及科学传播的哲学基础，它从方法论的角度探讨如何以负责任和科学的方式来传播科学信息。这一哲学基础为科普研究提供了指导，有助于避免误导性信息的传播，并促进公众对科学知识的正确理解和评价。最后，科普研究与科学技术史以及科学、技术与社会研究密切相关。科学技术史作为研究科学技术发展历史和演变过程的学科，为科普研究提供了丰富的历史案例和发展脉络。这些案例和脉络能帮助不同层面的公众理解科学发现与技术创新的历史背景，以及它们对社会的长远影响。科学、技术与社会研究则为科普提供了一个跨学科的视角，强调科学技术实践与社会结构之间的相互作用，从而帮助人们更好地理解科普内容与社会文化的关系。

（二）社会学

社会学是研究社会现象、社会问题以及揭示社会规律的科学。随着科学技术的快速发展，从社会学视角审视科学技术现象逐渐成为一种趋势。20 世纪初，约翰·德斯蒙德·贝尔纳（John Desmond Bernal）对科学的社会功能进行了相关研究，已经注意到科普的重要性，但他仅仅是把科普作为对科学的社会研究的一部分来加以关注，并没有真正将科普作为一种社会现象并用社会学的理论与方法去研究。首先，进入现代社会，科普所扮演的角色日益凸显，已成为人们普遍关注的焦点。因此，如何运用社会学的理论和研究方法来揭示科普的内在规律，就显得尤为重要。随着社会学理论的不断发展，其研究焦点逐渐趋向于社会的微观层面，这已成为社会学研究的主流趋势。其次，从研究方法来看，社会学为我们提供了一套丰富的分析工具。它可以帮助研究者深入剖析科普活动的社会结构，探究文化差异如何影响科普的接受度，以及科普信息的传播模式和路径等。最后，从科普实践角度来看，社会学视角同样具有重要意义。通过把握现代科普与现代社会构成要素之间的复杂关系，我们可以更加深刻地认识和解构现代科普的基本发展规律，从而为科普工作的有效开展提供有力的理论支持和实践指导。

（三）传播学

传播学是研究人类传播行为、传播过程、传播模式、传播效果以及传播与人和社会关系的学科。它涉及如何运用符号进行社会信息交流，关注信息如何被传递、接收、理解和影响人们的态度、行为和社会结构等。首先，传播学为科普研究提供了传播理论和工具，特别是在研究科普内容的传播策略、受众接受度和效果评估方面。传播学的基础理论，如5W［who（谁）、says what（说了什么）、in which channel（通过什么渠道）、to whom（向谁说）、with what effect（有什么效果）］传播模式理论和议程设置理论等，能够解释科普信息的传播过程，帮助我们从多角度理解科普信息如何被接受、处理和记忆，以及如何更有效地传递给目标受众。其次，从研究方法来看，传播学着重研究信息的传递、接收和反馈过程，这对全面理解科普工作的整个过程来说至关重要。它强调受众的核心地位，并提供了分析工具与理论，以深入探讨科普信息的目标受众特征、需求及偏好，进而为面向公众的科普研究开辟了新的思路。最后，从实践角度出发，传播学中的研究策略同样适用于科普研究，如对媒体特性和媒体效果的研究，可助力科普研究者选择最适宜的传播渠道，设计有效的媒体策略，并评估不同媒体工具的科普效果。

（四）教育学

教育学是一门研究教育现象、教育理论和教育方法的学科，作为社会科学的一个重要分支，它涵盖了教育的目的、过程、方法、内容、组织和管理等多个方面。科普作为一种特殊的教育形式，其研究与教育学密切相关，因此教育学的理论和方法在科普研究中具有广泛的应用价值。首先，现代教育学理论认为，教育的核心目标是促进人的全面发展，这一理念在科普教育中同样具有指导意义。教育学中的学习理论、认知发展理论、沟通理论等，对深入理解公众如何学习和理解科学信息，以及这些信息如何影响他们的知识和行为等，都发挥着重要作用。其次，教育学的研究方法为科普教育项目的设计、实施和成效评估提供了科学依据。教育学探讨了不同的教学策略和方法，这些在科普研究中同样适用，有助于优化科普活动设计，提高公众的科学素质。最后，教育学的实践路径，如评估和分析方法，也为科普研究提供了有益的研究进路。教育学中的全过程评估理念、工具和方法，在科普研究中已经得到应用，成为评估科普教育效果和公众科学水平的重要手段。

第四节 我国科普研究的建制化

一、科普研究专门机构

1980年，我国知名社会活动家、科普作家高士其致信邓小平同志，提议创立中国科普创作研究所，旨在提升我国的科普理论与科普创作水平。同年9月，中国科普创作研究所正式成立（1987年更名为中国科普研究所），这是我国科普研究建制化发展的重要里程碑。历经四十余载的精耕细作，中国科普研究所在科普理论与实践领域持续探索，不断深化理论内涵与实践应用，取得了显著成就。

在研究领域方面，中国科普研究所涵盖了科普的内容、方式、渠道、受众、机制、效果等多个维度，深入开展提高全民科学素质的理论、调查与实践的研究，同时涉及国内外科普政策、国家科普发展战略、国家科普能力评估、科普历史、科普人才、科学教育、基层科普、科普产业、媒体科技传播、科学媒介监测评估、科普创作等多方面研究。

在学术期刊与著作出版方面，中国科普研究所编辑出版了《科普研究》《科普创作评论》《科学故事会》等期刊，并定期发布中国公民科学素质抽样调查结果，以及《国家科普能力发展报告》《中国科学教育发展报告》《中国科幻产业发展报告》等系列研究报告，还围绕科普研究的多个主题出版了一系列专著与译著。

在学术交流方面，中国科普研究所为各领域科普工作者及关注科普事业发展的人士，特别是科普研究工作者，提供了发表见解与展示研究成果的平台，成为探索科普理论与交流思想的重要阵地。自1993年起，已成功举办31届全国科普理论研讨会（自1998年起每年一届）。

在人才培养方面，中国科普研究所于2008年设立了国内唯一的科普领域博士后科研工作站，多年来为我国科普研究与科普实践工作积累了宝贵的智力资源。

二、高校和其他研究机构

高校和其他研究机构在开展科技传播与科普理论研究、推动我国科普研究的发展、学科建设和人才培养等方面都发挥了相当重要的作用。自20世纪80年代以来，我国高等院校围绕科技传播专业的发展建设，培养专业化、高素质的科普研究人才。在国内，各高校和科研院所培养的科学传播人才被授予新闻与传播学、传播学、哲学、历史学、教育学和管理学等学科学位。高校科学（技）传播和科普研究的发展，与科普研究的理论来源相对应，且主要是在科学哲学（含科学与社会）、科学史（含学科史）、教育学（科学教育）、传播学等学科方向培养本科生和硕士研究生，相应地也极大地推动了我国科普研究工作的开展。自改革开放以来，我国的科普研究者和工作者通过人才培养，为我国科学普及事业的确立和发展奠定了重要的人才基础。2012年，中国科学技术协会与六所高校（清华大学、北京航空航天大学、北京师范大学、浙江大学、华东师范大学、华中科技大学）试点开展科普硕士研究生培养，对高校的人才培养有着非常重要的推动作用。

总体来看，在本科培养阶段，中国科学技术大学的科技传播与科技政策系和中国农业大学的人文与发展学院媒体传播系在二级学科传播学下设置了科技传播方向（授予传播学学士学位）。此外，复旦大学在哲学系内开设科技传播和科技决策本科课程（授予哲学学士学位，第二本科专业）。

在硕士研究生培养阶段，除中国科学技术大学和中国农业大学设置科技传播方向（硕士学位），以及中国科学院大学人文学院和中国科学技术大学与中国科普研究所合办科技传播方向（授予传播学硕士学位），还有北京师范大学、湖南大学、复旦大学、北京理工大学、清华大学、上海交通大学、中南大学和东北师范大学也开设了科技传播方向的硕士研究生课程（授予哲学、历史学和教育学硕士学位）。

在博士研究生培养阶段，除中国科学技术大学（授予传播学博士学位）外，清华大学、上海交通大学和北京大学也开设了科技传播方向的博士研究生课程（授予哲学或历史学博士学位）。这些学校依据自身特色，从不同角度培养高级科普人才。例如有的学校突出传播实践技能方面的培养，有的学校侧重于理论研究方面的培养，但是它们都突出了共同的培养目标，即在传播学、哲学、历史学和教育学等学科中培养文理交叉、多学科交融的科学传播人才。

下面简单介绍几个具有代表性的开展科学传播、科普研究的高校和研究机构。

北京大学素有把科学启蒙、社会使命与学术研究相结合的传统。严复、任鸿隽、王星拱等教授，是我国早期进行科学启蒙的重要代表人物。1986年成立的北京大学科学与社会研究中心继承了这一传统，主要从事科学技术哲学、自然科学史、科学学与科学管理领域的理论和现实问题研究。该中心招收和培养科学技术史、科学技术哲学专业的研究生，同时开展学术研究和科学普及活动。2001年北京大学科学传播中心成立，该中心是隶属于北京大学的虚体研究机构，致力于科学传播的一阶和二阶研究，密切联系科学共同体与公众，推动中国的科学普及事业。

清华大学在科技传播与普及领域拥有显著的研究实力和丰富的资源，其中科技与社会研究所、中国科学技术协会-清华大学科技传播与普及研究中心以及科学史相关领域的研究机构共同构成了该校在这一领域的强大阵容。中国科学技术协会-清华大学科技传播与普及研究中心成立于2005年，是一个具有里程碑意义的机构。该中心充分整合了现有的科技传播和科普研究资源，不仅发挥了清华大学在理工科方面的雄厚实力，还结合了其在文理交叉学科上的独特优势。同时，中国科学技术协会长期致力于科普实践和科普理论研究，积累了丰富的经验和资源。通过优势互补，该中心逐步发展成为科技传播与普及领域的一流研究基地和思想库。该中心的研究工作涵盖多个重要方面，包括科技传播的理论与实践、科普资源的开发与利用、科学教育方法与策略的创新等。此外，清华大学科技与社会研究所和科学史相关领域的研究机构也在科技传播与普及方面发挥着重要作用。清华大学科技与社会研究所致力于研究科学、技术与社会之间的相互作用，为科技传播与普及提供了重要的理论支持和实践指导；科学史相关领域的研究机构的研究则有助于人们更好地理解科学的发展历程和科学精神，从而推动科学文化的传播与普及。

中国科学技术大学在科学传播研究方面有着显著的影响力。该校的科学传播研究与发展中心，经安徽省教育厅与中国科学技术大学批准成立，依托中国科学技术大学的国家一级重点学科"科学技术史""管理学"，以及安徽省文科重点学科"科技哲学"、安徽省特色专业"传播学"等，致力于科学传播与科技创新监测评估等核心方向的研究。该中心已主持多项科学传播领域的重要课题，发表和出版了一系列论文与专著，并在国内外科学传播学术与政策研究领域形成了中国特色，树立了国际声誉。

苏州大学在科学传播研究方面同样具有显著实力。科技传播国际联合实验室是科技传播领域的全国首个国际联合实验室，也是苏州大学目前唯一的文科国际联合实验室。该实验室联合美国、英国、澳大利亚的代表性科技传播研究机构，围绕全球人类命运共同体和国家战略需求议题，从多个维度开展合作建设。中国科学院大学人文学院新闻传播学系是在科学与技术传播领域具有深厚底蕴和广泛影响力的学术机构，主要研究与科学技术相关的人类传播行为，设有科学传播、公众理解科学、科学新闻三个研究方向。科学传播方向主要研究新媒体和大数据背景下与科技相关的人类传播行为及其机制；公众理解科学方向主要研究公众接收科学信息和参与科技事务的动因及机制；科学新闻方向主要研究科学新闻生产制作的过程、机制和影响。

此外，我国还有很多高校开设科技传播专业（课程），如中国社会科学院新闻与传播研究所、中国科学院大学、南京大学、复旦大学、上海交通大学、中国传媒大学、中国人民大学、浙江大学、中国农业大学等。例如，除了专门的研究机构和高校，科学技术部、中国科学技术协会、中国科学院系统下设的一些研究机构也开展着科普研究工作。例如，中国科学技术信息研究所成立于1956年，是科学技术部直属的国家级综合性科技信息研究服务机构，该所将其研究工作进一步扩大到科普研究领域，为科学技术部实施全国科普工作的宏观管理提供支持；原国家科学技术委员会也设有专门开展科普工作的部门（科普工作处）。自2004年开始，科学技术部开展全国科普统计调查工作，其出版的《中国科普统计》已经成为科普研究和科普工作的权威基础数据库。又如，中国科学技术协会下属的青少年科技中心、中国科学技术馆、科学传播中心等机构，除了组织开展科普工作，也开展科普研究，包括青少年校外科学教育、科普场馆等方面的研究。再如，中国科学院下属的科学传播局、科技战略咨询研究院等部门，结合中国科学院系统的特点，充分利用重大科技基础设施以及院士、科学家等科技人力资源等开展工作和研究。

三、期刊与学术交流

期刊和学术交流是科普研究的重要组成部分，作为重要的资源交流载体和平台，它们促进了科普研究界内部的知识分享和合作。我国的科普研究类期刊通常由国家科技信息机构、科研院所、大学及专业学会出版，最具代表性的专门研究类学术期刊为《科普研究》，其他自然科学研究类期刊如《科技导报》《中国科技论坛》《自然辩证法研究》《自然辩证法通讯》《青年记者》《科技与出版》《中国出版》《科学传播与科学教育》等也开始日益关注科普研究，刊载科普理论研究类文章。

在科普研究学术交流方面，目前已举办了一系列重要的学术会议。每年一度的全国科普理论研讨会至今已连续举办31届，世界公众科学素质促进大会、全国科学传播学学术会议等也都连续举办多届。成立了一批专业学术组织，如全国科技传播研究会、中国科技新闻学会科技传播理论研究专业委员会、中国科学技术协会-清华大学科技传播与普及研究中心等，在国家和地区间开展广泛的学术交流与合作。

本章参考文献

石顺科. 2007. 英文"科普"称谓探识. 科普研究，2（2）：63-66，80.

吴国盛. 2001. 从科学普及到科学传播//本书编委会. 公众理解科学：2000中国国际科普论坛. 合肥：中国科学技术大学出版社：30-34.

吴襄. 1950. 普及科学该是谁的责任? 科学大众（中学版），（1）：3.

习近平. 2016. 为建设世界科技强国而奋斗——在全国科技创新大会、两院院士大会、中国科协第九次全国代表大会上的讲话. 北京：人民出版社.

杨钟健. 1950. 论科学大众化. 科学大众（中学版），（1）：6-8.

章道义. 1983. 科普创作概论. 北京：北京大学出版社：4.

曾昭抡. 1950. 科学的普及与提高. 科学大众，（1）：1.

第二章

科普研究的理论

20世纪七八十年代,随着中国科学普及创作协会和中国科普研究所的成立,科普研究成为有建制的研究领域,形成建制化科研范式,并随着科普实践的发展研究规模不断壮大。习近平总书记深刻指出:"科技创新、科学普及是实现创新发展的两翼,要把科学普及放在与科技创新同等重要的位置。"(习近平,2016)科学普及与科技创新、创新发展、社会治理关系紧密,链接了多重社会、教育、科技等因素,是一个复杂的网络系统,面对复杂多元的科普实践,科普研究要有多学科的视野,借鉴多领域的话语表达,需要多学科交叉研究来表达和反映。当前,科普还未有专门学科设置,缺少系统的人才培养,在理论体系构建方面不够。但作为一个跨学科、交叉性特征明显的学术领域,多学科视角可以为科普研究提供丰富的理论支撑。例如,从哲学视角深入探索科普研究的核心问题,为科普研究提供最基本的世界观、认识论和知识论基础;传播学视角揭示了科学传播的过程,让研究者更容易理解科普议程设置,并对科普信息流通效果评估提供分析;教育学视角为科普实践提供基于教育学理论的科学指导,厘清科普要素之间的关系与规律;社会学视角则贯穿于科普研究中,关注科普的社会角色及其社会建制、科学知识与社会的关系、科普的社会功能与价值、科普责任与路径研究等问题。进入大科学时代,科普研究更需要汲取这些学科的最新理论成果,基于多学科视角开展科普研究,并构建现代科普研究的专有理论。

第一节 科普研究的哲学视角

自20世纪80年代以来,科普研究的研究范围不断扩展,从最初更关注国内外科普作品和作家研究,逐渐发展到科普理论与政策研究,科普对象、内容、渠道及机制研究,科普效果评估研究,公众科学素养的调查、监测和分析等。关于科普政策的制定、科普人才的培养、科普机构的发展、应急科普与高科技科普等,学术界已经有非常多的研究资源和理论成果。科普研究建立在对科普理念有认知的基础上,随着科学技术本身的发展,及其对社会的影响力与日俱增,反映在科普研究领域,不确定性、后现代、科技伦理、科技治理等观点纷纷出现,既影响着现代科普理念的变革,也影响着科普研究的方式和视角,需要从哲学中汲取资源,以推进科普理论和科普研究的深入发展。

一、哲学视角

　　人类的活动可以归结为认识世界和改造世界，在此过程中进行概括和理论升华，成为人类处理自身与外部世界关系的基本活动形式和基本表现形式。哲学是什么？哲学的本意是"爱智慧"，并且是人类对自然、社会及思维知识的系统化总结，是对世界以及人与世界关系的全面而深刻的思考。马克思曾说过，任何真正的哲学都是自己时代的精神精华，是自己的时代、自己的人民的产物。这句话强调了哲学思想与其所处时代和社会的密切关系。在马克思看来，哲学不仅仅是抽象的理论体系，它深深根植于特定的历史背景和社会条件中，反映了当时人们的思想、需求和矛盾。马克思认为真正的哲学必须回应时代的问题，理解并反映社会的变革和人民的精神诉求。对此，恩格斯也有相似的论述，任何哲学都只是其时代内容的反映。哲学不应该脱离社会实际和时代现实，它的作用是通过思考和总结，为人类解决实际问题提供理论指导。

　　马克思和恩格斯的哲学思想对于理解科普研究和科学传播非常具有启发性。正如哲学必须紧密联系时代背景和社会需求，科学思想和科普活动，作为时代精神的体现，也必须紧密联系当下社会的需求与挑战，科学技术不仅要解决理论问题，还要回应社会的实际需求、伦理关切和文化环境。科普活动要根据时代发展的变化，灵活调整其内容与形式，使科学传播不仅满足知识普及的需求，还能够激发公众对社会进步和科技发展的思考，促使人们更好地理解和参与到科学与社会的互动中。哲学思维的核心方法，包括反思、概括、批判、怀疑和预测，这些方法可以帮助人们从多个角度深入理解科学与社会的关系。在科普传播中，这些方法同样重要，因为它们能够帮助科普工作者对复杂的科学问题进行清晰的概括、批判性分析和预测未来的科技发展趋势。反思是哲学的首要功能。黑格尔说"哲学的认识方式只是一种反思"（黑格尔，1980），是指哲学以思想本身为内容，运用反思的方法认识对象，力求自觉形成思想。反思既是对思想对象的反复思考，又是对思维本身的反复思考。黑格尔的观点强调了哲学思想的自觉性和深刻性，反思不仅仅是回顾过去的经验，也是对认识本身的反思，体现在对科学、文化和社会问题的深刻思考中。这种思维方式可以帮助科普工作者不单纯地传递知识，还能引导思考科学技术的意义、价值及其对社会的影响。哲学的概括功能体现了对世界的整体性理解，通过对不同领域知识进行总结与抽象，揭示人与世界的关系，从更本质、更深层次、更普遍性的角度，形成对包括人在内的总体世界图景的解释。这一点同样适用于科普研究，提升科普内容的深度和广度，使公众能够从更宏观的视角理解科学进步对社会的影响。哲学的批判功能强调对现有知识和社会秩序的评估，推动社会进步。马克思说："武器的批判与批判的武器，哲学（理论）是批判的武器，不具有批判性的哲学不是真正的哲学。"这句话包含两层意思，"理论不能代替实践"与"理论对实践有指导作用"。马克思的批判观点强调哲学要对现存世界秩序进行评估，进而构建起自我和外部世界的合理关系，使之成为行动的指南。在科普传播中，这种批判性思维尤为重要，尤其在讨论新兴技术的伦理问题时，科普不仅要普及科学知识，也要促进公众对科技进步的批判性审视，如对基因编辑、人工智能等前沿技术的道德与社会影响进行深入讨论，帮助公众理性审视科技进展。哲学的预测功能强调对事物发展趋势的预见，在反思、概括、批判的基础上，将人与世界的关系联系起来，既分析过去、立足现在，也面向未来，形成对事物本质和规律的总体把握，进而在一定程度上预见事物发展、变化的趋势。在科学技术迅速发展的今天，科普工作也应具备一定的前瞻性，帮助公众对未来科技进行理性预判。哲学的思维方式不仅是科学理解的基础，也是科普研究的重要指导，帮助科普工作者从多个维度解读科学，推动公众形成全面、理性和批判性的科技观。哲学的核心思维方式指向事物内在本质，强调在反思思维的基础上不断进行概念的判断、推理、诠释和创新。新概念的诞生是哲学智慧的体现，也是理论发展的源泉。正如赵迎欢（2011）所说，没有概念就没有理论，概念既是建构理论的基础，也是理论的细胞在科普研究中准确构建和传播概念、能够帮助公众理解复杂的科学原理和技术术语，这对提升公众的科学素养至关重要。

21世纪，我们正处在一个追求科学发展、社会和谐，同时全球化竞争日趋激烈的时代。世界各国都以前所未有的热情竞相推动科技创新，加强全面科学教育与普及，发挥知识的力量，应对未来的挑战。科学技术是一把双刃剑，特别是新兴技术发展的风险逻辑使得新兴技术的发展和应用会降解旧有的技术，从而产生新的争议、风险、弊端甚至威胁。然而，"在当今人类的科学技术活动中，过细的学科分化使许多学科领域出现了孤立的价值观。这种趋势还在不断强化，或将走向人类发展科技认识自然初衷的对立面。造成这种局面最根本的原因可能是人类工具性智慧与人文、哲学智慧的严重脱节"（张开逊，2007）。科技新闻作家玛特·里德利（Matt Ridley）说，"若想在哲学方面取得进步，就需要在事实面前保持谦逊"。一方面，当代科学的飞速发展不再局限在某一特定的生物、化学、物理、信息等自然科学领域，还涉及社会学、行为学、伦理学、哲学、人类学等方面的学科知识和思维方式；另一方面，人类对自然界的探索研究和开发利用已达到很高水平，但对自身的认识还很不充分。哲学终究是关于世界的直接思想，关心整个世界的问题，作为世界观，哲学体现为对世界上一切事物的根本认识和根本看法，而不是关于某个具体事务的思想。在这个意义上，哲学思想为其他各种思想确立了世界观基础，作为思想方法的哲学帮助我们正确认识世界，有着对我们从事各项工作的方法的作用或研究指导的作用。"研究哲学，目的在于学习掌握正确的世界观和方法论，而正确的思想是反映事物发展规律的思想。"（艾思奇，2024）

科普研究不仅要满足公众日益增长的对科普产品和服务的需要，普及新兴技术或高科技的基本知识和原理，更需要有对其未来应用和社会影响的哲学反思，在拓宽科学视野、提高科学素养的同时，推动科学素养和人文素养的协同发展。围绕当前科技革命与时代变革的最新趋势，科普研究需要聚焦前沿科技的哲学冲击和社会伦理挑战，审度科技与社会的交叉融合发展之道。科学哲学，技术哲学，科技伦理学，科学、技术与社会，科学知识社会学（sociology of scientific knowledge，SSK）等科学与技术的哲学研究成果，为科普研究提供了最基本的世界观支持。

二、科普研究中的哲学视角

哲学是人们对于世界、人类、社会、科学等各种现象或问题的根本认识或根本看法，哲学思想塑造着人的基本世界观和认知，哲学理论（归纳主义、经验主义、实证主义、历史主义、后现代主义等）为人类如何认识和理解世界提供了一个基本框架。我国当代科普的重要职责和使命包括促进科技的发展、提高公民科学素质、制定相关的政策、推动创新发展等，科普研究的意义则围绕上述内容展开。那么，哲学视角对科普研究的意义至少可以体现在以下几个方面。

第一，哲学视角为科普研究提供认识论和知识论的基础。科普研究有许多关键性和前提性的问题。例如，如何理解科学的本质与特征？科学是确定的还是不确定的？是确证无误的还是进行中的科学？为什么普及科学？科普哪些内容？科普主体应该是谁？高技术引发的伦理风险的不确定性及公众的争议等内容如何科普？采取何种科普的方式方法？凡此种种问题，没有正确的哲学思想，没有正确的世界观，没有正确的思想方法，科普研究只能是空中楼阁。哲学是一种世界观，同时又是思想方法，哲学理论还为主体正确理解客体提供了分析框架。事实上，科普研究应该建立在对科学本质不断追问的基础上，不断反思科普研究的目标与价值，力图将一般的科普研究上升到哲学层面，把科普事业的发展规律正确地反映在这一个思想里，真正回答科普的方式方法是否有效、正确或契合的问题。

第二，哲学思维启迪科普研究秉持审慎的科技观。人类社会的所有行为都必然要受到某种价值观的支配或影响。科学思想、科学方法和科学精神潜移默化地塑造着人们的价值观和行为规范，从而推动社会价值观的变革。科学与社会价值观之间是相互作用、相互制约的。科技是随着人类的需要不断进步和发展的，科学作为一种社会活动、知识体系和社会建制，既是客观存在，又与人类构成了某种主体与客体的关系，二者之间的需要关系构成一种价值体系。在科普研究中，必然包含着对"如何看待科技、如何评价科学的价值、科学与社会的互动"等问题的思考和观点。将科普研究建立在对科技与哲学交叉融合的思考基础上，推动对科学的本质、科学与人的关系等基础问题的思考，形成正确的认知，是开展科普和科普研究的前瞻性基础。

第三，哲学思考是科普不可或缺的解释工具。语言学研究者认为，语言是表达和传播科学知识的主要媒介，科普语言的使用蕴含和传递着作者的哲学观、价值观和认识观，这些因素深刻地影响着社会对科普对象的认知和言行（尹兆鹏，2004）。科普已经进入科学传播的阶段，缺乏哲学基础的科普会受到质疑。哲学视角不仅有助于诊断科学传播中的问题，还能回应科普困境背后的认识论与知识论问题，为科学传播提供理论框架，从而提升科普的效果，提升科普研究的水平。例如，人工智能（AI）作为未来产业的战略性技术，在其迅猛发展的今天，亟须复杂性科学的视野，而研究者也需要通过哲学思想对当代人工智能的发展进行更深层次的思辨探讨。特别是，人工智能与生态的关系问题也引发了深刻的思考。人工智能在发展过程中所需的算力和能源消耗庞大，这是国家在制定人工智能发展战略时必须考虑的重要问题。科技界应当积极树立全新的生态科技哲学观，强化生态科技意识，为生态人工智能的可持续发展奠定思想基础。人工智能科普是大众了解人工智能科技知识、思想和应用的重要途径，也是连接科学文献与大众文化的桥梁和纽带。然而，现有的人工智能科普类语篇在传达生态观时存在不确定性，主要表现为生态模糊型和生态保护型两种趋势。尽管大多数AI科普倾向于将AI技术视为一种趋近自然、力求维持生态平衡的科技，而非远离自然、反生态的科技，但也存在中性话语，重点关注AI带来的失业、生存危机等挑战，往往弱化对其生态影响的评价（蒋婷和杨银花，2019）。因此，人工智能的哲学研究有助于科普研究者保持审慎态度，从生态影响、伦理困境、负责任创新、自我意识、智能文明等多维度对人工智能进行哲学透视，确保其发展与人类价值观和社会利益保持一致。鉴于此，科普研究人员应提升其哲学思维和哲学素养，尤其是面对新兴技术的科普研究时，实现"从辩护到审度"的转变，推进负责任的研究与创新。

第四，具有哲学思考的科普研究有助于塑造理性社会。理性是推动社会进步的重要历史力量。社会运转必须确保其成员具备参与公共事务所要求的能力（刘同舫，2015）。公民必须以理性和智略为载体参与公共事务，才能实现社会和谐（卡尔·科恩，1988）。公民理性是社会治理良好运行的基础，而科学是公民理性构建的重要来源。公民的科学素养水平决定了国家整体素质，较高的科学素养有助于提高公民的理性水平，增强其对科技事务的参与度和理性抉择。20 世纪 60 年代，后现代主义思潮兴起，强调人类文化的多样性和丰富性，反对用单一的自然科学或认识论视角对其他文化进行审视和批判，试图将科学拉下神坛，倡导不同意识形态（如科学、宗教、神话、武术等）之间的"公平竞争"。这种思潮提醒我们，在科普工作中，理性主义不仅仅是推动科技进步的力量，也应当是公众在多元文化背景下形成的综合判断和参与社会事务的关键。尽管后现代主义对科学产生了怀疑、贬低和否定，挑战了既有的社会结构与秩序，但它也打开了现代科学观和世界观"自觉反思"的大门。从公民理性的公共理性成分来看，科学仍应该是其构建的基础，只有这样，才能"正确地"认识世界，辨明客观事物的是非真伪，使公民理性有序地参与公共生活，形成社会发展的良好共识，推进社会进步（郭凤林和任磊，2023）。公民理性与科学素养息息相关，提升公民科学素质是我国当代科普的重要使命。过去，我国科普侧重于提升科学知识的一面，忽视了对科学的不确定性、局限性、伦理问题和科学方法等方面的全面理解。这种局限性导致目前的科普研究中出现几个主要的欠缺。一是科学精神的培养不足。公众对科学不仅要理解其知识内容，还应理解科学背后的精神和方法论，如怀疑精神、批判性思维和实验验证的重要性。这些方面的缺失使得公众无法全面理解科学进展背后的深层逻辑。二是科学不确定性的认识不足。科学是一个不断发展的领域，很多科学问题没有绝对的答案。忽视科学的动态性和不确定性，会导致公众对于科技发展中的问题缺乏理性预判，甚至对科技的快速发展产生过度的焦虑。三是伦理问题的忽视。随着科技的进步，尤其是基因编辑、人工智能等前沿技术的出现，科学伦理问题变得日益重要。科普研究没有充分关注科技与伦理的关系，使得公众在面对新兴技术时缺乏必要的伦理思考和判断力。四是科学方法的教育不足。科学的本质不仅是掌握知识，更重要的是掌握科学的思维方法和研究方法。缺乏对科学方法的普及，使得公众难以理解科学研究的严谨性和规律性，也无法有效判断信息的可信度和科学性。

因此，要弥补这些欠缺，未来的科普工作应更加注重科学的全面性，包括科学精神、科学方法、伦理问题以及科学的不确定性，帮助公众形成更为理性和批判性的科学观。为了解决这些问题，除了继续完善科普实践外，还应加强深层次的科普理论研究。通过从科学与哲学的角度深入阐述科学方法、科学精神、科学思想、科学素质等内涵，使科普实践不止于表层，而能深入普及科学文化、贯彻理性的科学精神。这样，公众在面对诸如转基因食品是否安全的争议时，能够根据科学知识进行初步判断，并通过科学事实和科学证据进行合理解释，用理性的分析和论证来替代盲目的争议（吴成军和陈香，2019）。例如，生物研究与生物技术的广阔性从转基因作物到遗传工程中对人类遗传因子的改造，要求公众理性地看待社会争论的根源，将关注的焦点转向新科学、新技术的治理和监管，共同推进高科技的进步和发展。

第五，哲学视角有助于推动科普理论的发展。科普研究的许多议题亟须探讨其背后的机制。例如，科研人员为何需要参与科普？科研人员承担科普责任的内在动因是什么？科研人员参与科普的自我效能如何？这些问题都涉及科普实践的深层逻辑和机制。正如王大鹏（2024）所指出："没有理论指导的科普实践是盲目的，不与科普实践相结合的理论也可能是空洞的。"科普本质上是一个跨学科的交叉领域，然而作为新兴学科，科学普及领域尚未得到充分的理论建设。目前，我国科普理论的基础较为薄弱，相关理论研究对科学文化建设的支撑不足。科普理论仍然以传统科普为基础，与社会学、心理学、教育学、管理学、传播学等学科的交叉融合尚不充分。科普理论的拓展与创新仍需进一步加强，科普相关学科的建设也面临诸多短板（任福君，2019）。哲学视角能够从更高的层次审视科普与其他学科的关系，促进科普与社会学、传播学等学科的深度融合，推动科普相关基础理论的研究与发展，从而提升科普理论的深度与广度，推动科学传播的有效性和科学素养的提升。

第六，哲学的思辨思维为数字化科普的创新发展保驾护航。近年来，新一代信息数字技术迅猛发展，"数智化"（数字化、智能化）已经成为各行各业发展的两大趋势，成为引领当前科技、产业乃至社会变革的关键动力。对于承担技术推广和文化传播的科普工作者来说，更需要借助数字技术和智能技术进行科普传播的"升级"（韩冰，2024）。数字化科普是科普研究的新内容，如数字化科普路径、数字化虚拟科普场景、数字化科普设计、科普场馆数字化建设、数字化科普模式等。科普工作的数字化拓展了信息传播的边界，有了数字技术的支持和分析，科普工作者能更精准地把握公众科普需求，促进科学知识的普及和传播。随着数字化科普在科学传播领域发挥越来越重要的作用，在数字化科普研究中，哲学思考不能缺位，而应与数字化科普发展同频共振，也回应数字化科普面临的一些挑战和问题。数字化科普不仅有助于提高公众对科学的理解和认知，还能在传播方式上带来革命性的改变。然而，数字化科普也带来了诸多社会伦理问题，如信息茧房、偏见与歧视、虚假新闻、隐私泄露和网络安全等。例如，以 ChatGPT 为代表的生成式 AI 语言模型的快速发展和应用，已在科普场馆的研究、展览策展、场馆管理等方面提供了强大支持。然而，在使用这些技术时，必须特别关注生成内容的科学性、用户数据的隐私保护以及网络安全性等问题，以确保数字化科普的健康发展和公共利益的保障（刘发军和黄凯，2024）。鉴于科普还肩负着提升全民数字伦理素养的重要使命，因此，在发展数字化科普的同时，有必要从哲学层面阐明数字技术的本质，厘清数字化转型如何在具体场景中引发数字伦理的问题，帮助公众认识到所面临的数字问题何时具有伦理和道德分量，引导社会正确开发和应用数字技术及产品，形成理性和负责任的思考问题的方式。数字素养（digital literacy）已然成为数字时代科学素养提升的基础和手段，对数字化转型及其影响进行哲学追问，将为数字社会的科学普及提供有益的理论启示，构建数字伦理道德规范，并提升公众数字伦理素养。

三、基于哲学视角开展科普研究

科普的高质量发展依赖于坚实的理论基础，而哲学视角的引入推动了科普理论的深化。正如苏格拉底（Socrates）所言，"未经反思的生活是不值得过的"，哲学的核心在于对研究对象的反思、概括、批判与预测。这一特质不仅启迪了科普研究的方法论创新，也能帮助科普工作者在"器"与"道"两个层面深刻理解科普的价值和规律，使科普研究得以建立在对科学、技术及现代社会的全面反思之上。

哲学方法在科普研究中的体现值得深入探讨。从方法论角度看，不同哲学流派对科普研究的影响各具特色，其中，马克思主义哲学与科学技术哲学尤为关键，以下将从这两个方面展开分析。

马克思主义哲学体系为科普研究提供了深刻的理论视角，特别是在科技与社会发展关系的分析上，具有重要的启示作用。首先，马克思主义哲学强调科学技术是生产力的重要组成部分，其发展深受社会经济结构和实践活动的影响。马克思主义深入探讨了科学技术与生产力之间的关系、技术异化以及技术与自由的辩证关系等议题，这为我们理解现代社会中科学技术的作用和发展提供了关键的理论框架。这一框架不仅帮助我们识别技术发展的动力，还促使我们反思技术进步对社会结构和人类自由的深远影响。其次，实践观是马克思主义哲学体系的核心，强调科技作为人类生产实践的产物，应当服务于社会发展。这一视角突破了传统科普单向灌输知识的局限，将科学素养的提升拓展至科学知识、科学方法和科学精神以及对科学社会影响的理解，为新时代的科普研究提供了理论依据。基于这一实践观，科普研究应结合不同社会群体（如城镇劳动者、社区居民、领导干部、未成年人等）的需求，采取差异化策略，制定符合其认知需求和社会角色的科普方案，从而实现更精准、更有效的科普工作。此外，马克思主义哲学还蕴含着丰富的技术伦理和经济伦理思想。马克思被视为技术哲学的先驱之一，在《1844年经济学哲学手稿》《资本论》等著作中，深入分析了对技术与经济的互动，并指出在资本主义制度下，机器的应用导致了劳动的异化以及人与人、人与自然关系的变化。这一视角对当代人工智能等新兴技术的伦理影响具有重要价值。例如，为避免人工智能陷入科林格里奇困境（Collingridge's Dilemma），需要前瞻性地研判其在不同场景下的应用及潜在社会风险，以完善人工智能伦理规范，促进其可持续发展。从历史唯物主义的角度来看，人工智能不仅是物质生产力发展的重要体现，还可能对人的社会主体地位构成挑战，特别是当许多工作岗位将被人工智能所取代时。因此，将马克思主义视角融入人工智能的科普研究，探究其对劳动形态、社会分工乃至个体社会身份的影响，已成为当前科普研究的重要任务之一。这不仅有助于提高公众对新兴技术的理解，还能促进负责任的技术治理和更加人本的技术发展。

在马克思主义哲学的理论框架下，习近平总书记"两翼理论"的重要论述为科普研究指明了方向，明确指出"科技创新、科学普及是实现创新发展的两翼，要把科学普及放在与科技创新同等重要的位置"（习近平，2016）。"两翼理论"不仅丰富和完善了科技创新与科学普及的理论体系，也契合了新时代创新发展的需求，为解决当前发展中的现实问题提供了指导。从系统观哲学的角度来看，"两翼理论"将科学普及确立为科技创新体系的有机组成部分，强调两者的协同发展。这一理论定位对完善国家科技治理体系、推动创新型国家建设以及实现高水平科技自立自强具有重要的战略意义。

科学技术哲学同样为科普研究提供了重要的方法论视角。科技哲学关注科学知识的本质、科学方法的合理性、技术的发展路径及其社会影响，这些问题对于科普研究的理论深化具有直接的启示意义。首先，科技哲学揭示了科学知识的动态性与不确定性。传统科普往往聚焦于传播既定的科学知识，但科学知识本身是动态发展的，许多理论经历了范式转换，并非一成不变。例如，托马斯·库恩（Thomas Kuhn）的科学革命理论强调科学发展的非连续性，科学知识的变革性本质要求科普研究不能仅仅停留在传播"科学事实"，而应引导公众理解科学探索的过程、科学理论的演化以及科学知识的局限性。这种认知可以帮助公众更理性地看待科学争议，如转基因食品、疫苗接种、人工智能伦理等问题，从而提升科学素养，增强社会对科技发展的理性判断能力。其次，科技哲学强调科学与社会的互动，科普不仅是科学传播的过程，更是科技与社会互相建构的体现。布鲁诺·拉图尔（Bruno Latour）等学者在科学社会学研究中提出了"科学-社会互构"（Coproduction of Science and Social Order）理论，认为科学知识的产生与社会环境密不可分。在科普研究中，这意味着科普不应只是单向度的知识传播，而应是一种双向交流，强调公众的参与和对科技发展的反馈。例如，在人工智能科普中，仅仅介绍算法原理或应用前景是不够的，更需要讨论 AI 在社会治理、劳动力市场、伦理规范等方面的潜在影响，引导公众对 AI 技术进行批判性思考，并在科技治理中发挥更积极的作用。

此外，科技哲学对技术发展的不可预测性及其治理问题提供了深刻的洞见。例如，兰登·温纳（Langdon Winner）提出的"技术具有政治性"理论表明，技术不仅是中性的工具，其在设计、应用和推广过程中往往内嵌了特定的社会权力结构和价值观。这一理论提醒我们，在科普研究中不能仅关注技术的功能性和科学原理，更应引导公众思考技术的社会影响及其潜在的不公平性。例如，随着智能算法和大数据技术的广泛应用，算法偏见（algorithmic bias）问题逐渐显现，影响到自动招聘、信用评估、司法判决等多个社会领域。如果科普仅仅传播机器学习的基础知识，而忽视算法训练数据的选择、模型决策的透明度及其对社会公正的影响，就可能导致公众误认为算法是客观、中立的，从而低估其可能带来的系统性歧视风险。因此，科普研究应当超越传统的"科技中立"视角，将技术的社会性纳入讨论，引导公众理性认识技术的机遇与挑战，并促进更加公平、透明的技术治理。这一视角也契合了近年来科技伦理研究的趋势，即从"科技乐观主义"向"科技责任主义"转变，强调科技发展必须与社会伦理、法律框架相协调。

科普研究的核心问题之一是提升公民科学素养，而这首先要求厘清科学素养的内涵。长期以来，我国科普主要侧重知识灌输，未能有效促进公众对科学的整体理解，致使对科学精神、科学思想及科学方法的培养相对薄弱。为应对这一问题，科普研究需要从更深层次探讨科普素质的构成，并强调其不仅包含知识传递，还涉及科学对社会的影响、科技发展的社会条件及其不确定性与局限性。值得注意的是，科普工作者在实践中还面临科学人文内涵的诠释挑战。科学的终极价值在于人文价值，公众在接受科学知识时，首先关注其对人的影响，其次才是自然规律。因此，科普工作者在向公众传播科学知识的同时，不仅是理性传播的过程，更需关注科学活动的人文内涵，引导公众理解科学不仅关乎自然世界的运行规律，更深刻影响着人的生存状态与社会变迁，才能发挥科普对社会的最大贡献（张开逊，2010）。科普研究还涉及诸多基础性理论问题，如高科技发展中的哲学与伦理学问题、科技与社会公正、科学与技术的价值属性等。环境科学哲学、人工智能哲学等领域对这些问题已有广泛探讨。科普研究若要有效回应这些问题，就必须与科技哲学和科学伦理紧密结合。科技伦理的兴起反映了对科技社会化风险的反思，而科普不仅是知识传播的工具，更是促进公众参与科技治理、提升社会整体科学素养的手段。研究这些问题也必定会起到深化科普研究的良好效果，科普研究的良好效果，使科普理论研究更加深入（马来平，2016）。科学技术哲学为科普研究提供了知识论、认识论、科技伦理等多个维度的理论支撑。科学技术哲学关于科学知识的本质探讨，使科普研究能够厘清科学素养的内涵，并认识到科学的不确定性、社会建构性及其局限性。当前，科普理论的发展广泛吸取了科学哲学、技术哲学、自然哲学、科技思想史、科学社会学等领域的研究成果（刘永谋和滕菲，2020）。这些学科围绕科学本质、知识生产、科技发展规律及科技与社会的互动展开深层探讨，并衍生出知识论、认识论、科技伦理、环境科学哲学、医学哲学、人工智能哲学等诸多分支，为科普研究提供了丰富的理论支撑。

综上所述，科普研究作为科普事业高质量发展的基础，旨在回应我国科普实践中面临的诸多现实问题，这一过程需要科普理论的深化并探讨其深层次学理问题。从哲学视角来看，科普不仅关乎科学知识的传播，更关乎对科学本质的理解、科学精神的塑造及其社会互动，科学思维与批判性思维的培养机制。马克思主义哲学与科技哲学在科普研究中发挥着不可或缺的作用。未来，科普研究应进一步借鉴科学技术哲学的理论成果，探索多元化科普模式，以适应复杂的科技社会环境，在提升公众科技素养的同时，为社会治理提供更加完善的理论基础。

第二节　科普研究的传播学视角

科普是一项系统性工程，需要兼顾和动员社会各方面的力量。在技术飞速变革的当下，媒体传播的参与对科普产生的影响越来越受到社会各界的关注。当前社会中的科学话题热点不断涌现、泛知识类内容层出不穷、"伪科学"现象时有泛起等，均与目前的媒体传播生态密切相关，这就决定了从传播学视角讨论科普，进而为科普研究提供参考，既具有现实意义，也具有较大的可能性。

一、传播学视角

讨论科普研究中的传播学视角，需要先明确传播学是什么，传播学视角又是什么。

传播学以人类的信息系统及其运行规律为研究对象，主要考察信息形成与发展、信息文本的机构与组织、传播中的社会互动关系、传播与宏观社会结构的关系、传播与权力和资源的社会分配关系、文化生产方式和社会各部分的相互作用等现象。传播学研究的重要旨归在于探讨人类社会如何运用符号进行信息交流，注重分析传播行为、传播过程，以及经由信息传播而形成的人和社会关系，其着眼于五大研究领域[1]，即控制研究、内容分析、媒介分析、受众分析和效果分析。

控制研究主要是针对传播主体的研究，讨论传播者对于信息的干预、影响以及传播者自身受时代限制而产生的改变，主要包括分析传播者的施控行为、受控状态和不同社会文化的影响制约。内容分析是对传播中信息的研究，信息包括文字、图片、音频、视频及其组成等，关注的是信息的生产与传递，涉及传授双方对信息的解码编码。媒介分析是针对传播媒介运行与组织等方面进行的研究，媒介包括两层含义，一是信息传递的载体、工具或技术手段；二是从事信息加工制作和传播的传媒机构与社会组织。受众分析是对传播活动中受众的考察。受众是传播活动的决策来源和传播效果衡量的尺度依据，比较普遍的受众观有作为大众的受众观、作为社会群体的受众观、作为市场的受众观和作为权利主体的受众

---

[1] 郭庆光. 1999. 传播学教程. 北京：中国人民大学出版社；威尔伯·施拉姆，威廉·波特. 1984. 传播学概论. 陈亮，周立方，李启译. 北京：新华出版社；鲁道夫·F. 韦尔德伯尔，凯瑟琳·S. 韦尔德伯尔，迪安娜·D. 塞尔诺. 2013. 传播学. 周黎明译. 北京：中国人民大学出版社；段鹏. 2006. 传播学基础：历史、框架与外延. 北京：中国传媒大学出版社.

观。效果分析是研究传播者接触信息后在认知、态度和行为方面发生的改变及其程度。效果深受传播主体、传播技巧、传播对象和媒介影响，一般情况下，效果研究需要和其他议题综合进行。

无论是在传统媒体时代还是当前生态多元的社交媒体环境下，传播研究依然以上述五大研究领域为主。与此密切相关的传播学理论包含把关人理论、传播制度规范理论、媒介环境学理论、使用与满足理论、议程设置、沉默的螺旋、培养理论（又称涵化理论、培养分析理论）、知识沟、第三人效果理论、框架理论、信息茧房等。这些理论基本涵盖了传播学研究的主要领域。

科普主要是利用各种传播载体，以通俗易懂的方式向公众传播科学知识，介绍和推广科学技术，促进公众对科学方法、科学思想和科学精神的接受和认可。对科普的现象和规律的总结研究，就是科普研究的重要内容和任务。从这个层面而言，科普研究与传播学具有天然的紧密联系。

科普研究的传播学视角，是指在科普研究中，引入传播学的思路，运用传播学的理论和方法开展科普方面的研究。科普研究的传播学视角主要体现在两个方面：一是传播学研究者，从自身的专业学科背景出发，讨论科普议题；二是科普的研究者，借用传播学视角讨论科普议题。传播学视角可应用于科普研究中的传播模型构建、传播主体分析、受众分析、信息生产（信息编码解码）、传播媒介、传播效果、传播障碍、社会影响、传播伦理、传播政策和社会责任等方面。

二、传播学视角下的科普研究

当前，传播学视角下的科普研究大致可归纳为三个方面：一是聚焦科普信息流通路径的传播链条研究；二是聚焦科普重要节点的传播要素研究；三是聚焦科普社会影响的传播文化研究。

（一）聚焦科普信息流通路径的传播链条研究

科普的重要内核是科学内容和科学精神的传播，体现为科学信息从传播者向受众的流动。在媒体快速变革的今天，科学信息的流通发生了巨大改变，科普也面临着机遇和挑战。因此，关注科学信息的流通路径，探索和总结其中的特征与机制是科普研究的重要内容及方向。

传播学领域对信息的流通路径考察已经形成了几种较为经典的模式和理论，如线性模式、互动模式等。线性模式最早由传播学大师哈罗德·拉斯韦尔

（Harold Lasswell）提出，又被称为5W传播模式，包含传播者、讯息、媒介、受众和效果五个要素。在该模式下，传播是一个有序、连续、线性的过程，讯息从传播者出发，经过媒介，最终到达受众，形成一个线性的、单向的流动。线性模式存在的缺点被传播学者关注到，后来又陆续发展出了互动模式，比较有代表性的有威尔伯·施拉姆（Wilbur Schramm）的大众传播模式和梅尔文·L. 德弗勒（Melven L. Defleur）的互动模式。大众传播模式认为大众传媒和受众构成了传播过程，两者之间存在着传达与反馈的关系。互动模式补充了反馈的要素、环节和渠道，加入"噪音"概念，提出了互动模式，认为传播过程是各元素互动的结果。这些模式均聚焦信息是如何在传播者和受众之间传递的，也就是信息是如何流通的。

在科普研究中，研究者通过分析科普信息的流通，可以详细阐释科技成果发现、科学知识道理等信息如何从科学家、专业人员、专业机构等传播者通过社交媒体、公共媒体等传媒渠道，最终到达普通公众的传递路径。这种观察，既有个案的深入剖析，也有宏观的梳理总结。

有研究者（王武林和王雅梦，2023）从显性知识与隐性知识之间相互转换呈现出的"知识螺旋"现象出发，借助知识转化模型（SECI model），即知识的社会化（socialization）、表征化（externalization）、组态化（combination）与内在化（internalization），运用模糊集定性比较分析（fsQCA）和内容分析法，选取50个抖音科普账号的3613条短视频，分析了健康科普短视频的传播机制与逻辑，发现了发布者资质、标题类型、内容主题、叙述模式、制作形式、视频合集等不同要素的组合，在科普短视频传播的上升、回落和升温阶段中发挥不同的作用。其他研究信息传播路径的成果论文还有《传播游戏理论下的科普期刊知识服务》（于凤和齐士馨，2023）和《抖音号"科普中国"如何做好中国科普传播》（徐啸，2023）等。

科普信息流通路径的研究，比较注重科学信息传播的连续性和稳定性，强调整体性，同时兼顾分析传播过程中的各个环节和要素，具有简单明了、易于理解的优点。此类研究会根据研究主旨，将传播的过程线条化，对传播的互动性和复杂性关注不够，不能有效覆盖和解释现实中传播现象的多样性与变化性。

（二）聚焦科普重要节点的传播要素研究

传播并非简单的信息流动，而是由多个参与者、路径和行为等各节点构成的复杂网络。构成科普的各个传播节点也多变且复杂，尤其值得关注。研究者亦注意到这点，发力探讨科普的传播主体、受众表现、信息内容、媒介、传播效能等某个或若干节点及其互动，以求厘清传播过程中的影响因素，确定传播路径和提升传播效果，产出的成果也比较多。①

1."谁来传播"：科普传播者研究

传播主体是信息的发出者，通过发出或传递信息的方式作用于他人、组织或社会。在科普工作中，科学家、科研人员、媒体工作者、科普专职人员等是重要的传播者。在传播学领域，传播者具有复杂的内涵，他们的行为受到多种因素的制约，同时也会衍生出不同的传播表现。

媒体形态、媒介素养、社会心理、个体或群体认知等均影响着科普工作者的行为方式与状态。这些因素综合作用于科普传播者，"群体规范""群体认知""把关人"等传播现象也会随之出现。因此，身为传播者群体的科学家、科普人员等成为近年来科普研究的重要对象，如传播者的社会形象、传播者的参与心理动机、传播者的群体形态及变迁、传播者的社交活动、身份共同体的形成和确认、传播者的受影响因素、传播者的工作态度和机制等方面。

有研究者（刘娟，2020）从科学家的媒介使用、信息生产入手，考察科学家的网络媒介素养对他们传播行为的影响。文章采用问卷调查的方式，调查了中国科学院333位科学家的数字媒介素养，从媒介接触、媒介信息、媒介信息生产、媒介使用反思和科学传播行为等方面展示了中国科学家的媒介素养情况。这篇文章虽然是对科学家群体的研究，但采用了传播学研究的典型路径，印证了传播主体的复杂性与能动性。

相似研究还有《多维诉求：一线科研人员的科学传播认知调查》《活动理论视角下短视频博主健康科普信息实践的行动路径》《我国科技工作者开展科普工作影响因素与对策实证研究》等。

2."向谁传播"：科普受众研究

受众又称为受传者，是信息的接收者，属于传播者的作用对象。与传播者一样，受众既可以是个人，也可以是集体或组织。虽被冠以"受"字，但受众并非只能被动地接受信息，还可以通过相应的反馈来影响传播者。在科普工作中，普通大众、其他专业同行等都可以是受众。相对于其他类型的传播，科普尤需注意对受众的影响，所以受众研究是科普研究的重要议题。

---

① 媒介研究在后文有专章介绍，故本章节暂不作专门介绍，只在介绍其他研究时简单提及。

针对科普受众的研究大致分为受众的认知与行为、内容偏向、媒介偏向、群体互动、身份认同、动员机制、参与机制等几个方面，而且此类研究大多与传播效果探寻密切相关，会综合进行。与受众研究相关的传播理论运用亦较多，如分众理论、使用与满足理论、两级传播理论、第三人效果理论等。分众理论的核心观点是：①社会是多种利益的结合体；②社会成员分属于不同群体，态度和行为受群体属性约束；③不同受众有不同的需求和反应；④受众行为并非完全被动，具有选择、接触、理解等方面的自主性和能动性。使用与满足理论是经典的受众行为理论：受众是具有特定需求的个人，他们出于特定动机接触媒介，从而获得满足。两级传播理论的核心观点是信息并非直接传向受众，而是经由舆论领袖传给个体。在社交媒体时代，两级传播理论的适用性虽然受到质疑和讨论，但是它对信息流与受众之间关系的重视依然是很多研究的重要借鉴之处。第三人效果理论的核心观点是人们基于感知定式，倾向于认为媒介信息对"你"或"我"未必有多大效果和影响，但是会对第三人的"他"产生影响。这也就意味着，传播效果并非从传媒指向的表面受众直接产生，而是通过与之相关的"第三人"的反映行为达成的。

有学者（陈登航等，2021）以高校学生为研究对象，讨论了影响他们持续参与科普意愿的因素。文章基于线下实际生活，聚焦高校科普，围绕大学生的科普活动持续参与意愿，在期望理论模型（expectation confirmation model，ECM）与德洛内和麦克莱恩（Delone & Mclean，D&M）模型的基础上，设计了包含内容感知、服务感知、社会氛围、认知信任、满意度、持续参与意愿在内的模型，设立了6组假设，选择吉林、浙江、安徽三省的24所高校两年的科普活动作为样本，研究了各要素之间的关系，最后得出结论，为高校后续科普活动的有效开展提供了参考和建议。

还有学者（崔媛和任秀华，2022）从用户的弹幕这一互动性行为入手，利用文本数据挖掘技术，分析受众观看科普短视频的多元需求。文章借用使用与满足理论，设计了科普认知、情感共鸣、社交互动、价值导向四个指标分析弹幕文本，通过分析弹幕数量分布、弹幕内容等，总结了弹幕高频区的短视频主题特征以及低频区弹幕的短视频内容特征等发现。文章最后从受众角度出发，提出了提高科普短视频传播效果的设计策略。

其他同类型研究的论文数量较多，如《公众参与社区科普活动意愿的影响因素研究——以深圳市为例》（陈婉姬等，2021）、《混合现实（MR）科普活动用户的参与和分享意愿研究》（周荣庭等，2022）、《基于服务主导逻辑的科技馆观众满意度研究——以中国科技馆的观众满意度调研为例》（张惠聪等，2022）。

3."传播什么"：科普信息研究

信息是传播活动中的重要内容。在科普活动中，科学知识、科学精神等作为信息，既和具体的知识元素等符号有关，又受表述方式的影响。传播学研究者对科普信息的研究多与内容的生产策略有关，如叙事框架、表述方式、标题拟定、封面制作等。信息的表现对科普效果有非常大的影响，因此对传播信息的研究经常与效果测量同步进行。"议程设置""培养理论""框架理论"等理论观点的内容也经常出现在此类研究中。

"议程设置"暗示着传媒进行了"环境再造"，它们的传播活动并不是对外界的"镜子式"的反映，而是基于一定的标准选择相应的信息进行传播。议程设置的结果影响着人们对外界的认识。"培养理论"注重考察特定内容的价值和意识形态倾向对受众的影响，这些倾向大多通过娱乐、中立报道等形式传达给受众。内容及呈现内容的方式在培养理论中具有重要地位。"框架理论"关注的是媒介的生产问题，例如如何挑选信息元素并进行特别处理，以体现传播者的倾向与态度。如果说"议程设置"关注的是传播者传播了些什么，那么"框架理论"关注的就是传播者怎么传播的问题。

有学者（张瑞芬等，2023）聚焦微博上疫苗接种的主流话语，从文化角度出发，分析集体主义和爱国主义如何构建以及怎样影响受众的科学认知和健康行为。文章基于微博平台用户内容的生产框架，提出了三个问题，即微博公共话语是否存在集体主义和爱国主义框架？存在哪些集体主义和爱国主义框架？如何进行框架来体现集体主义和爱国主义？文章抓取了1年8个月的博文，经过数据清洗、框架分析等，发现微博平台如何框架新冠疫苗信息。文章对政治、科学、团结、国家成就、命运共同体等文化基因如何框架家国情怀进行了深入讨论，并且讨论了在更为丰富、自然的语境中，文化价值观是如何通过叙事手法、修辞手法、道德基础和道德呈现等驱动社交平台上的主流话语架构的。这些发现为公共突发卫生事件的科普动员和健康传播提供了更为扎实的理论基础与实践思路。

还有学者（崔亚娟，2023）基于科普叙事与现实世界的关系，结合视频时长，对科普视频进行分类，分析其叙事特点。文章分析了再媒介化、多模态叙事、参与性叙事等融合叙事方式和互动性设计、交互式技术应用、新旧媒体互文叙事等交互叙事方式的跨媒介叙事形态，并结合科普短视频提出了具体的跨媒介叙事策略，如拓展叙事空间、创新科普IP、建构系列跨媒介叙事故事等。其他研究媒介信息的论文还有《关联理论视角下微信科普文章的标题特征研究》（金心怡等，2022）、《超媒介叙事视角下科普内容生产策略研究——以〈工作细胞〉为例》（周荣庭等，2023）、《医学健康类科普动画叙事策略研究——以〈头脑特工队〉〈工作细胞〉〈终极细胞战〉为例》（曾文娟，2020）、《科普类抖音号分析研究——以21个传播影响力较大的科普抖音号为例》（马奎和莫扬，2021）、《数字球幕科普电影的镜头语言与叙事策略分析》（宋宇莹，2019）。这些研究从主体类型、内容元素、叙事方式等方面讨论了内容选取、组织形式及标题拟定等媒介讯息的问题。

4. "传播生效了吗"：科普效果研究

传播效果具有双重含义：一是传播行为对受众心理、态度和行为的改变，二是传播活动对受众和社会的总体性影响。传播效果又可以分为三个层面：一是认知层面的效果，也就是人们在认知方面的改变和知识层面的增加；二是心理和态度层面的效果，指的是受众在情绪或情感方面的改变；三是行为层面的效果，即受众在言行方面的改变。从认知到态度再到行为的改变，是一个复杂的渐进式的积累过程，历来是传播学研究的重要内容。

科普效果涵盖民众对科学知识的接收和掌握、对科学精神的理解和认同、对科学行为的认可、科学理性精神的形成等方面。传播效果的相关理论也为科普研究提供了相应的支撑。前文介绍的议程设置、培养理论、框架理论、第三人效果理论等均是传播效果研究常用的理论。需要注意的是，传播效果的达成是一项系统性工程，是传播者、讯息、媒介和受众共同参与，并由受众或社会显现出来的。因此，传播效果虽然大多数时候是科普研究的落脚点，却需要和其他因素综合考察。

有学者（袁子凌和田华，2020）结合社会重大问题，以公众抢购双黄连事件为例，采用深度访谈和问卷调查的方式，分析公众的科学认知及其网络行为对购买行为的影响。文章以发现受众的科学认知和不通过传播渠道下的行为特征为目标，挑选不同年龄段的16位受访者进行访谈，主要从新冠病毒的病毒机理、传播路径、防护机制等，以及网络信息传播和药物购买行为方面了解受访者，并制定了相同题目的调查问卷，讨论受众的科学认知、网络接触和使用行为。

相似研究还有《突发公共卫生事件下基于公众参与的辟谣机制研究——以"丁香医生"和"科普中国"为例》（金亚兰和徐奇智，2020）等。

（三）聚焦科普社会影响的传播文化研究

传播不仅是信息的流动，更是社会文化的交流和传承。传播被视为一种文化现象，其过程和结果均受到文化因素与社会情境的影响及制约。不同情境中的传播参与者表现会有很大差异，相同文化背景的传播参与者在不同时段的表现亦会差别较大。如何理解和定位传播与社会之间的关系，是传播学领域重要而持续的思考。这种思考同样也会出现在科普研究中：科普作为传播现象之一，也面临传播伦理、议程设置、政策制定等文化和社会问题。如何评价和理解科普与社会的关系也成为传播的重要议题。

聚焦科普与社会关系的研究，更多的是以传播的文化视角来展开。不少研究者可用文化视角来分析不同社会文化背景下的科普接受度和效果。这一视角有助于我们理解科普传播与文化背景的关系，以及如何制定更为有效的科普传播策略。

有学者（段培，2024）探讨了新媒体健康科普在全球化背景下的挑战与机遇，试图厘清不同国家和地区的文化背景与价值观念如何影响健康类科普内容的传播，以及如何将文化差异纳入生产传播内容的工作中。研究者（周慎和汤欣雯，2023）分析了76个生态主题游戏，发现了玩家在参与游戏的自主程度与互动方式上的差异，并以此为基础讨论了如何搭建参与式协同游戏化的传播框架。也有学者（包红梅，2020）关注了在新媒体环境下，传播主体、传播内容、传播受众发生的形态变化，并讨论了如何在人文与科学、大众与小众之间平衡需求关系。还有研究者（雷茵茹等，2019）采用定量方式分析了青少年亲环境行为的特点，讨论了环境教育对青少年亲环境行为的影响路径，以及青少年环境知识、环境价值、环境态度和环境行为随时间的变化过程。

传播文化视角能够深入挖掘传播背后的文化逻辑和价值观，有助于理解不同文化背景下的传播现象和受众行为。它强调了传播的文化属性和社会功能，有利于探讨传播与社会文化的关系和影响。需要注意的是，文化视角容易受到主观性和文化偏见的影响，需要更加客观和全面的研究方法。

在科普研究中，上述三种传播学的研究视角并非泾渭分明，而是相互结合，为我们提供更加全面和深入的分析框架。例如，在研究科普信息的跨文化或跨圈层传播时，我们可以将信息流动路径作为主线，考察传播的各种节点，最后结合文化视角分析不同文化背景下的接受度和效果。这样的综合研究有助于我们更加深入地理解科普信息的传播机制和影响因素。

三、基于传播学视角的科普研究展望

由于传播学知识的强交叉性以及传媒行业的快速迭代，拥有向新求变动力的传播学研究开始审视自身学科的发展，并逐渐凝练出一些新的研究视角，如信息传播视角、意义建构视角和关系建立视角。这些视角对未来的科普研究同样具有重要参考和借鉴意义。

信息传播视角是传播学的基础视角，强调的是信息的传递和传达过程。它应用于科普研究，也就是科普通过各种传播渠道（如媒体、社交媒体、线下活动等）将科学信息传播给公众。在这一过程中，科普研究需要关注信息的传播效果、受众的接受程度以及传播过程中的干扰因素等。例如，在某科普研究论文中，研究者通过对社交媒体上科普内容的传播效果进行分析，发现视频类科普内容比文字类科普内容更容易被用户接受，更容易传播。这一发现为科普工作者提供了有益的启示，即在制作科普内容时，应更多地采用视频等多媒体形式，以提高信息的传播效果。

意义建构视角强调的是信息在传递过程中如何被受众理解和解读。科普不仅仅是传递知识，更重要的是帮助受众建构对科学的正确认知和理解。在这一视角下，科普研究需要关注受众的认知特点、文化背景等因素对意义建构的影响。例如，在某科普研究论文中，研究者通过对不同文化背景下的公众对某一科学议题的态度进行分析，发现文化背景对公众认知和理解科学议题具有重要影响。这一发现提醒科普工作者，在开展科普活动时，需要充分考虑受众的文化背景，采用适合受众的科普方式和语言，以促进受众对科学信息的正确理解和接受。

关系建立视角关注如何建立和维护与受众之间的良好关系。科普活动不仅要传递信息，还要与受众建立信任、互动和共享的关系，以促进科普活动的持续发展和效果提升。所以，科普研究要注意研究讨论如何建立良好的社会关系。例如，在某科普研究论文中，研究者通过对线上科普社区的用户互动行为进行分析，发现积极的用户互动和社区氛围有助于增强用户对科普内容的认同感与参与度。这一发现启发科普工作者在建立科普社区时，应注重营造积极、互动的氛围，鼓励用户参与讨论、分享经验，从而建立与受众之间的紧密关系。

此外，新的传播理论和研究范式也为科普研究提供了新的助力。近年来，传媒生态持续演变，信息传播成为社会的重要活动，媒介成为人们日常生活的重要载具，媒介可供性的研究也迅速展开。媒介可供性来源于生态心理学领域，最早

由詹姆斯·吉布森（James J. Gibson）提出，其核心观点是媒介为用户提供了行动的可能性。媒介可供性主要包括生产可供性、社交可供性和移动可供性。相较于以往传播学注重精神交往、重视效果研究的取向，人工智能等技术装置的出现，促使人们开始研究新的媒介物质形态与传播参与者的关系问题。

当前，社交媒体的快速发展，导致了"伪科普""泛科普""科普流量化"等现象的出现，也导致了社会大众对科普的异化认知，这对科普工作产生了负面影响。妥善运用各种不同的媒介形式做好科普工作，就需要思考媒介的物质属性，而这也是媒介可供性研究的题中之义。诸如此类，新的传播理论和范式，均应为科普研究提供助益。当然，传播学是一门交叉性学科，也在不断汲取其他学科的新理论和新方法。科普研究作为一项事关全民的公益活动和持续性事业，也应该不断吸纳借用其他学科的最新成果。

诚然，无论采用哪种传播学视角，都是为了更好地推动科普研究的发展，最终推动科普工作高质量发展，最终目标是确保科普信息能够有效地传递给受众，被受众正确理解和接受，并弘扬科学精神，营造良好的科学理性氛围，推动国民科学素养持续提升。

这也与当前日益活跃的科学传播遥相呼应。科学传播不仅是知识的传递，还是科学与公众的对话，注重的是科学知识的社会共享和公众参与的平等性。当前科学传播正从"知识传递"向"价值共建"演进，其发展不仅关乎科学共同体的社会合法性，更是塑造公民理性、推动社会进步的基础性工程。在中国科技创新加速的背景下，如何平衡科学权威与公众参与、技术效率与人文关怀，将成为科学传播、科普研究持续探索的核心命题。

第三节　科普研究的教育学视角

科普研究是具有跨学科属性的研究领域，既涉及前文所述的哲学、社会学领域，也与本节及后面将要详细解读的教育学、传播学学科领域紧密相关。从科普的发展历程来看，传统科普侧重教育学理论，现代科普则更关注对哲学、社会学、教育学、传播学等不同学科领域理论的融合。科普和科学教育之间存在内在相似性，且科普具有更加广泛的适用性，辐射范围包括学校、家庭和社会等（张必胜和许亚亚，2023）。本节主要关注科普研究中的教育学属性，从教育学视角对科普研究及其范式进行探讨。

一、教育学视角

教育是一种培养人的实践活动（黄济和王策三，2012），其根本任务是立德树人，科普在本质属性、目标导向和实践路径等方面与教育学均有相似之处。从教育学视角来看科普研究，首先需要明确教育学是什么、教育学视角指的是什么。顾明远主编的《教育大辞典：简编本》将教育学界定为"研究人类教育现象及其一般规律的学科"，是对教育经验的总结和积累，并逐渐形成理论，不断发展（顾明远，1999）。除了学习者个体及群体的学习成长规律，教育学同样关注教育者的教育教学规律，以及学校、家庭、社会协同育人等规律。此外，教育学还涉及经济、文化等社会要素与教育之间的相互关系，涵盖教育认知基础、历史发展、国际比较等。教育学研究是内涵丰富的领域，主要通过教育理论建构与发展、教育实践设计与改进等，来发挥描述、解释、预测、改进的功能，从而实现人类个体发展、人类文化传承的教育核心价值（陈向明，2013）。但由于教育学本身的复杂性，不同学者有不同的理解，教育学的内涵和外延具有历史性、发展性，我们要从不同层面去理解其本质（叶澜，2007）。

教育学视角代表了研究者对教育现象、教育活动及教育问题的观察、理解、分析的特定角度或方式，也反映着研究者的价值取向、思维方式和研究目的，是教育学科独特思维逻辑和研究范式的体现。根据教育学研究的层次范围来划分，教育学视角可分为宏观、中观、微观三个层次。教育学宏观视角主要关注教育现象的整体性、全局性和长期性特征，如探讨教育的宏观发展规律和趋势，分析教育与社会、经济、文化等的相互作用和影响等；教育学中观视角侧重于对教育系统内部各要素及其关系的研究，如教育政策、教育管理、教育系统结构、教育机构运行机制等中观层面的问题；教育学微观视角主要着眼于教育发生过程中的具体个体和事件，如师生互动、教学方法、课程设计等揭示教育活动内在逻辑和规律的内容。按照研究类别划分，教育学包括教育基础理论、教育实践理论和教育实践（陈桂生，2019）。按照具体教育研究主题和内容划分，教育学则包括教育目标设定、教育方法选择、教育过程安排、教育效果评估等方面。

本节中的教育学视角是指基于教育学的理论、原理和方法，对相关研究现象、问题和实践进行分析与解读，包括教育理论与政策、教育内容与活动、教育方法与策略、教育效果与评估。

二、教育学视角下的科普研究

科普旨在通过有效的手段和途径，提高公众的科学文化素质（任福军和翟杰全，2014），使其具备分析判断事物和解决实际问题的能力。基于教育学理念的科普研究，探索如何通过各种教育手段和策略，达成科学素质提升的最终目的，其不仅关注科学与技术知识的普及，更关注科学思维、科学方法和科学精神的培养。科普研究以各年龄段的公众为研究对象，包括儿童、青少年、成人、老年人等，涵盖不同文化背景、教育水平和职业领域的群体，因此需要区分不同群体在科学素质培养方面的差异化需求。同时，广泛的研究对象亦要求科普研究采用多元的教育方法和手段，以满足不同群体的需求，体现教育的全面性和终身性。

教育学视角下的科普研究，关注基于教育学原理的科普实践。按照研究主题及内容划分，可分为科普教育的理论与政策、科普内容与活动设计、科普教育的方法与策略、科普教育的效果与评估等；按照科普教育场域及类型划分，可分为校内科学教育、校外科学教育、科技场馆科普教育、科普研学等。从教育学视角来审视科普研究，发现科普要素之间的关系与规律，能够为科普实践提供基于教育学的科学指导。下面的讨论将按照研究主题及内容这一划分方式，以近年来科普领域的研究文献为例，基于教育学视角对相关科普研究进行分析和解读。

（一）科普教育的理论与政策研究

理论与政策研究是科普研究的重要基础内容，通过对教育基本原理和规律的探索，为科普提供学术视野的理论支撑，通过对战略规划、政策解读、国际发展趋势等的比较分析，为科普实践开展提供政策建议和执行保障。

现代教育学理论受心理学、认知科学等的影响较多，科普工作的开展在一定程度上会遵循教育规律，因而教育学理论和原理同样适用于科普研究，其中包括终身学习理论、建构主义学习理论、具身认知理论等。提高公众科学素质及终身学习能力是科普工作的重要目标，依据终身学习理论，科普要关注个人整个生命周期中的持续学习和发展，既包括学校开展的正式教育，更包括校外开展的非正式教育。建构主义学习理论强调学习者通过活动、体验和社会互动等形式进行知识构建，使科普教育具备提供互动体验和实践机会的优势，有助于学习者有效地进行科学探究和理解科学概念。源于认知心理学的具身认知理论正被广泛应用于教育领域，田兵伟等（2024）研究者基于具身认知理论，系统化地构建了虚拟现实（virtual reality，VR）的滑坡灾害应急科普教育模式和实施体系。他们运用信息技术手段构建高仿真的模拟情境，为学习者提供身临其境的滑坡灾害体验，使学习者能够沉浸式、参与式地接受灾害科普教育，通过训练帮助学习者掌握应急技能。

政策的逻辑起点是现实问题或需求，研究能够从学术视角为政策的制定提供决策依据，为政策的落实提供执行分析，对政策的效果进行评估评价（袁振国，2001；王大泉等，2018）。《全民科学素质行动规划纲要（2021—2035年）》（国务院，2021）系统地规划了科普和科普教育工作推进的新行动、新措施，是当前各项科普工作开展的指导性政策文件。教育部等部门也发布了多个政策文件，强调对科学教育的关注。其中，教育部等十八部门联合印发的《关于加强新时代中小学科学教育工作的意见》，部署在教育"双减"（减轻义务教育阶段学生作业负担、减轻校外培训负担）中做好科学教育加法。科普教育研究者在相关教育政策背景下，结合自身工作特点开展了诸多研究。在"双减"背景下，科普是协助推动基础教育改革的重要力量，青少年科普期刊通过挖掘自身优势，对科普内容和教育形式进行创新，能够发挥更大的科普教育价值（袁睿和武瑾媛，2023）。上海科技馆的宋娴探讨了政策落地后，科学类博物馆如何深化教育资源供给侧结构性改革，构建完善、良性、平衡的科学博物馆教育生态体系（宋娴，2022）。

（二）科普内容与活动设计研究

教育学视角强调对教育内容的选择和教育活动的设计组织。科普研究同样需要考虑如何选择科普内容、设计科普活动，使其既具有科学性，又易于被公众理解和接受。牛红艳（2007）对青少年科普活动的研究指出，科普教育内容要包括一般性的科学技术原理，以日常需求进行科学技术知识、健康知识等普及传播，同时要关注民族文化、科学本质、科学精神等内容。这其实就是从教育本质、教育与人身心发展的关系、教育与社会发展的关系等角度对青少年科普教育进行的思考。

科技场馆、科研院所、科普教育基地等场所或机构拥有丰富多样的校外科学教育资源，是重要的非正式科学教育场所，在公众科普、科学素质提升方面发挥着积极作用。鲍贤清等（2020）通过对全国20家具有代表性的科技类博物馆进行走访调查，对场馆教育情况进行了详细深入的分析。教育学理论与理念也常被应用于科技场馆和学校合作开展的教育活动中。例如，研究者在STEAM［科学（science）、技术（technology）、工程（engineering）、艺术（arts）、数学（mathematics）］教育理念指导下，基于大同市博物馆的"青铜弩机"，为中小学生设计馆校合作STEAM课程，让学生在体验工程设计制作流程的基础上，加深对科学知识的理解，发展科学思维和创新能力，同时关注对学生历史人文素养的培养（冯丽露等，2020）。

科研院所及高校实验室拥有专业、先进、规范的科普资源。关苑君等（2017）通过对所在科研实验室人员、场地、标本、设备、成果等资源优势的介绍，阐释了如何借助科研资源设计活动并进行科普教育。他们指出，科研资源科普化活动要兼具实物性和体验性，并且保证参与性、及时性、公益性等。近年来，融合科学教育、科学考察的科普研学及科普旅游备受市场欢迎，不少研究者基于教育学视角开发了研学、旅游等活动项目或课程。于吉海等（2022）利用张掖市的地方特色优势，开发了以湿地研学为主题的系列课程；于秀楠和徐昌（2023）也对馆校社协同开发的研学实践课程进行了深入研究。

（三）科普教育的方法与策略研究

教育方法与策略是教育学研究的关键要素，基于教育学视角的科普研究应关注对教育方法与策略的选择，关注如何运用不同的教育方式更有效地提升科学学习兴趣、达到科学普及的效果，如前文提到的科学史教学策略的使用（张必胜和许亚亚，2023）。同时，研究者还要对科普教育实施的过程给予关注，了解公众在接受科普过程中的反馈与变化，以便及时调整和优化科普教育的方法与实施策略。陈奕喆等（2023）以大概念教学策略作为基础，构建了包括目标维度、内容维度在内的场馆课程设计框架，并以小学植物园课程设计进行实践检验，使大概念教学策略落到活动实处，促进学生的深度学习而非碎片化学习。在教学实践过程中，研究者还以学习单、个人意涵图为载体，设置了形成性评价任务。

正式的科学教育常见方法与策略在科普教育研究中的使用较为广泛。例如基于实验教学策略的"地沟油-膨润土去污皂"主题科普项目（裴强等，2022），从生活情境入手，带领参与者体验式地学习油的纯化、皂化过程及原理，感受化学的神奇魅力。又如基于跨学科整合的"月相观测与摄影"天文科普教育活动（戴东怡等，2023）、基于深度学习的"流域生态—水文过程研究"科普教育课程（陆峥等，2023），构建跨学科、情境式的学习场景，在参与式问题解决过程中有效提升学生的学习兴趣、科学思维、科学素养等。

相对于传统的教育方法和策略，适用于数字化时代的新型教育方法与策略在科普教育研究中也得到充分应用。以科研工作者的多样化科普形式为例，从事科研的专家学者通过创作短视频等方式向公众进行科普教育，中国科学院发起"科学与中国"院士专家线上线下巡讲（柏坤和贾宝余，2023），哔哩哔哩（bilibili，简称 B 站）推出促进科学家与公众互动的科学脱口秀节目《科学咖啡馆》（魏秀等，2023）等。此外，得益于独特的互动性和趣味性，游戏也成为科普教育的新形态。周慎和汤欣雯（2023）对联合国环境规划署"玩游戏·救地球"项目生态主题游戏进行了深入分析，指出通过游戏体验能提高玩家的环保意识和素养；蒋希娜等（2021）以知识划分理论构建科普游戏框架，设计了抗生素滥用主题的科普游戏《灭菌挑战》。

（四）科普教育的效果与评估研究

评估研究对科普事业高质量发展至关重要，科普评估部分源自教育评估（邵华胜和郑念，2022）。教育评估主要有导向、诊断、反馈、管理等功能，是保障教育质量的关键环节。对科普教育或科普活动进行的评估，主要是衡量其是否达到预期的目标和效果，发现科普过程中存在的问题和瓶颈，从而基于评估结果推动科普内容和方法的优化与创新，为制定精准、有效的科普策略提供依据，推动相应科普工作持续发展。

为保证评估的科学性、系统性和有效性，往往需要以理论依据为支撑和指导，构建清晰可行的评估框架或评估工具，制定合理、精准的评估策略。张志敏和郑念（2013）深入探讨了科普活动效果的评估方法，其研究在综述国内外科普活动评估的基础上，构建了多维度的大型科普项目评估指标体系，兼顾社会性、公益性和教育性，基于不同评估角度和方法建立了可操作、可实现的评估指标，为科普活动效果评估提供了重要参考。科普课程或科普教育活动的评估，可以充分借鉴教育学评估的成熟经验。研究者在博物馆科普课程评估中，基于已有课程评估模式确定了以目标为导向的评估方法，通过问卷调查和访谈对"冰河时代"课程进行全面评估，以了解科普课程对受众的影响，并基于评估数据发现问题、优化课程方案（阮佳萍和王娅明，2023）。

三、教育学视角下科普研究的范式

研究的范式体现了研究者对研究的价值定位，指导着取向和目标确定、研究方法选择、数据收集、结论得出等整个研究过程，但研究范式具有一定内隐性，有时并非一目了然（诺曼·莱德曼和桑德拉·埃布尔，2021）。讨论教育学视角下科普研究的范式时，有必要先简要了解教育研究的发展变化历程。近代科学产生以前，教育研究主要依赖直觉观察，处于经验描述阶段；从近代科学产生至20世纪初，教育研究以归纳演绎、理论分析为主，处于分析阶段；20世纪初期至50年代，教育研究形成独立学科，处于科学实证阶段；20世纪50年代以来，教育研究进入后现代多元发展阶段（裴娣娜，1995；叶澜，2014）。

在研究发展过程中，科普研究产生了不同的研究范式，而且有着不同的分类方法和范围界定。本节主要介绍了三种教育学视角下适用于现阶段科普研究的研究范式（威廉·维尔斯马和斯蒂芬·G. 于尔斯，2010；诺曼·莱德曼和桑德拉·埃布尔，2021）：一是后实证主义研究范式，其研究者试图通过全面地量化实证证据，尽可能客观地接近事实，并对现象提出合理的解释，其中的大规模评价研究就属于此范畴，如中国科普研究所开展的中国公民科学素质调查研究（高宏斌等，2023）、青少年科学态度研究（黄瑄和李秀菊，2020）；二是解释主义研究范式，解释主义研究者基于经验、文化和环境构建其理解，通过对相关现象、经历的描述提供有价值的信息和思考，常采用定性研究方法开展个案研究、民族志研究、叙事研究等，如馆校社协同开发研学实践课程的个案研究（于秀楠和徐昌，2023）、科学家科普短视频的叙事策略研究（石力月和黄思懿，2023）；三是实用主义研究范式，主要关注混合方法在解决实际研究问题中的应用，以及理论与实践的动态相互作用，混合方法的使用在一定程度上缓和了不同范式研究之间的对立。

从教育学视角出发，科普研究有以下几个研究趋势和关注点。一是终身化、个性化的科普教育，通过构建和完善公民终身学习体系，保证科普教育能够覆盖个人一生的各个阶段，同时针对不同人群深入研究个性化的学习路径，以适应不同学习者的需求和兴趣。二是科学素质的监测评估与提升，通过不断完善科学素质评估的工具和方法，并以之衡量科普工作实施效果，研究如何通过相关政策、教育方法策略、社会化学习平台等提高公众的科学素质。三是将技术与创新融入科普，通过利用人工智能、虚拟现实、增强现实（augmented reality，AR）等技术，探索科普及教育模式创新，优化科普表达形式，提高科普的趣味性、互动性和有效性。四是关注科普的区域性和全球性，通过比较研究了解科普的区域性差异，利用多种渠道为不同区域人群提供高质量的科普资源，通过国际合作提高科普工作质量和国际影响力。

综上，本节旨在从教育学视角出发，阐述该视角下的科普研究及三种常见研究范式，并概述教育学视角下的科普研究趋势和关注点。教育学理论和方法论的引入为科普研究提供了新的视角与思路，通过研究案例的分析展示了不同教育学视角及研究范式在科普研究中的具体应用，能够为读者提供理论指导和实际的参考与借鉴。此外，需要指出的一点是，研究范式与研究方法是不同层面的概念，两者容易被混淆，尤其对于科普研究的初学者来说更是如此。有关范式的深入研究可查阅相关参考文献，关于科普研究方法，将会在本书后续章节中进行详细介绍。随着科普研究的不断发展，更多来自教育学及其他学科的研究视角和范式将被广泛使用，研究者可根据自身不同的研究需求，采用恰当的研究视角和范式开展研究。

第四节　科普研究的社会学视角

随着科学的社会建制化发展演进到大科学时代，科学对社会的作用越来越大，科学与技术和经济发展甚至军事目标的结合日益紧密，社会因素对科学的影响也越来越深。关于科学的群体研究关注科学共同体构成发生怎样的演变及其如何影响科技的发展；科学技术的社会治理关注科学活动的过程及其结果的社会风险以及如何构建负责任研究与创新体系；国家科技政策和科技战略则关注财政科技资金的合理分配与科学技术的利益导向等问题，以及关注各类科技组织机构的内在结构及其在国家创新体系中的社会功能等。所有这些关于科学的社会性分析都会影响到科普研究的进程，促使我们更加综合性地思考科普研究如何更加直接、积极地参与到科学、社会和政策的研究中，如何更好地推动科学传播，拓展公众参与科学的途径并使其采取理性的行动。科普是一种社会活动，从严格意义上来讲，科普研究在很大程度上隶属于社会学研究的子集，以与科普活动相关的主体、客体、载体、政策等为研究对象，并广泛采用社会学研究方法。以下将从社会学的视角探讨科普实践与科普研究，厘清科普研究中的社会学维度，以及如何基于社会学视角开展科普研究。

一、社会学视角

社会学是关于社会现象、社会问题和社会规律的科学，集中了人类对人类社会的认识成果，其研究对象涉及个人、群体、组织和政策等多个维度，形成了相当丰富的社会学理论。研究议题的多样性也是社会学研究的特点之一。对主体领域开展研究是社会学的主旨，主体领域的研究能力决定着社会学的理论想象力和经验解释力。"在当代社会体系中，政府、企业、金融、法律是典型的主体领域，对经济发展、公共治理、社会生活多维度产生影响。对这些领域的研究，就是对现代社会的总体性理解。"（陈家建，2024）在现代社会中，科技对社会的影响无处不在，科普的作用越来越重要，并已成为人们普遍关注的问题。科普与科学传播有望成为社会学研究的主体领域之一，将社会学研究方法运用到科普研究中，用社会学的理论和研究方法解释科普规律非常重要，不仅形塑着科普或科学传播这一新兴交叉学科的价值关怀和理论视野，还影响着该学科的合法性定位。从社会学的角度看，把握现代科普与现代社会主要构成要素之间的关系，有助于加强对现代科普基本发展规律的深刻认识与解构。

从社会学的视角去理解科普实践与科普研究，包括理解科普的社会角色及其社会建制、科学知识与社会的关系、科普的社会功能与价值、科普责任与路径研究等，这可以从科学社会学，科学知识社会学，以及科学、技术与社会的研究中获得启发。罗伯特·金·默顿（Robert King Merton）基于"结构-功能主义"的社会学传统开创了科学社会学，将科学作为社会结构的一个特殊组成部分、一个新兴的社会体制，围绕科学共同体的行为规范、科学体制的运行机制、社会因素对科学技术发展的影响等问题展开了全方位的研究。在科学与社会互动关系的分析中呈现出科学技术的本质与发展规律，对科普研究具有重要启示。一方面，科普是一种复杂的社会现象，既依托于社会，离不开社会条件的支持，又服务于社会，促进社会的进步与发展。政治、经济、科技、文化、各种社会意识形态等都是现代社会的主要内容或组成要素，这基本确立了科普的社会基础与社会关系。另一方面，科普是劳动分工-社会分化的产物。科学的专业化过程也是科学拉开与公众距离的过程，科学的社会建制化过程使科学知识的生产有了专门的场所，并形成了具有独特精神气质和行动规范的科学共同体。科学逐渐隔离于社会公众，常常不被社会所理解，或招致社会质疑。科普成为科学界与社会沟通的重要渠道和不可或缺的社会交往方式，社会交往强调双向互动、对话和沟通。在科普实践与理论研究中融入科学社会学视角，启迪科普研究者关注科普发展所需的社会条件和社会因素，以及运用社会学方法分析科普体制的内部问题，进而思考科普范式、科普精神等方面的议题，对提升科普效果将产生积极影响。

科学知识是科普的具体内容，科学知识社会学以建构主义的立场对科学进行批判，对科普工作及科普研究提供了重要启发。科学知识社会学的基本观点是"所有科学知识都是社会建构的"，即科学知识和其他一切人类知识一样，都是作为信念而被处于一定的社会环境之中的人构建而成的，科学知识的生产及其应用总是和一定的生成情景相联系，强调在一个局部的、具体的文化情景中的科学实践活动。以大卫·布鲁尔（David Bloor）、巴里·巴恩斯（Barry Barnes）为主要代表的爱丁堡学派提出了因果性、公正性、对称性、反身性四条原则，被称为科学知识社会学的"强纲领"，揭示了科学知识和技术创新的生产与应用过程都包含了社会、文化和价值的因素，要求科学研究应当一视同仁地对待各个有关方面。以布鲁诺·拉图尔、约翰·劳（John Law）、米歇尔·卡隆（Michel Callon）

等为代表的巴黎学派，开创了科学知识社会学的实验室研究学派，通过实验室田野调查，揭示了科学知识的生产过程如何受到社会因素的影响，对称性地看待自然和社会对科学知识的影响，重新描述科学活动中各种存在（人或非人因素）所引起的作用，以及如何通过转移、招募等机制联结成科学知识生产的行动者网络。科学知识社会学试图打开科学知识的"黑箱"，将科学看作一个动态的研究探索的活动，而不是静态的知识体系。科普就是使用适当的方式、媒介等向公众解释科学。科学知识社会学的社会建构论启发我们从中立的、外在的、客观的视角去看待科学知识，以及从"生成中的科学"去理解科学的本质，为公众理解科学提供了一个全面真实的视角，让公众对科学的本质有一个全面的了解，从而尽量避免那些因盲从而误入歧途的现象出现。

科学、技术与社会是一个综合性新型交叉学科研究领域，将科学知识的生产、科学研究活动作为社会现象来对待，其特征是对科学、技术与社会的相互关系进行交叉研究，广泛采用人类学、民族志、田野调查、案例研究等社会学方法，弥补科学技术哲学研究主要依靠文本窥探科学之道而经验不足的缺陷。与科学哲学、科学社会学或技术社会学从单一的哲学、历史或社会层面来研究科学、技术与社会三者的关系不同，科学、技术与社会研究的独特性在于，它将三者看作一个完全独立的整体进行研究，关注的不仅是科学技术本身，还有社会对科学技术产生的影响以及科学技术与社会的互动关系。科学、技术与社会（STS）视角已经成为一种新的价值观和思维方式，对科普与科学传播的理论与实践，以及科普研究均有很重要的启发作用。STS视角强调科学技术与社会之间的互动关系，认为科学不仅是孤立的技术进步，更是深深根植于社会、文化、政治和伦理背景之中。这一视角推动了对科学知识传播的全面理解，强调了科学活动对社会的影响以及社会对科学研究的反作用。在科普研究中，STS视角促使我们重新审视科学传播的目的和方式。传统的科普活动往往侧重于知识的传播与普及，而STS视角更加注重公众的参与和社会对科学发展的影响。这种视角鼓励科普活动不仅仅是单向的知识灌输，更要重视公众的反馈和社会的伦理审视，增强公众对科技创新的理解和批判性思维。

在实践中，STS视角给科学传播提供了新的研究思路（荣姗姗，2020）。科学传播者不仅要传递科学知识，还要引导公众关注科技进步可能带来的社会变革和伦理挑战。当前，我们处于"科技时代"，科学技术已经渗透到现代社会领域的各个方面，关于新知识新技术的目的性和非目的性影响使责任式创新议题备受重视。新兴技术如果在无序状态中发展，必然会导致严重的社会问题。STS研究对新兴技术可能引发的社会危机有诸多探讨。科学技术的潜在危机、不确定性以及创新产生的社会危害等方面是责任式创新研究的关注点，也是现代政府风险规制的重要对象。例如，基因编辑、人工智能等前沿科技不仅涉及技术本身的理解，还涉及其可能引发的社会伦理问题和政策讨论。因此，科学传播的核心不仅是科学知识的普及，还包括科学与社会价值的互动与对话，这对于推动科学与社会的共同进步至关重要。总之，科学技术的发展需要以社会需求与社会价值的满足为基本前提，科普研究也要反映社会需求与社会意义，反映社会价值与责任，形成社会共同期望的思考，提高公众科学素养和提高社会治理水平，并使科学与技术的开发、制度及政策有更多的社会响应。STS研究将科学、技术、社会视为一个整体，其科学传播观就是平衡好三者的关系，在社会大背景中探讨科学与技术，注重理论与社会实践的结合。

二、科普研究中的社会学视角

科普研究以科普实践为主题开展研究，其研究对象十分宽泛，包括科普主体、科普受体、科普群体、科普组织、科普制度、科普政策、科普评价等。从社会学的角度来看，结合对已有科普研究文献的分析，科普研究的对象大致可以分为个体、组织、政策三个维度。个体维度是指科普研究中人的行为，比如科学家、公众；组织维度是指科普活动中的科普场馆、学校、社区等机构层面开展的科普活动；政策维度是指与科普相关的政策制定、政策评估和政策动态等，发挥科普在社会治理方面的作用。

（一）个体维度

首先，个体是社会学研究的重要研究对象，科普活动中的个体是指科普活动中扮演角色的行动者。通过对已有文献的分析，可以将科普活动的个体划分为两类。一类是科普执行者，如科学家或其他从事科普的专业群体。这些执行者通过讲座、科普书籍、公开展示、媒体报道等方式，将科学知识传递给公众，扮演着知识传播和科普教育的重要角色。他们不仅具有深厚的专业背景，还常常担负着桥梁作用，将复杂的科研成果转化为易于理解的内容，增强公众对科学的认知与兴趣。另一类是科普的受众个体，他们是科普活动的目标群体。通过对这些受众的分析，科普活动的设计与实施可以更加精准地满足公众的需求。受众的兴趣、文化背景、教育水平等因素都会影响他们对科普内容的接受度和理解能力。因此，理解这些个体的特点，对于优化科普活动的效果至关重要。

在现有研究中，关于科学家群体有以下关注面。①调研特定地区科学家群体的科普水平。例如，高宏斌等（2012）对北京地区在读研究生群体对科普理解的问卷调查，反映出未来科学家群体和专业专门人才群体对科普的理解水平。②科学家在科技风险治理中的角色。例如，赵延东和杨起全（2014）通过社会调查发现，科学家群体享有很高的社会公信力，但其社会公信力在突发公共事件管理中没有得到充分发挥，其中有政府干预、媒体干扰、自身原因等多种因素，应创造条件为科学家在参与公共危机事件管理时提供良好的舆论和社会环境。③科学家参与科普的路径。例如，胡卉等（2023）基于社会共同参与的大科普格局背景，通过案例分析，归纳出科学家参与科普的三种模式：主导创造型、合作参与型和辅助支持型。④科学家参与公共决策的过程。要使科学在社会中持续发挥作用，就需要科学与政策形成良好的互动机制，而科学家参与公共决策是推动科学决策机制发展并最终促进科普工作进行的重要途径。基于科学家在公众眼中是最值得信任的信息来源，这要求科学家在科学决策过程中担负起更多的责任（杨玉琴等，2023）。

其次，关于科学与公众的关系，从科学正式登上历史舞台以来就一直存在着，并随着历史的前进而时刻发生着变化。科学的专业化过程，也就是科学逐渐与公众拉开距离的过程。为此，欧洲率先兴起了"公众理解科学"运动，后来被"公众参与科学"所取代，它强调公众与科学界的对话。科学技术发展所带来的效应直接进入社会生活领域，在生命科学、材料科学、信息科学、能源科学等领域，产生了许多新的伦理问题，这不仅在科学界内部，也在社会层面引起了广泛的讨论，其中不乏批判和质疑的声音，公众对科技的发展及其所带来的影响，以及不确定性的关切和忧虑日益增加。公众对科技的态度会影响科学共同体的社会影响力，从而影响到政府对科学研究的支持力度。因此，科学界和政府越发关注公众对于科学的态度，希望通过加强与公众的交流，普及科学技术知识，提高公众的科学素养，从而获得有利于科技发展的社会界面（杜鹏和李真真，2008）。

一方面，科普研究关注科普如何引导公众舆情的健康发展。科学事业的健康发展，必须获得社会和公众的理解、认同与支持，公众舆情会对科技发展产生重要影响，甚至成为制定相关科技政策的重要参考。例如，转基因技术是现代农业生物技术的核心技术，如何利用好转基因生物技术，是世界各国解决粮食安全问题的关键。作为一项新兴生物技术的应用，其在迅猛发展的同时也饱受争议。转基因食品曾是中国最热议的社会敏感问题之一，围绕"转基因"这一议题形成了"挺转派"和"反转派"，对转基因的科研和产业化进展造成了很大的困扰。公众因不了解而担心、不同学科背景的专家因不熟悉转基因研究而被质疑都是正常现象，科普工作就是引导公众正确认识转基因食品的有效方式。转基因科普需要基于广泛的社会调查，弄清楚公众舆论现状、分歧的关键和影响因素，形成新型的转基因科普模式，让公众回归理性地认识和对待转基因食品（田兰芳等，2017）。目前，转基因技术是风险可控的安全技术，但也需要加强面向未来制定抢占转基因发展制高点的国家战略研究，以及加强对转基因技术的科普宣传和对转基因生物伦理的监督，这是加强转基因技术产业发展和提升转基因技术创新能力的必要途径。

另一方面，公众参与已经成为科普研究的重点内容。研究问题包括公众参与科学的途径、公众和科研工作者之间的关系、在科普项目中如何纳入公众参与科学的维度等。科学的公众参与的努力是受"负责任创新"概念引导的。科学技术因快速发展已经渗透到社会经济生活的方方面面，科学与创新在研究政策中的交互性更强，而放任技术创新的收益与危害在无序状态中发展，必然会导致严重的社会问题。纳米技术、转基因、电动交通、干细胞研究、社会网络、生物技术、机器人、核能、军事与安全技术都曾被视为争议性技术创新。"负责任创新"旨在为技术创新主体和广大公众在"善举"与"责任"之间构建一种因果关系，从根本上平衡科技创新和伦理上的适应性（易显飞和胡景谱，2023）。

"负责任创新"除了强调创新结果的先进性与经济增长价值，更加注重理论研究与技术创新所满足的社会期望和实现的公共价值。"为达此目标，创新应该是在道德上可接受的、社会希望的、安全的、可持续的、透明的互动和来自社会行为者或创新者的持续反馈，以确保技术进步适当地嵌入我们的社会生活中"。（von Schomberg，2012）2003 年，美国颁布的《21 世纪纳米技术研究与发展法案》最早提出"责任式发展"概念，最大限度地提高纳米技术在推动社会进步方面的积极意义，同时降低技术创新的负面影响，以解决国家最紧迫的社会需求，技术的潜在危机、不确定性及创新产生的社会危害等方面是负责任创新研究的关注点。而后，许多纳米技术的科普读物都贯彻了"负责任创新"的理念，以推进负责任的科学治理模式，实现科技创新对社会需求与伦理价值的满足。鉴于此，了解和认识公众对相关技术的看法与意见，在此基础上制定灵活多样的科学传播活动，促进公众与科学的对话，让公众充分理解科学与技术，继而使其更好地履行公众在科技创新中的角色。与此同时，将伦理和安全责任与"审慎"监管相结合，并嵌入科学普及与科学传播中，构建负责任创新的社会共识，以期推动科学与技术在健康有序的轨道上发展。

（二）组织维度

组织是社会的缩影，社会学有专门研究组织的组织社会学分支，通过对组织的体制及其变迁、组织的权利结构与行为方式、组织与制度的关系等问题的研究，作为理解社会活动、社会变迁、社会转型的重要路径（蔡禾和周兆安，2015）。在科普活动中，大学和科研机构是开展各项科普活动的主要力量。它们不仅拥有最新的科研成果，掌握国际最前沿的学术动态，还拥有所从事研究领域丰富的背景知识，具备从事科学普及与科学传播的独特优势（杨晶和王楠，2015）。让公众了解大学和科研机构中所进行的科学研究与技术创新活动，向社会公众传播科学技术知识，激励青少年爱科学，是大学和科研机构的社会责任（张增一和李亚宁，2009）。博物馆是系列科普教学活动的策划者、组织者和实施者，也是开展亲子科普教学活动的主要组织。寓教于乐以及形成良好的多向互动，能更好地为提升广大青少年的素质教育服务（罗德燕等，2012）。科技类博物馆也是科学传播的重要场所，为公众与科学共同体搭建深入沟通的平台与桥梁（聂海林，2016）。社会学视角对科普组织体系的分析，主要是从科普形式、科普评价等角度切入，如何将科普组织体系的建设同社会化服务体系的建设结合起来，鼓励各类型科普组织机构的发展，还有很大的探索空间。

（三）政策维度

科普政策是为提升国民科学素养、提升国家科普能力，由政府制定并实施的一系列科普方针、措施、行动准则，以及党和国家领导人的重要讲话等。通过这些渠道，科普政策明确了科普工作的方向，同时能协调和保障科普事业的有序发展。科普政策内在的科普理念和工作规划，直接关系到科普事业能否朝着特定的目标迈进。中华人民共和国成立以来，我国在不同时期出台了许多促进公民科学素质提升的科普政策。随着时代的变迁，这些科普政策不断顺应时代发展的要求演进。科普政策已然成为国家科普能力建设的供给侧要素，与社会的发展和进步具有密切的联系，它服务于科普建设，明确科普工作的方向和保障科普事业的目标实现。社会整体文化水平是制定科普政策需要考虑的重要因素，科学素质又是公众文化水平的集中反映。目前，我国正处于科普事业大发展的时期，国家、社会和公众对科普有着强烈且多样的需求。国家通过制定和完善科普政策法规，致力于构建有利于科学传播的社会环境，从而全面推动科普事业的发展。

科普政策是科普研究的重要组成部分，现有研究关注以下关键问题：如何制定符合科学发展与社会进步规律的科普政策？科普政策的变迁应遵循怎样的基本逻辑？如何对科普政策的实施效果进行定量化评估，并以此为依据进一步优化科普政策机制？政策影响下的科普公共服务水平变化程度是衡量政策成效的关键指标。在政策评估研究中，考察科普政策对科普公共服务的影响，进而探讨科普政策机制及科普服务内部结构，定量化评估客观反映政策目标达成程度，其结果作为科普资源再分配以及政策优化的重要依据，并为优化科普政策提供理论支持（吴彰，2023）。我国科普政策研究内容涉及广泛，涵盖政府、社会与经济等多个层面，并形成了方向鲜明的主题社区。目前，公共服务、社会生产和安全问题是该领域研究的核心与主流方向。除此之外，创新也是当前科普政策研究关注的重点，在此方向不断细化、深入（李雯等，2023）。自2006年我国正式提出自主创新和建设创新型国家战略以来，科技进步和创新是我国经济社会发展的首要力量。此后，我国在创新驱动发展的道路上进行了大量的探索与实践。"两翼理论"更是为推动创新发展做出了重要的战略指导，强调科研与科普的协同发展。许多重要政策和文件明确提出在科研项目中增加科普任务，以促进科学研究与科学传播的有机结合，推动科技创新成果更广泛地惠及社会。

对我国当下和未来科普政策的制定而言，基于社会学视角开展科普政策研究应该关注以下方面。一是加强科普政策内容研究。科普政策是调节科普资源、加强科普工作的推动力量，其政策适应性的高低直接影响到科普事业能否顺利健康发展，也在很大程度上影响着国家社会与经济能否健康发展。目前，我国科普政策的研究主要以定性分析为主，内容主要集中在科普政策的变迁特点、科普政策机制研究等方面（张根文和都江堰，2023）。对科普政策文本的内容研究及其社会适应性实证研究存在不足。只有通过对科普政策内容进行分析，探寻各种政策工具之间的相互联系，分析问题，查找不足，才能优化科普政策的总体设计，推动科普事业的可持续发展。二是提升公众参与科普相关政策制定的程度。我国的科普政策强调全社会参与，鼓励各级政府、企事业单位、学校、社区、媒体等各方面共同推动科普活动的开展，但在科普相关政策的制定过程中，我国公民参与的程度并不高。未来的科普政策研究应该关注如何提高公众的参与度，将市民意见纳入科普政策体系中（徐筱淇等，2024）。三是探讨如何发挥科普政策对科技成果转化的促进作用，并及时向公众普及科学新发现和技术创新成果，提升科技成果惠及广大人民群众的力度。

三、基于社会学视角开展科普研究

科普研究的社会学视域非常宽泛，在不同学科领域的科普著作中有着多层次、多角度的体现。有的科普研究以社会热点事件为切入点，通过分析公众关注度高的科技议题，推动科学知识的传播和理解；有的从相关领域的革命性观点展开，引导公众思考科学范式的变革与影响；还有的聚焦于前沿科学的探讨，向公众介绍最新的研究进展与技术突破。这些多样化的科普路径不仅丰富了科学传播的内容，也促进了科学与社会的深度互动。在普及客观科学知识、科学发展规律和科学精神的同时，将相关领域的问题讨论与社会治理、公共管理、公众参与等紧密结合，不仅有助于预示科学发展的前沿趋势，还能预测其对未来社会行动方式的深远影响。这样的科普研究视角使得公众及其他利益相关方的意见、担忧及其潜在的作用得以被纳入考量范围，推动科学传播从单向知识灌输走向多方互动交流。这种方法不仅丰富了科普研究的内容，也提升了其社会价值，使科普成为促进科学与社会良性互动的重要桥梁。

其一，广泛应用社会学方法提升科普研究的科学性。实证主义一向是社会学研究中最强有力的研究传统，对社会事实的客观描述和对社会现象之间因果关系的探寻被视为社会研究的主要目标。建立科普评估体系、评估和改进科普内容、提升公众科学素养、修订科普相关政策等，都需要建立在实证分析的基础上。科普研究者根据具体问题、调研难易程度等，采用田野调查、问卷分析、数据统计、案例调查、模型分析等社会学研究方法来进行分析。科普研究在很大程度上依赖科普调查，对特定群体开展认知态度调查，以了解特定群体的认知水平、态度及科普偏好。例如，公民数字素养与技能是当代公民核心素养的重要组成，也是现代化对人的素养的必然要求。为了解公民数字素养的真实情况，胡俊平等（2023）面向超大规模人群开展数字素养与技能评价的调查，在此基础上构建了数字素养的评价指标体系。又如，为了确认科学家肖像对公众有关科学与科学家形象的建构是否具有影响，以及影响如何，赵蕾和刘兵（2009）对北京、内蒙古等地的300余位中小学生进行问卷调查，获得实证数据后进行分析，证实了科学家肖像画对学生形成对科学家及科学认知有重要作用，这对研究图像、视觉在科学传播中的作用有一定启发。再如，核安全议题一直是各国互联网的热点，褚建勋等（2017）从性别、受教育程度和年龄三个方面对我国网民群体对核安全的认知态度与科普程度进行了统计交叉分析。

田野调查作为一种质性研究方法，要求研究者通过实地观察的方式深入地了解研究对象。相比较于普通的文献调查，田野调查能让研究者获得全身心的感受，让研究者获得更深刻、更全面的认识，因此在科普研究中被广为使用。例如，为了解健康类自媒体如何打造爆款内容，李洁（2022）以"丁香医生"为研究对象，深入

"丁香医生"编辑中开展田野调查,根据观察记录,对机构的内部运作、内容制作流程等进行分析,通过平衡政治、商业、社会、文化资本之间的关系,尽可能让公众最大限度地接受健康科普。当科普研究的对象是农村科普、城市社区科普、各层次学校科普、各类博物馆/科技馆科普等时,田野调查也是必要的研究方法。在转基因议题方面,曾经一度涌现出大量针对转基因作物及其商业化的负面言论和抵制声音。在这一背景下,收集公众及相关利益方的观点至关重要。这不仅有助于全面了解社会各界对转基因技术的态度,还能为政策制定、科学传播和公众沟通提供有力支持。

当前,我国科普事业的主要矛盾集中体现为科普事业发展不平衡、不充分与人民群众日益增长的科普需求之间的矛盾。这一矛盾既表现在城乡、区域、群体间科普资源的分配不均,也体现在科学传播内容、形式与公众实际需求之间的适配度不足。因此,推动科普事业高质量发展,需要进一步优化资源配置,提升科普内容的精准性、普惠性和多样性,以更有效地满足人民群众对科学素养提升的期待。为此,可通过事件调查、问卷调研、田野调查等多种社会调查方法,深入了解公众的具体科普需求,并有针对性地加以满足。例如,2018年"贺建奎基因编辑婴儿"事件作为突发的科技伦理事件,在国内外科学界、媒体和公众中引发广泛讨论。针对这一事件,孟金沂等基于百度搜索引擎中网民搜索关键词分析,发现基因编辑婴儿、基因编辑、伦理、艾滋病、*CCR5*、贺建奎、南方科技大学等成为高频检索词,这反映出公众在该事件中的科普需求。同时,通过对关注度趋势变化的分析,研究者发现,公众的科普需求呈现出持久性差、人群关注度差异大、对科学本身关注相对不足等特点(孟金沂等,2019)。这表明,科普工作不仅要关注突发科技事件进行时有效的科学传播,还需要探索如何提升公众对科学问题的持续关注度,以促进社会整体科学素养的提升。此外,社会学调查还提供了重要的启示。例如,基因编辑作为生物技术领域的突破性成果,可以用于治疗一些基因病,如脆性X综合征、遗传性失明、遗传性失聪等。然而,"基因编辑婴儿"事件警示我们,在科技迅速发展的同时,必须要高度重视其潜在的伦理问题。随着基因编辑技术不断进步及其应用场景不断拓宽,研究者需要未雨绸缪,加强对基因编辑技术的伦理思考和监管,以确保科技创新在安全、可控和符合伦理规范的轨道上发展。科普工作应在普及科学知识、倡导科学方法、传播科学思想的同时,积极关注科技伦理,提升公众对科技伦理的认知。科普工作者不仅要具备分析和利用信息的能力,还需主动跟进科学领域的突发事件,深入挖掘其科学价值,引导公众超越事件本身,关注科学的发展过程与内在逻辑。同时，通过有效的舆论引导，使公众在理解科学的同时，形成理性、审慎的科技观，促进社会对前沿技术的理性认知和合理应用。

其二，在STS研究的新科学传播观指导下开展科普研究。STS研究提出新科学传播观，将科学、技术、社会视为一个有机整体，突破了传统科学传播观的局限。STS视角下的科普不仅关注个人的科学知识和技术技能，还强调个人科普的社会观和价值观。在构建科学思维和技术能力的同时，培养社会参与意识，促进对自然科学与社会科学的整体性思考（杜明夏，2021）。基于STS研究的科普研究不仅关注科学技术的积极作用，还深入探讨其可能带来的社会风险与伦理挑战，将科学技术置于社会背景中，以多学科视角全面理解科学的内涵，并传播科学价值观。STS视角下的科普研究能够更有效地回应社会需求，符合道德与伦理约束，提升社会治理能力和公共管理能力，促进公众在全面理解科学的基础上形成理性判断，从而推进科普的可持续发展。例如，在生命科学领域，基因编辑技术已成为一项重要的基础性工具，在干细胞、免疫细胞、基因筛查等生命科学基础研究领域有着广泛的应用。基因组编辑在全球范围内引起了广泛的关注，这在加深对基本生物过程的深刻认识的同时，给人类健康带来了许多福祉，也引发了许多关于健康、安全、公平、正义等伦理和社会层面的探讨。这些讨论已经远远超出了生物学家所定义的技术风险和利益（Jasanoff et al.，2015）或者社会学家和伦理学家提出的哲学和社会政治等方面的讨论（Sarewitz，2015）。针对基因编辑技术及其应用的讨论需要进行广泛的公众参与，以囊括并考虑不同领域的声音，以及他们对相关概念的界定。STS视角下的科普研究还强调"多元行动者"视角，提倡构建多元融合的科普生态系统，为社会提供多元化的科普生态途径，这对应急科普很有启发（杨超，2024）。例如，STS视角下的人工智能科普，需要将人工智能的发展与经济、社会、国防、安全等问题结合起来。首先需要阐明的是人工智能如何改变和影响我们的处境，进而探讨人工智能构建的社会是怎样的，它对世界秩序、感知、知识、社会有什么新的影响，最终落脚点是人类将如何应对和塑造人工智能的思考。围绕"科技向善"这一关键问题，从具体人工智能应用场景入手去探讨社会治理问题，呼吁国际社会的共同关注与行动，推动以人类可持续发展为中心，发展负责任的人工智能，提升人工智能社会治理水平。

其三，知识社会学在科普内容研究中的体现。科普研究有很大一部分是基于科普内容的研究，如科普短视频、科普写作等。知识生产是围绕现实生活中的具体问题来寻求合理性的解答的过程。知识社会学关注知识生产的两个维度"实践知识"（基于行动者的经验知识）和"表象知识"（对客观世界规律的语言呈现）（张伟伟，2018）。知识社会学注重知识生产的自反性，探寻知识生产背后的社会结构和传播图景，对知识生产过程进行批判性的思考。知识社会学对科普内容研究具有重要启发。例如，健康传播类短视频的知识生产同质化严重、缺乏反思性与批判性、知识生产合作网络密度稀疏等，其原因在于科普短视频的知识生产过程存在严重问题，缺乏对短视频受众群体、短视频投放平台、短视频传播路径与策略等方面的深入分析。作者基于知识社会学的分析对健康传播类短视频的知识生产提出改进建议，包括拓宽短视频知识生产的理论边界、通过实证研究提升短视频制作的科学性和影响力、促进学术研究向实践应用的有效转化、搭建合作共联的跨机构/跨学科研究网络（荀晓萌，2023）。

其四，女性主义视角在科普研究中的运用。女性主义视角社会学分析将性别作为理解社会约束、行为选择和价值判断的关键因素，不仅关注研究者与被研究者的性别身份，还强调性别所承载的文化意义在社会科学知识建构中的作用。在科普研究中，性别视角已经被广泛运用。例如，王海莉和李一（2013）从社会性别主流化的视角考察农村科普机制的运行，揭示现行科普机制对农村妇女科普权利的隐性剥夺，并提出促进性别平等和可持续发展的策略。这种研究不仅有助于提升农村妇女的科普参与度，也对科学传播的公平性和包容性提出了更高要求。性别研究与科学传播的结合已成为科学传播的重要研究前沿。

本章参考文献

艾思奇. 2024. 哲学是什么？中国人民大学学报，38（1）：181-184.

柏坤，贾宝余. 2023. 科学普及"一体两翼"的平台实践与探索——以"科创中国-院士开讲"为例. 中国科学院院刊，38（11）：1740-1748.

包红梅. 2020. 新媒体环境下的科学传播研究. 内蒙古社会科学，41（4）：199-205.

鲍贤清，顾洁燕，李秀菊. 2020. 北极星报告：科技类博物馆教育活动研究（2020）. 北京：社会科学文献出版社.

蔡禾，周兆安. 2015. 转型中国的组织现象研究——国内组织社会学研究新进展. 社会学评论，3（6）：54-63.

陈登航，汤书昆，郑斌，等. 2021. 整合ECM与D&M模型的科普活动持续参与意愿研究——以高校学生为受众的视角. 科普研究，16（6）：97-105, 117.

陈桂生. 2019. Pädagogik学科辨析——五谈教育学究竟是怎么一回事. 教育学报，15（6）：3-6.

陈家建. 2024. 主体领域与学科传统：对社会学研究议题的思考. 浙江社会科学，（3）：19-28，155.

陈婉姬，李莹，宿湘林，等. 2021. 公众参与社区科普活动意愿的影响因素研究——以深圳市为例. 科普研究，16（2）：59-67.

陈向明. 2013. 教育研究方法. 北京：教育科学出版社.

陈奕喆，严晓梅，王凤英. 2023. 基于科学大概念设计场馆课程——落实馆校结合的模式探索. 科普研究，18（4）：87-96，111-112.

褚建勋，朱玉洁，张露溪，等. 2017. 基于核安全认知态度的在线调查及其对中国核科普的启示. 科普研究，12（2）：47-53.

崔亚娟. 2023. 融媒体视域下科普视频的跨媒介叙事研究. 科普研究，18（6）：14-23，94-95.

崔媛，任秀华. 2022. 基于科普视频互动弹幕数据挖掘的受众需求研究——以B站热门科普视频为例. 科普研究，17（4）：8-15，39，101.

戴东怡，龙海丽，张胜前. 2023. STEAM教育理念下天文科普教育在初中地理第二课堂的开展与实践——以"月相观测与摄影"主题活动为例. 中学地理教学参考，（8）：51-54.

杜明夏. 2021. STS多维目标下科普研学课程设计——以沙漠研学课程为例. 科学教育与博物馆，7（2）：122-128.

杜鹏，李真真. 2008. "公众理解科学"运动的内涵演变及其启示. 未来与发展，32（7）：52-56.

段培. 2024. 跨文化视角下新媒体健康科普全球化传播策略. 新闻传播，（3）：73-75.

冯丽露，赵慧勤，张丽萍. 2020. 馆校合作下的STEAM课程设计——以大同博物馆"青铜弩机"为例. 中国博物馆，（4）：32-35.

高宏斌，任磊，李秀菊，等. 2023. 我国公民科学素质的现状与发展对策——基于第十二次中国公民科学素质抽样调查的实证研究. 科普研究，18（3）：5-14.

高宏斌，张宇蕾，翟立原. 2012. 北京地区科学家群体理解科普状况的典型调查. 科普研究，7（3）：52-59.

顾明远. 1999. 教育大辞典：简编本. 上海：上海教育出版社.

关苑君，梁翠莎，容婵，等. 2017. 运用科研资源开展科普活动的机制研究——以中山大学热带病防治研究教育部重点实验室为例. 科技管理研究，37（23）：52-56.

郭凤林，任磊. 2023. 科学素质助力公民理性建设的效果与路径——基于中国公民科学素质调查的研究. 天津大学学报（社会科学版），25（3）：207-215.

国务院. 2021. 全民科学素质行动规划纲要（2021—2035年）. https://www.gov.cn/gongbao/content/2021/content_5623051.htm[2024-03-01].

韩冰. 2024. 推动科普工作数字化、智能化发展的现实路径. 中国新通信，26（5）：1-3.

黑格尔. 1980. 小逻辑. 贺麟译. 北京：商务印书馆.

胡卉，敖妮花，崔林蔚，等. 2023. 科学家参与科普的实践模式研究. 科普研究，18（5）：22-30.

胡俊平，曹金，董容容，等. 2023. 全民数字素养与技能评价的发展与实践进路. 科普研究，18（5）：5-13.

黄东流，佟贺丰，王超英. 2013. 我国科学技术普及现状及发展研究分析. 科普研究，8（6）：67-73，85.

黄济，王策三. 2012. 现代教育论. 3版. 北京：人民教育出版社.

黄瑄，李秀菊. 2020. 我国青少年科学态度现状、差异分析及对策建议——基于全国青少年科学素质调查的实证研究. 中国电化教育，（12）：69-77.

蒋婷，杨银花. 2019. 对人工智能科普话语的生态性探究. 北京科技大学学报（社会科学版），35（6）：1-9.

蒋希娜，李玥，何威，等. 2021. 基于知识划分理论的科普游戏设计与实例分析. 现代教育技术，31（6）：49-55.

金心怡，刘冉，王国燕. 2022. 关联理论视角下微信科普文章的标题特征研究. 科普研究，17（3）：38-46，106-107.

金亚兰，徐奇智. 2020. 突发公共卫生事件下基于公众参与的辟谣机制研究——以"丁香医生"和"科普中国"为例. 科普研究，15（2）：52-59，106.

卡尔·科恩. 1988. 论民主. 聂崇信，朱秀贤译. 北京：商务印书馆.

诺曼·莱德曼，桑德拉·埃布尔. 2021. 科学教育研究手册：扩增版. 上卷. 李秀菊，刘晟，姚建欣，等译. 北京：外语教学与研究出版社.

雷茵茹，崔丽娟，李伟，等. 2019. 环境教育对青少年亲环境行为的影响作用分析——以湿地科普宣教教育为例. 科普研究，14（1）：64-70，109-110.

李洁. 2022. 健康类自媒体如何打造爆款内容——基于丁香医生的田野调查. 新闻传播，（24）：29-31.

李雯，张思光，刘玉强. 2023. 基于LDA的科普政策主题挖掘与演化分析. 今日科苑，（5）：66-82.

刘发军，黄凯. 2024. ChatGPT对科普场馆数字化转型的应用机遇和挑战. 自然科学博物馆研究，9（1）：80-87.

刘娟. 2020. 科学传播主体与公众对话——中国科学家数字媒介素养调查. 科普研究，15（5）：49-56.

刘同舫. 2015. 启蒙理性及现代性：马克思的批判性重构. 中国社会科学，（2）：4-23.

刘永谋，滕菲. 2020. 发挥科技哲学在高校创新教育中的作用. 中国大学教学，（C1）：17-21.

陆峥，胡锦华，童雅琴，等. 2023. 基于深度学习的流域生态—水文过程研究科普教育课程设计与实施. 中学地理教学参考，（12）：23-26.

罗德燕，李奎，陈蓉，等.2012. 博物馆开展系列亲子科普教学活动的设计与实践. 科普研究，（2）：58-62.

马奎，莫扬. 2021. 科普类抖音号分析研究——以 21 个传播影响力较大的科普抖音号为例. 科普研究，16（1）：39-46.

马来平. 2016. 科普理论要义：从科技哲学的角度看. 北京：人民出版社.

孟金沂，栗思思，吴一波. 2019. 基于搜索数据的基因编辑婴儿事件网民科普需求研究. 科普研究，14（4）：58-62，75.

聂海林. 2016. 科技类博物馆公众参与型科学实践平台建设初探. 科普研究，11（1）：56-62.

牛红艳. 2007. 青少年科普教育活动的实践与探索. 图书馆建设，（3）：17-20.

裴娣娜. 1995. 教育研究方法导论. 合肥：安徽教育出版社.

裴强，吴晋晋，张芳，等. 2022. 科普实验教学项目：地沟油-膨润土去污皂的制备及去污率测定. 化学教育（中英文），43（12）：56-60.

任福君. 2019. 我国科普 40 年. 科学通报，64（9）：884-889.

任福军，翟杰全. 2014. 科技传播与普及概论（修订版）. 北京：中国科学技术出版社.

荣姗姗. 2020. STS 视角下的科学传播. 科技传播，12（2）：163-164.

阮佳萍，王娅明. 2023. 博物馆地学科普课程效果评估研究——以"冰河时代"课程为例. 中国博物馆，40（5）：95-100.

邵华胜，郑念. 2022. 我国科普评估研究的发展与展望. 科普研究，17（5）：40-46.

石力月，黄思懿. 2023.科学家科普短视频的叙事策略研究——以汪品先院士 B 站科普短视频为例. 科普研究，18（5）：31-39.

宋娴. 2022. "双减"背景下科学类博物馆教育生态体系搭建：现状、困境与机制设计. 中国博物馆，39（1）：4-9.

宋宇莹. 2019. 数字球幕科普电影的镜头语言与叙事策略分析. 科普研究，14（6）：91-96.

田兵伟，赵一燃，李文秋，等. 2024. 基于具身认知理论和 VR 技术的滑坡灾害应急科普教育模式. 灾害学，39（2）：178-184.

田兰芳，郭明璋，许文涛，等.2017. 转基因食品舆情现状分析及新型科普模式的探究. 中国农业大学学报，22（4）：179-187.

王大鹏. 2024. 加强理论研究，筑牢科普实践根基. 世界科学，（3）：43-44.

王大泉，卢晓中，朱旭东，等. 2018. 什么是好的教育政策研究. 华东师范大学学报（教育科学版），36（2）：14-28.

王海莉，李一. 2013. 社会性别主流化视角下对农村科普机制运行状况的考察及分析——基于对河北省部分农村的实证调查. 科普研究，8（4）：74-80.

王武林，王雅梦. 2023. 健康科普类短视频传播机制研究. 未来传播，30（5）：79-89.

威廉·维尔斯马，斯蒂芬·G. 于尔斯. 2010. 教育研究方法导论：第9版. 袁振国译. 北京：教育科学出版社.

魏秀，席亮，马强，等. 2023.大科普战略背景下院士群体科普实践的思考与建议. 中国科学院院刊，38（5）：732-739.

吴彰. 2023. 科普政策对科普公共服务影响研究. 西安：长安大学.

习近平. 2016. 为建设世界科技强国而奋斗——在全国科技创新大会、两院院士大会、中国科协第九次全国代表大会上的讲话. 北京：人民出版社.

徐筱淇，庞弘燊，刘倩秀. 2024. 中美科普政策对比研究. 科技传播，16（5）：34-39.

徐啸. 2023. 抖音号"科普中国"如何做好中国科普传播. 传媒，（5）：69-71.

荀晓萌. 2023. 我国健康传播类短视频的研究现状——基于文献计量的知识社会学分析. 新媒体研究，（5）：8-13.

杨超. 2024. 美国高校实验室推进社会应急科普教育模式研究. 比较教育研究，46（4）：34-42.

杨晶，王楠. 2015. 我国大学和科研机构开展科普活动现状研究. 科普研究，10（6）：93-101.

杨玉琴，程曦，王国燕. 2023. 科学家参与公共决策的角色模型及应用探析. 科普研究，18（5）：40-48.

叶澜. 2007. 教育学原理. 北京：人民教育出版社.

叶澜. 2014. 教育研究方法论初探. 上海：上海教育出版社.

易显飞，胡景谱. 2023. 人工情感技术的不确定性及引导机制构建. 吉首大学学报（社会科学版），44（1）：124-133.

于凤，齐士馨. 2023. 传播游戏理论下的科普期刊知识服务. 青年记者，（16）：83-85.

于吉海，杨雪平，姚艳霞，等. 2022. 馆校合作的研学课程开发与实践——以张掖湿地博物馆研学课程开发为例. 中学地理教学参考，（4）：13-15.

于秀楠，徐昌. 2023. 馆校社协同开发研学实践课程的机制和路径研究——以北京市东城区青少年科技馆为例. 科普研究，18（4）：79-86.

袁睿，武瑾媛. 2023. 青少年科普期刊教育产品创新. 编辑学报，35（S2）：100-103.

袁振国. 2001. 教育政策学. 南京：江苏教育出版社.

袁子凌，田华. 2020. 突发公共事件中公众的科学认知及网络行为分析研究——以双黄连抢购事件为例. 科普研究，15（2）：60-67，75，106.

曾文娟. 2020. 医学健康类科普动画叙事策略研究——以《头脑特工队》《工作细胞》《终极细胞战》为例. 科普研究，15（3）：99-107，114.

张必胜，许亚亚. 2023. 科学史融入科普教育的现实审视和路径探索. 自然辩证法研究，39（1）：138-144.

张根文，都江堰. 2023. 政策工具视角下我国科普政策研究——基于2000—2021年政策的文本分析. 科普研究，18（2）：9-18，110.

张惠聪，王珊珊，樊庆，等. 2022. 基于服务主导逻辑的科技馆观众满意度研究——以中国科技馆的观众满意度调研为例. 科普研究，17（4）：57-64，95，104.

张开逊. 2007. 科学与人类和谐. 科普研究，（6）：8-11.

张开逊. 2010. 探究科学普及的人文内涵. 科普研究，5（3）：15-16.

张瑞芬，贾鹤鹏，潘野蘅. 2023. 微博场域中新冠疫苗的文化嵌入框架研究. 科普研究，18（2）：83-91，109，114-115.

张伟伟. 2018. "实践知识"与"表象知识"——作为"知识"的新闻与媒介社会学的研究演进. 新闻记者，（9）：56-66.

张增一，李亚宁. 2009. 把科技传播给公众：MIT案例分析. 科普研究，4（3）：5-11.

张志敏，郑念. 2013. 大型科普活动效果评估框架研究. 科技管理研究，33（24）：48-52.

赵蕾，刘兵. 2009. 科学家肖像画与科学传播研究. 科普研究，4（4）：29-35.

赵延东，杨起全. 2014. 科学家的社会公信力及其在风险治理中的角色. 科普研究，9（5）：49-53.

赵迎欢. 2011. 荷兰技术伦理学理论及负责任的科技创新研究. 武汉科技大学学报（社会科学版），（5）：514-518.

周荣庭，杨晓桐，何同亮. 2022. 混合现实（MR）科普活动用户的参与和分享意愿研究. 科普研究，17（3）：7-15.

周荣庭，尤丽娜，张欣宇，等. 2023. 超媒介叙事视角下科普内容生产策略研究——以《工作细胞》为例. 科普研究，18（6）：5-13，52，94.

周慎，汤欣雯. 2023. 参与式文化视角下生态科普游戏化研究——基于联合国"玩游戏·救地球"项目分析. 科普研究，18（4）：56-64.

Jasanoff S, Hurlbut J B, Saha K. 2015. CRISPR democracy: gene editing and the need for inclusive deliberation. Issues in Science and Technology, 32(1): 25-32.

Sarewitz D. 2015. CRISPR: science can't solve it. Nature, 522: 413-414.

von Schomberg R. 2012. Prospects for technology assessment in a framework of responsible research and innovation // Dusseldorp M, Beecroft R. Technikfolgen Abschätzen Lehren: Bildungspotenziale Transdisziplinärer Methoden. Wiesbaden: VS Verlag für Sozialwissenschaften: 39-61.

Bodmer W. 1985. The Public Understanding of Science. https://royalsociety.org/-/media/policy/publications/1985/10700.pdf[2024-05-21].

第三章

科普研究的方法

关于科普研究的方法，首先应该明确科普研究的任务是什么。任务就是研究目标，任务中也有研究问题，因此我们要用目标思维、问题导向来思考如何选择和应用适合的研究方法。在明确了科普研究的目标、问题后，运用不同的研究方法去探索、描述、解释和预测问题，就成为自然而然的事情。

总体上看，社会科学的研究方法多被划分为质化研究方法和量化研究方法两大类。科普研究的具体研究方法和社会科学的研究方法基本是一致的，其差别在于研究的对象、问题主要集中的科普领域。比如，如果想要对问题进行理论性的解释、诠释或评价等，那我们多用质化研究方法，比如访谈法、参与观察法、个案研究、德尔菲法、扎根理论等；如果寻找到一个研究设想，并将研究设想转化为假设和预测，计划用统计学的方式分析一个或多个因素的影响程度，那么多用量化研究方法，如内容分析法、问卷调查法、实验法等。本章主要关注科普研究中常见的研究方法，选择访谈法、参与观察法、历史研究法、内容分析法、问卷调查法、实验法和文献计量法等展开讨论。

必须再次强调的是，关于如何选择研究方法的问题，其答案的金钥匙就是研究问题本身。在科普研究中有很多具体的研究方法可选，但有一点必须首先明确，那就是：研究问题决定研究方法，而不是研究方法决定研究问题。另外，我们还需要特别注意以下两个问题。第一，在实践中，我们没有办法将质化研究方法与量化研究方法截然分开，而且我们在面对一个科普研究问题时，可能会使用多种不同的研究方法从不同的角度展开研究，或者在一个研究中混合使用几种研究方法，通俗地讲，即"不同的人，用不同的箭，射同一个靶子"。第二，我们在确定用什么研究方法来分析想要研究的科普问题之前，必须明确"这个与科普相关的问题是否值得我们去研究"。只有研究问题是一个有价值的理论性研究或者应用性研究时，才有进一步探讨选择哪一种或几种研究方法的意义。

第一节 访 谈 法

访谈法强调"对话""提问""交流"，鉴于上述特点，其被广泛用于科普研究领域，担当着剖析科学传播现象、洞察受众诉求的重要任务。

一、访谈法的概念和类型

（一）访谈法的概念

通俗来讲，访谈法是研究者和有可能具有某种特定主题信息的信息提供者之间建立的一种问答（questions & answers，Q&A）模式。这种 Q&A 模式过去常常是在线下面对面进行的，但在新媒体环境下，这种 Q&A 模式也可以在线上展开。

（二）访谈法的类型

基于不同的研究目的，需采用多元化的访谈形式以确保研究的可行性（孟慧，2004）。具体而言，访谈按五个维度分类。

（1）无结构化访谈、半结构化访谈和结构化访谈。无结构化访谈灵活自由，由受访者自由表达。半结构化访谈则结合预设问题，灵活自由，比如焦点小组访谈，就是一种半结构化访谈，在焦点小组访谈中，访谈者会预先设定部分访谈问题，但同时可以自由讨论。结构化访谈多有预设问题，访谈者会严格遵循既定程序和规则。

（2）探索性访谈和假设检验访谈。探索性访谈追求开放性和探索性，主张在对话中挖掘新视角。假设检验访谈更趋向结构化流程，重点在于通过访谈检验某个假设是否正确。

（3）情境访谈和非情境访谈。情境访谈将受访者置于特定背景，凸显受访者的行为反应。非情境访谈则鼓励开放性和发散性，要求受访者不受具体情境的束缚。

（4）一次性访谈和多次访谈。一次性访谈主要强调在短时间内迅速收集某些事实性信息。多次访谈则适用于深度追踪，强调逐渐深入探讨某些问题。

（5）个人访谈和群体访谈。个人访谈聚焦单一的个体。群体访谈，比如焦点小组访谈，则有一组受访者，即集合多人讨论，强调集体意见的交流。

二、访谈法的基本要求

（一）访谈法的适用范围

访谈法作为一种研究手段，能够深入探究个体或群体如何认知环境、生活及世界，并进一步揭示其在理解的基础上如何主动应对身边的事件、人际关系，及其行为背后的动机等。比如，当研究者计划分析"科普活动对学校科学教育的价值"时，可通过访谈教师及学校管理者得到相应的研究数据。

（二）访谈法的运用原则

在科普研究中运用访谈法，需要把握一些基本原则。

第一，匿名性原则。访谈法一般须遵守匿名处理信息的原则。研究者须明确告知受访者，其提供的信息将以匿名形式处理，确保受访者的个人身份不被泄露，这也是鼓励受访者提供真实信息的基本保障。但并非所有情况下均需要匿名，有些访谈无须匿名，甚至需要指名。

第二，准确性原则。准确性原则强调对受访者在提供信息记录与转录过程中的忠实性，要求研究者须力求记录内容与受访者所表达的意思保持高度一致，而非对受访者提供信息内容的正确性、价值性判断。

第三，聚焦性原则。聚焦性原则关注获得受访者信息的技巧。在访谈过程中，研究者要始终围绕研究主题推进访谈，以避免访谈主题的偏离。

（三）访谈法的步骤

1. 确定访谈主题

访谈前，研究者应确定研究对象及研究价值，并针对核心议题设计访谈计划。

2. 明确访谈的必要性和可行性

有必要进行访谈是展开访谈的前提；访谈的可行性则关乎计划访谈执行的顺利程度，主要包括受访者的接受度及研究者的专业能力。

3. 选择访谈对象

访谈对象的选择需要与研究问题紧密相关，要有代表性，数量合理，可采取随机或定向方式选取，也须确保受访对象同意参与且能提供研究者所需要的信息。

4. 设计访谈问题

访谈前，需要设计访谈大纲和问题。应该说，设计合理的访谈大纲是访谈取得成功最重要的一环。

5. 计划访谈的时间和地点

访谈时间主要包括访谈的具体日期、时长和次数。访谈地点应选择便于受访者表达且环境适宜的地方。

6. 确定访谈的记录方式

访谈的记录方式主要包括手工记录和机器记录（录音、录像）两大类，其中机器记录便于事后进一步整理。

7. 实施访谈

即按照既定计划实施访谈，并根据实际情况适当调整。

8. 整理访谈资料和撰写访谈报告

这是实施访谈后的后续步骤，研究者最终须综合分析结果，撰写访谈报告。

（四）可能的误用及注意事项

在运用访谈法时，研究者需要尽量规避可能出现的各种问题，包括受访者缺乏代表性、访谈中存在诱导式提问、访谈后资料总结和分析时的疏忽等。

第一个可能出现的问题是受访者缺乏代表性。举例来看，在科普研究中我们可能会选择专家作为受访者，但必须确定所选的专家是这个领域真正的专家。而如今我们发现了一个微妙的现象，即专注于物理研究的人，竟也对化学领域的问题提出了独到的见解。这可能会存在问题。当博学被不当地跨界运用时，媒体中便涌现出一批被称为"万事通"的专家。"万事通"专家主要指无论是出于主动还是被动，以专家身份在各媒体平台发表跨领域或各领域科学问题、争议和事件见解的人。随着科学技术的迅猛发展和知识领域的日益细化，"隔行如隔山"这一说法愈发适用，每个知识细分领域都有其独特的专业知识和研究方法，难以轻易跨越。风险在于：当所探讨的科学领域并非专家的专攻范围时，他们在这一领域的知识储备与普通公众相比，其实并无显著优势。值得特别注意的是，这些专家在自己的研究领域已经建立科学权威，然而大众媒体和公众往往忽略这种科学权威是存在领域界限的。因此，可能会出现一种情况，即将这位主动跨界的专家的"非专业"言论误当作该领域的权威话语进行传播，这增加了不权威话语出现的可能性，并可能进一步导致人们产生对专家权威的负面印象。

第二个可能出现的问题来自访谈过程。比如，研究者在访谈中通过言语或者非言语行为表现出自己的态度。研究者在访谈中，不应该掺杂自身的态度和观念甚至是价值判断，也不应该做出在人际交流时那些让人可以看出研究者对某个问题满意或不满意、喜欢或不喜欢的言语及非言语行为。比如，研究者在访谈过程中做出了扁嘴、挑眉毛或不屑的表情等，又或者研究者在访谈过程中不停地看表、用脚敲打地面表现出不耐烦等。当然，也不是研究者的错误就仅在于做出负面的言语及非言语行为，过分正面的言语及非言语行为也会影响被访者的信息提供（阿瑟·阿萨·伯格，2020）。

第三个可能出现的问题来自访谈后的资料总结和分析。在整理访谈材料的过程中，应该完全诚实。此时容易出现的问题是，忽略与研究者立场相反的信息，而只将支持研究者立场、预设的信息保留下来。另外，在使用这些材料时，故意去掉一个字，或者故意只截取一段话中的部分内容，就出现了遗漏、误说、误传受访者想法的问题。如果出现类似不当的情况，研究者很可能相当幅度地转变了所引述的受访者的意思。

三、访谈法的研究范例

案例：《科学家对自身参与科学传播活动看法的调查研究》（王姝和李大光，2010）。

（1）研究问题。探究科学家对自身参与科学传播活动的看法。

（2）研究设计。访谈对象是科普活动工作者，研究方法是访谈法。

（3）研究方法的运用。选择来自不同地区，有着不同年龄、学历和学科背景的24位科学家进行一对一深度访谈。访谈前设计访谈提纲，具体包括受访者在科学传播实践中的自我认知和角色定位、科学家对于如何优化自身参与科学传播活动的看法和见解，以及科技管理如何影响并塑造科学家行为三个部分。确定访谈的主要形式为面对面访谈，并以电话访谈作为补充，以确保访谈效果。鉴于受访者的多样性，研究者在实际访谈中采用灵活的访谈策略以适应不同的背景。访谈结束后，通过编码技术将收集到的资料进行整理和分析，并建构理论模型。通过不断深入对比分析后，确保无新增核心范畴，则认为该模型达到理论饱和。最后，撰写详尽的访谈报告，全面总结研究结果。

（4）图示。示意图见图3-1。

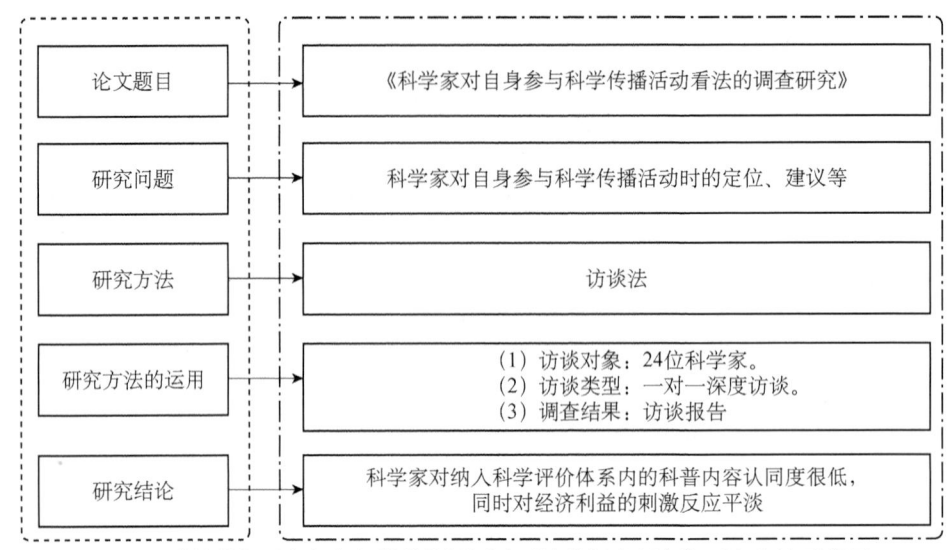

```
┌─────────────────────────────────────────────────────────────┐
│  ┌─────────┐    ┌───────────────────────────────────────┐  │
│  │ 论文题目 │───▶│《科学家对自身参与科学传播活动看法的调查研究》│  │
│  └─────────┘    └───────────────────────────────────────┘  │
│  ┌─────────┐    ┌───────────────────────────────────────┐  │
│  │ 研究问题 │───▶│科学家对自身参与科学传播活动时的定位、建议等│  │
│  └─────────┘    └───────────────────────────────────────┘  │
│  ┌─────────┐    ┌───────────────────────────────────────┐  │
│  │ 研究方法 │───▶│               访谈法                  │  │
│  └─────────┘    └───────────────────────────────────────┘  │
│  ┌─────────┐    ┌───────────────────────────────────────┐  │
│  │研究方法的│───▶│(1)访谈对象：24位科学家。               │  │
│  │  运用   │    │(2)访谈类型：一对一深度访谈。           │  │
│  │         │    │(3)调查结果：访谈报告                  │  │
│  └─────────┘    └───────────────────────────────────────┘  │
│  ┌─────────┐    ┌───────────────────────────────────────┐  │
│  │ 研究结论 │───▶│科学家对纳入科学评价体系内的科普内容认同度很低，│
│  │         │    │    同时对经济利益的刺激反应平淡          │  │
│  └─────────┘    └───────────────────────────────────────┘  │
└─────────────────────────────────────────────────────────────┘
```

图 3-1 《科学家对自身参与科学传播活动看法的调查研究》研究方法示意图

第二节 参与观察法

参与观察法是指研究者以公开或隐匿的身份深入研究对象的生活环境，通过接近被观察者进而揭示他们对于某项事物的看法。在科普研究中，有研究通过参与观察法分析青少年在科技馆、科学技术类博物馆的参观行为，以及科普夏（冬）令营、科普乐园中的参与活动等。

一、参与观察法的概念和类型

（一）参考观察法的概念

参与观察法是研究者在一定的环境下观察特定个人、人群、社会问题的研究方法。其中，最关键的是该方法必须在真实的情境下进行，通常包括参与和观察两项内容。在运用参与观察法时，要求研究者充分把握分寸，保证方式合理，既要尊重被观察者的意愿，又不能与被观察群体过于亲近。

需要明确一点，研究视角下的观察和日常生活中的观察不同。日常生活中，人们每天也会观察到很多现象，比如观察到现在养猫的人似乎越来越多了；比如观察到现在人们在同一个办公室工作，明明可以直接交谈，但很多人还是偏好于通过聊天软件进行沟通等。可见，人人都能观察，也能观察到新事物、新问题，但这和参与观察法有着明显的不同。日常生活中的观察是随性的，而参与观察法的观察是聚焦的、多维度的、多层级的，有一个比较明确的观察问题，然后采取详尽的观察计划，并且有较长时间的亲身观察或互动。

（二）参与观察法的类型

根据观察者身份是否公开，参与观察法可分为公开性参与观察法和隐蔽性参与观察法。一般情况下，如果观察者以公开身份进行直接观察，即公开性参与观察法；观察者如果隐匿自己的身份进行观察，则是隐蔽性参与观察法。隐蔽性参与观察法的优点在于观察者能够在接近自然的状态下与被观察群体进行接触，被观察者的言谈与行为更自然；缺点是在道德伦理方面，如果被观察群体不知道自身在被观察，就可能会侵犯他人的隐私。

二、参与观察法的基本要求

（一）参与观察法的适用范围

参与观察法有一些基本的要求，除了要明确研究问题，还需要明确：在什么时间点观察被观察群体？在哪里做的观察？在观察谁？被观察的人都在做些什么事？被观察的人为什么要做这些事？等等。观察地点和时间的选择、被观察的人及群体的选择、被观察的人做的事情及其原因都需要被观察，这些是参与观察法的基本问题。

（二）参与观察法的步骤

运用参与观察法的步骤如下。

1. 确立研究主题

观察者要明确观察的主题、问题和观察的意义，这是整个研究的前提。

2. 选择研究场景

观察者需要根据研究主题来选择研究场景，这些场景可能是生活场景，也可能是工作场景，具体到工厂车间、田间地头等各种场景都可能是观察的地点。

3. 确定研究方法

在确定了研究场景和研究人群之后，观察者需要根据这些条件明确是运用公开性参与观察法还是隐蔽性参与观察法。

4. 获取必要许可

无论观察者选择公开性参与观察法还是隐蔽性参与观察法，毋庸置疑的一点是，研究者必须获取相关联系人的必要许可，即便是隐蔽性参与观察法，也要取得相应的许可。

5. 实施参与观察法

观察者需要接受专业的观察训练，以便及时捕捉到被观察群体的信息。

6. 分析观察结果

这是参与观察法的重要步骤，同样须综合观察结果，编写研究报告。有时，我们的参与观察法是对特定案例的研究，比如针对某地某村农村留守妇女科普活动参与的观察。但同时必须思考，特定案例情境和参与观察法的问题是否可以剥离、深化及拓展，或者说，这一案例情境的研究结果是否可以发展出超越案例的理论问题。

（三）可能的误用及注意事项

参与观察法看起来简单，但在实践中有一些需要注意之处。

第一，观察什么是需要取舍和聚焦的。例如，观察者在观察某大学同一个寝室的四位同学日常生活中接触网络科普内容的行为表现时，会发现这个主题过于宽泛，无法了解到同学是主动接触科普内容还是被动点击网络科普内容的。这时可能需要将观察的点缩小，聚焦到一个主题上，比如将焦点放在同学日常生活中接触网络科普内容时的主动性行为上，或者是同学在日常生活中接触网络科普内容时的被动性行为上。如果观察者不是该寝室的人，那么作为一个陌生人出现，观察者可能会对该寝室四位同学的日常行为产生一些影响。如果观察者就是该寝室的四位同学之一，那么就可以观察到同学们和平常一样的日常行为，也没有什么特别的顾忌。

第二，需要注意伦理问题。比如，观察者是要隐藏自己的研究者身份以方便观察，还是向室友明确表示自己正在研究他们在日常生活中接触网络科普内容时的行为？不过，无论观察者是否有其他担忧，一般情况下告诉被观察者正在观察他们比较合乎伦理。

三、参与观察法的研究范例

案例：《场馆中亲子互动行为观察研究及促进策略——以上海科技馆为例》（罗跞和寇鑫楠，2020）。

（1）研究问题。分析亲子参观上海科技馆时的互动行为对儿童场馆学习效果的影响。

（2）研究设计。研究对象是前来上海科技馆宇航成就陈列区参观的亲子组合，研究方法是参与观察法。

（3）研究方法的运用。研究者在上海科技馆内，随机选择了32组来宇航成就陈列区参观的儿童年龄在5~12岁的亲子组合，共81人。研究者采取了隐蔽性参与观察法，即观察员隐匿自己的身份，其观察活动并未事先通知观众，但研究者在展厅的入口处明确标识了该区域正在进行观众行为观察调研。观察员已事先接受专业的培训，正式观察时，观察员两人一组，共同关注同一组亲子。其中一位观察员扮演观众角色，在亲子附近1~2米处跟随，同时记录他们的对话；另一位观察员则站在稍远的位置，根据观察表格详细地记录亲子参观展品的顺序、行为表现及对话内容，比如他们如何阅读展区说明牌、拍照及观看视频等。观察结束后，两位观察员共同整理观察表格，详细地填写亲子对话的录音内容及相应的行为描述，从而完成整个研究观察和数据记录的过程。

（4）图示。示意图见图3-2。

（5）点评。本研究中的观察活动并未事先征得观众同意，而是在展厅的入口处设置告示牌，仅以此方式告知观众该区域正在进行观众行为观察调研。未事先告知观众的参与观察法的做法忽视了参与者的隐私权和感受，存在一些伦理和道德问题。因此，如何在公开性参与观察法及隐蔽性参与观察法之间做出适当的判断和取舍，也是研究工作中至关重要的一环。未来，研究者需要在工作中考量如何平衡研究工作的进行与对研究对象隐私权的保护，这是需要进一步思考的问题。

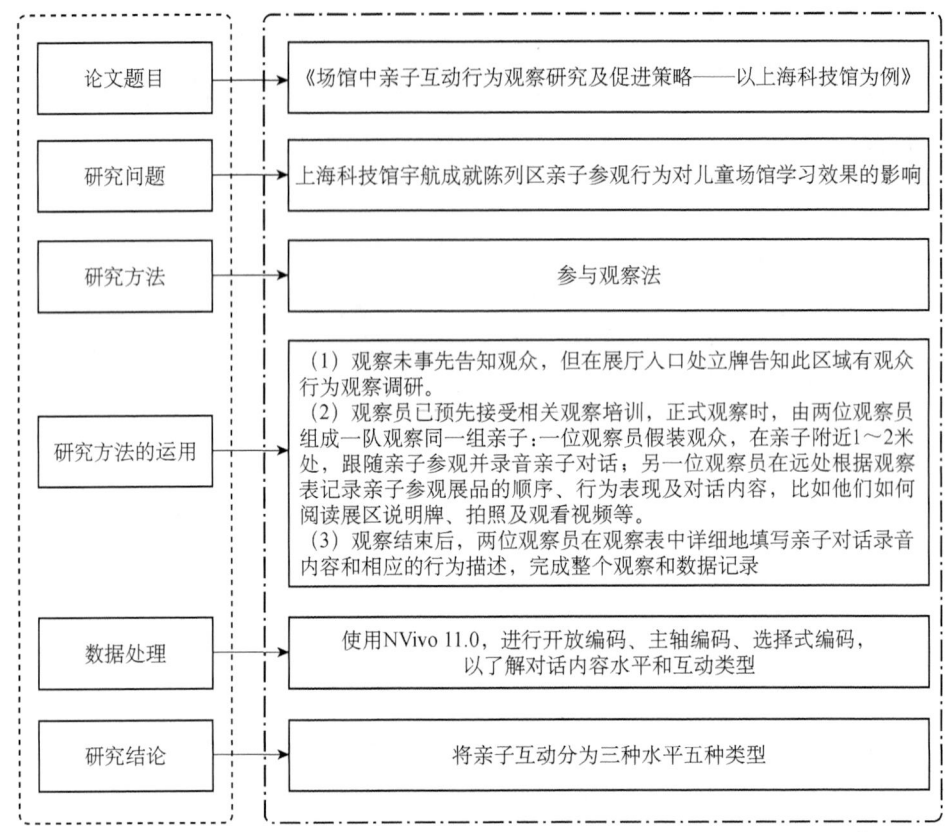

论文题目	《场馆中亲子互动行为观察研究及促进策略——以上海科技馆为例》
研究问题	上海科技馆宇航成就陈列区亲子参观行为对儿童场馆学习效果的影响
研究方法	参与观察法
研究方法的运用	（1）观察未事先告知观众，但在展厅入口处立牌告知此区域有观众行为观察调研。 （2）观察员已预先接受相关观察培训，正式观察时，由两位观察员组成一队观察同一组亲子：一位观察员假装观众，在亲子附近1～2米处，跟随亲子参观并录音亲子对话；另一位观察员在远处根据观察表记录亲子参观展品的顺序、行为表现及对话内容，比如他们如何阅读展区说明牌、拍照及观看视频等。 （3）观察结束后，两位观察员在观察表中详细地填写亲子对话录音内容和相应的行为描述，完成整个观察和数据记录
数据处理	使用NVivo 11.0，进行开放编码、主轴编码、选择式编码，以了解对话内容水平和互动类型
研究结论	将亲子互动分为三种水平五种类型

图 3-2 《场馆中亲子互动行为观察研究及促进策略——以上海科技馆为例》研究方法示意图

第三节 历史研究法

历史研究强调分析过去，面向现在，预测未来，旨在实现"以史为鉴可以知兴替"的研究目标。在科普研究中，大量的研究将视角投向科普历史问题，又包括科普观念史、科普政策史、科普机构史、科普人物史、科普主题史、科普学术史等具体类目，这些研究正在推动科普研究读史明智、知古鉴今。

一、历史研究的概念、特点和类型

（一）历史研究的概念

历史研究强调对相关史料进行深入分析与系统整理，通过对史料进行客观分析，总结历史经验并揭示问题本质。在历史研究中，史料的重要性不言而喻，史料的搜集、整理与研究，构成历史研究的核心。

（二）历史研究的特点

第一，从研究对象来看，科普史和科学技术史是不同的。陈久金（2023）所著的《中国科技史研究方法》是一本专门针对中国科学技术史研究方法总结和应用的著作，其中将科学史的研究方向确定为数学、物理、化学、天文、地理、生物和技术，将技术史分为纺织史、建筑史、桥梁史、冶金史、机械制造史、度量衡史、手工制造史、传统工艺史、医学史和农学史等，还包括诸家研究方法的实例集萃，对科普史的研究具有重要的借鉴意义。但我们又必须认识到，科学技术史主要关注科学、技术本身的发展，与科普相关的历史研究谈的则是科学技术相关的人（科学家）、事（科学故事、科学家故事）、物（重要科技成果）、神（科学精神、科学家精神）如何普及和传播，以促进科学共同体以及公众了解和应用的历史经验等。换句话说，科普史的研究重在普及、传播，因此，科普史的研究旨在追溯和审视如何利用各类传播渠道、媒介，匹配简明扼要、易于理解的传播方式，让科学共同体和公众接受自然科学与社会科学知识，以进一步推动科学技术的推广应用，传播科学方法，梳理科学思维，并弘扬科学精神。

第二，从研究者的特征来看，科普史学者的学术背景，不一定只局限于历史学。事实上，很多研究者可能来自其他学科，如科学技术史或者新闻传播学等。这些学科背景不同的从事科普史研究的科研人员，其研究方法、研究视角各不相同，这为科普史研究提供了跨学科研究背景。

第三，历史研究关注时间的变迁。在一个特定的时间节点上，我们会注意各种可能的改变，以及目前正在进行的重大事件，也包括事件的中、后阶段，但是，历史研究又不能局限于对事件的叙述，更要对其所蕴含的含义和影响力进行深入分析（陈久金，2023）。使用历史视角研究科普对象时，研究者要明确历史事件、历史成果的价值和影响，包括当时的价值及当代价值。

（三）历史研究的类型

科普史的研究大致包括科普观念史、科普政策史、科普机构史、科普人物史、科普出版史、科普学术史等类型（表3-1）。

表 3-1 科普史研究的主要类型

序号	主要类型	类型解释
1	科普观念史	科普观念的历史阶段及历史变化等
2	科普政策史	科普政策的阶段特征、具体某类政策的发展史等
3	科普机构史	科普组织机构的历史发展和变化
4	科普人物史	重要人物的科普工作历史
5	科普出版史	某类科普图书的出版情况
6	科普学术史	科普学术研究的发展历程

第一，科普观念史。科普观念史主要研究科普观念在不同发展阶段及其相应的变化脉络。比如《英美科幻定义及其争议的史学考察》（冯溪歌和刘兵，2022）通过对英美两国科幻概念的界定和争论的演进的分析，可以看出，"科幻"概念的演进与人类对"社会"和"文化"地位的再认识有关。在对科学幻想认识不断加深的过程中，"科"和"幻"之间的动态转换，是提高人们对科学幻想世界的认识水平的关键所在。

第二，科普政策史。比如《我国科普政策的演进分析：从科学知识普及到科学素质提升》（王丽慧等，2023）以新中国科普政策为例，从政策目标、政策内容、政策主体三个层面，对科普政策进行了系统的梳理和剖析。对这些政策进行详尽且细致的剖析后，可以明确地总结出我国科普政策制度的发展特点。科普政策的对象是多元化的，涉及不同的受众、不同的内容和不同的领域，从而促进了我国科普工作的整体发展。在这一变革的推动下，我国的科普工作实现了从传授知识到提高全民科学素养的历史性转变。

第三，科普机构史。科普机构史关注科普组织机构的历史发展和变化等。比如《新中国第一个科普行政机构探析》深入剖析了科普机构的历史，重点考察了科学普及局（颜燕，2023）。该研究指出，科学普及局是新中国成立后党领导下的第一个专门科普行政机构，是在当时的时代背景下落实党和国家科普工作指导思想的产物。它明确了新中国成立初期科普工作的基本方针，致力于建立全国的科普行政机构网，并为全国性科普群众团体的成立打造社会基础，通过典型实验等方式开展了一系列探索性的科普工作。

第四，科普人物史。比如《高士其"把科学交给人民"科普思想研究》（陈晓红，2022）通过对一位著名科学家在科普事业中的历史性贡献的剖析，阐述了其在科普工作中的重要作用。该文章以高士其著述为基础，辅之以大量的相关文献资料，对高士其学术思想的形成与发展进行了较为系统的追踪和梳理。高士其

"把科学交给人民"这一思想，首次较为系统地概括了科学应以人民为中心的理念，它的主要内容是：科普工作应紧跟时代需求，面向重点人群，服务生产建设，成为党的宣传工作的一部分。

第五，科普出版史。比如《中国天文科普图书回顾 1840—1949 年》（余恒等，2019）基于对中国 1840~1949 年天文科普图书出版背景与条件的深入分析，探讨了中国天文科普图书在现代天文学知识传播中的重要意义。这一时期，天文科普图书不仅反映了社会的需求，而且为后世天文学知识的普及与传承奠定了基础。再如《近现代中国大陆化学科普图书出版的历史脉络和总体特征》（何晨宏和任定成，2018）通过对我国中文化学科普书籍 1868~2016 年的出版情况进行统计分析发现，我国中文化学科普书籍出现过 7 次出版高峰，共出版 2775 种图书。其中，在已知出版地的 2749 种图书中，北京和上海是最大的出版地；另外，共有 618 部译著，占总量的 22.48%。在内容方面，化学科普图书以基础知识和应用技术为主，内容以基本知识与应用技能为重点，同时还涉及化学哲学、化学历史等领域。上述研究对了解化学科普图书的发展过程、促进科普工作具有一定的现实意义。

第六，科普学术史。比如《新中国科普 70 年》（中国科普研究所科普历史研究课题组，2019）按时间顺序，准确地将新中国的科普分为四个阶段，包括新中国成立之初、从中国科学技术协会成立到"文化大革命"、从改革开放到 21 世纪初，以及《全民科学素质行动计划纲要（2006—2010—2020 年）》实施后的科普实践，从时间上较为全面和系统地对中国科普的 70 年历史进行了回顾与总结。

二、历史研究的主要方法

科普研究中的历史研究，就是通过对科普历史过程中的文献档案等进行整理和分析，探索发展过程中的现象和问题的研究手段。一般来说，多见文献研究和比较研究等。

（一）文献研究

在历史研究中，提问的重要性有时甚于超越解决问题。科普研究中的历史问题选择会影响后续研究方法的选择。在选择科普史的研究主题时，我们应当以审慎的态度，全面考量其学术价值以及所选用研究方法的适配性。确保所选的科普史主题不仅具有显著的学术意义，而且能够与研究方法相契合，从而保证研究的严谨性和有效性。比如，针对"科学家参与科普"这一问题，从历史的角度我们可以挖掘一位、一类、一群、一代科学家的科普工作情况，也可以关注近现代传记、影视剧甚至是新兴媒体形态短视频中关于科学家在一段时期内如何从事科普的媒介呈现等。这些均通过科学领域的"人"这一关键维度，来深刻体现科普意识发展的重要研究视角。

在找到了研究问题之后，文献资料的搜集也十分重要。应该说，历史研究的对象是科普的历史，因此资料（史料）应该是科普历史研究的基础。如果没有作为基础的资料（史料），那科普史的研究就无法入手，通俗地说就是"巧妇难为无米之炊"。所以，研究者要能够找到足够的史料。一般来说，包括原始资料、二手资料、历年记录和回忆文献（劳伦斯·纽曼，2021）四种类型。例如，如果想对高士其的科普思想进行研究，首先，就应该寻找原始资料。其次，对《高士其全集（1~5）》等科普作品集、《高士其自传》等传记以及《高士其研究资料》等图书进行搜集，这里面还包括可能收集到的报纸文章、研究对象的日记等，其中《高士其谈科普创作》一书就十分重要，还可以从中国知网（CNKI）等数据库中搜集资料，比如研究高士其科普工作的各类书籍、期刊文章。再次，可以通过访谈，从熟悉高士其的受访者处获得更多的资料，比如运用口述史，其实这是文章写出独特性的关键。应该说，文献研究首先必须要占有大量的科普史料，包括记录、资料、访谈、统计、其他关于同一或同类历史问题的相关书籍和期刊等。以此为基石，再在前人的基础上加以扩展，以此论证。

需要注意的有三点。第一，文献研究可以使用定性资料分析，也可以使用定量资料分析，如计量史学。第二，除了在使用原始材料时需要核查其真实性外，在使用二手资料时更加需要慎重核查。二手资料的潜在问题包括有所选择的证据、研究者个人的偏见甚至对历史的编纂等。第三，文献研究也需要深入具体的社会情境中，在大历史观下综合看待文献的价值。

（二）比较研究

比较研究是历史研究常用的方法之一。比较是指通过分析两个或两个以上历史现象或历史事件之间的类似性和差异性，探索其缘由，并对历史现象或历史事件的共同规律和特殊规律做出解释的方法（黄越和蒋重跃，2023）。以科技工作问题为例，比如新中国成立后党领导科技人才工作的历史考察与经验研究、中国共产党领导科技法治建设的历史经验研究、海外华人科学家助推新中国科技创新的历史与经验研究、中国共产党科技文化建设的历史考察与经验研究等，都可能用到比较研究。当然，在科普研究中，比较常见的是对历史现象的比较，比如研究某一问题的历史变化等。

比如《开放与科技进步：国别与历史经验的比较研究及对中国新一轮开放的启示》（刘承乾和郑永年，2024），该文结合英国、美国和苏联三国的跨国比较与近代中国开放的历史经验，探讨一国在思想与商品两种市场上的制度设计对科技进步的影响。再如《党的百年科技创新理论探索历程、实践经验与新时代政策导向》（董志勇和李成明，2022），研究发现不同阶段党的科技创新发展政策各有侧重，党的科技创新理论经历了思想萌生、初步形成、深化发展和巩固完善四个阶段，中国共产党将科技创新理论与科技创新实践紧密结合，取得了科技救国、科技立国、科技兴国和科技强国的历史性成就。

可见，当研究想要了解跨越时间的社会现象、事件及发展过程时，历史比较研究的方法是可用的。历史比较研究也重视文献，但当研究者使用历史比较时，更需要强调通过历史的回顾以揭示其内在逻辑。

三、历史研究法的研究范例

案例：《新中国科普70年》（中国科普研究所科普历史研究课题组，2019）。

（1）研究问题。从1949年中华人民共和国成立到2019年共70年间中国科普的发展历程。

（2）研究设计。本书将中国科普70年分为6个阶段，包括新中国科普事业的创立（1949~1958年）、科普事业的曲折发展（1958~1966年）、"文化大革命"期间的科普事业（1966~1976年）、科学春天里的科普事业欣欣向荣（1976~1994年）、科教兴国战略下的科普工作（1994~2005年）、为建设创新型国家做贡献的科普事业（2005~2019年），在分阶段的基础上记录和分析每个阶段中国科普活动的政策、组织、宣传和实践等。

（3）研究方法的运用。为了梳理中华人民共和国成立以来我国科普发展的历史脉络，反映我国科普的发展状况，总结当代中国科普发展的规律，该书先提出问题，然后采取全面且系统的方式收集资料。首先，《新中国科普70年》的问题明确，即洞察中国科普工作在1949~2019年的发展历程，厘定了明确的研究问题。其次，在具体写作中，编写者全面且系统地收集了相关资料，包括政策资料、文献资料、研究资料等，并对所有资料进行了汇总和分析，对我国科普发展的历史脉络进行了研究，这具有重要的总结价值。

（4）图示。示意图见图3-3。

```
┌─────────────────────────────────────────────────────────────┐
│  图书名称      →    《新中国科普70年》                        │
│                                                              │
│  研究问题      →    1949年中华人民共和国成立到2019年共70年   │
│                     间中国科普的发展历程                     │
│                                                              │
│  研究方法      →    历史研究法                               │
│                                                              │
│                     将中国科普70年分为6个阶段：              │
│                     (1) 新中国科普事业的创立（1949～1958年）。│
│                     (2) 科普事业的曲折发展（1958～1966年）。 │
│  研究方法的运用 →   (3) "文化大革命"期间的科普事业（1966～1976年）。│
│                     (4) 科学春天里的科普事业欣欣向荣（1976～1994年）。│
│                     (5) 科教兴国战略下的科普工作（1994～2005年）。│
│                     (6) 为建设创新型国家做贡献的科普事业（2005～2019年）│
│                                                              │
│  研究结论      →    梳理新中国成立以来我国科普发展的历史脉络，反映我国科普的│
│                     发展状况，总结当代中国科普发展的规律    │
└─────────────────────────────────────────────────────────────┘
```

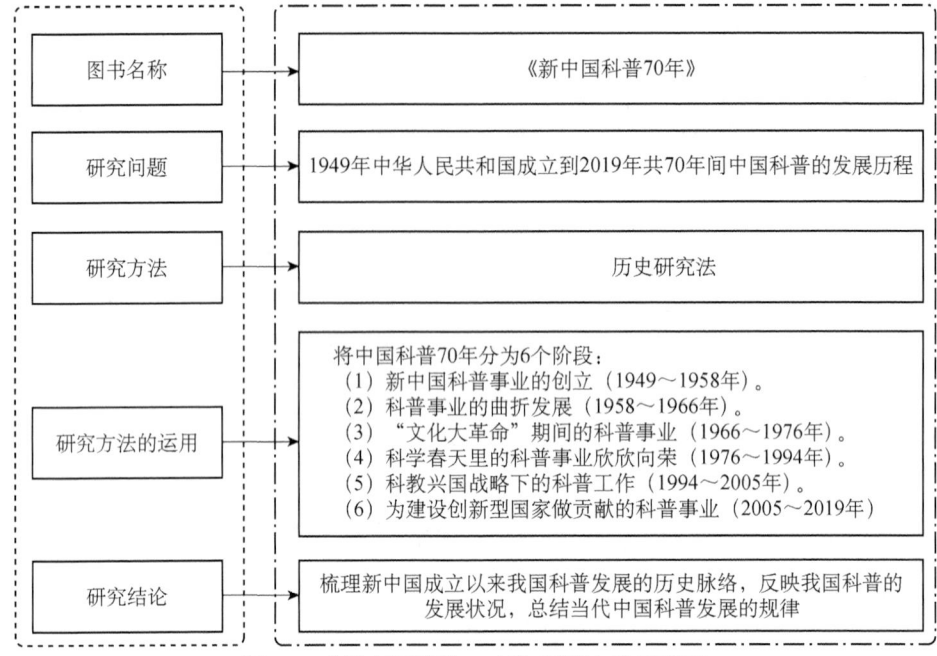

图 3-3 《新中国科普 70 年》研究方法示意图

第四节　内容分析法

内容分析法通过分析指定文本的特征，尝试发现文本中的核心事实及潜在趋势。科普研究可使用内容分析法来讨论科普政策文本、科普内容文本等相关内容。

一、内容分析法的概念和特点

内容分析法往往通过设计好的研究类目，对文本内容进行系统性的分类，以期将（一段时间内）用文字表达的资料转化为用数据呈现的统计结果。因此，内容分析法是一种对传播内容进行客观、系统和定量描述的研究方法。

（一）研究对象

关注"有明确特征的传播内容"，这些传播内容因其独特的属性，成为我们深入剖析和研究的重点。"明确"一词在此处强调的是所选择进行测量的传播内容必须呈现出高度的清晰性和明确性，杜绝任何含糊不清或模棱两可的情况。

（二）运用规则

内容分析法须严格基于既有的材料，确保在分析过程中不掺杂任何主观的情感倾向或偏见，以确保研究结果的公正性和准确性。

（三）结果表述

内容分析法所得结果通常呈现为详尽的数据表格、具体数值及其深入剖析，比如运用绝对数、百分比等精确的数量概念，这体现了定量研究的本质要求。

二、内容分析法的主要要求

（一）适用范围

内容分析法主要关注文字形式的资料内容，比如图书、杂志、电影、广播和电视，以及微信、微博等新媒体中的文字信息。从研究材料的选择来看，内容分析法的研究材料主要是已有的文本资料，所以研究受时空限制较小。

（二）应用

1. 选择分析样本

确定研究目标后，需要有计划地选取研究样本。样本的选择与处理十分重要，是后续研究的基础。

2. 制定分析框架

制定分析框架，确定分析单元和编制分类表。

3. 进行数据统计与分析

使用统计方法对采集到的数据进行统计与分析。

4. 解释研究结果

总结和判断研究数据反映出的关于某一类文本在某一时期的文本特征，如倾向、态度及变化规律等。

（三）注意事项

《媒介与传播研究方法》一书总结了内容分析法的主要操作性要求，主要包括选择样本、决定测量的类目、取得编码的信度和效度、对测量项进行操作性定义界定四个环节。

第一，选择样本。样本选择十分重要，假设研究者正在关注"科学传播视域下抖音短视频关于脑机接口议题的媒介框架研究",那么首先必须决定哪些抖音短视频具有代表性,即解释根据什么选择所要分析的样本,如果抽样的抖音短视频不具有代表性,研究发现将很难被采信。

第二,决定测量的类目。当确定了具有代表性的样本后,需要明确测量的类目,即解释分析的单位是什么,并描述分类系统或是编码用的类目系统。比如将测量类目设计为传播主体及其信源,主题、体裁、视角和报道倾向,媒介框架及其特点等,在测量完所有项目后,最后对框架成因进行分析。

第三,取得编码的信度和效度。假设研究者在分析样本的传播主体时,将传播主体划分为政府、科学家、学术组织、公众、商业自媒体五种类别,那么这些分类应尽量穷尽且互斥。如果测量项不是分类而是编码,则研究者需要取得编码的信度和效度。

第四,对测量项进行操作性定义界定。研究者还必须对被编码的文本中的各种测量项进行操作性定义界定(阿瑟·阿萨·伯格,2020)。举个例子,同样是研究"虚拟数字人在科学传播中的应用",但不同的研究者可以对虚拟数字人做不同的操作性定义。比如《取"人"之长:虚拟数字人在科普中的应用研究》(蔡雨坤和陈禹尧,2023)对虚拟数字人的范畴鉴定选取了较宽泛的概念,将细分下的虚拟人(virtual human)、化身(avatar)、虚拟数字人(virtual digital human)三种主要类型均涵盖在内。当然,其他研究虚拟数字人的学者在他们的研究中可以只关注虚拟数字人这一类,这就涉及不同研究对同一概念的操作性定义的不同。通常,成熟的文献提供了常用的定义,但如果有文献支持,就可以出现不同的操作性定义。

此外,就是具体的分析实践,包括用编码系统分析所选取的样本,用通过内容分析得到的量化资料呈现研究的发现,用数据资料和其他可能与研究有关的材料来诠释研究结果等。

三、内容分析法的研究范例

案例:《关联理论视角下微信科普文章的标题特征研究》(金心怡等,2022)。

(1)研究问题。分析10个科普类微信公众号中阅读量位居前5%与后5%的科普文章标题的主要特征,总结科普"热文"的标题特征。

(2)研究设计。该文的研究对象是科普文章的标题,属于"有明确特征的传播内容",研究方法是内容分析法和主题分析法。

（3）研究方法的运用。基于西瓜数据平台2019年12月的排行，筛选出10个稳定运营3年以上的高人气科普类微信公众号，并选定样本公众号上介于2019年1月1日和同年6月30日之间的全部文章记录作为样本数据源。通过严谨的数据筛选流程，研究人员将公众号阅读量位居前5%的文章界定为"热门文章"，将阅读量位列后5%的文章界定为"冷门文章"。研究者统计样本后，构建内容分析类目。一级类目包括标题形式与文章位置，其中标题形式下的二级类目涵盖标题句式（陈述句、疑问句等）和标题长度（0~5字、36字以上）；文章位置下的二级类目则关注标题用语，包括有无特殊用语、术语转换等。之后，研究者进行样本分析，并得出相应的研究结论。

（4）图示。示意图见图3-4。

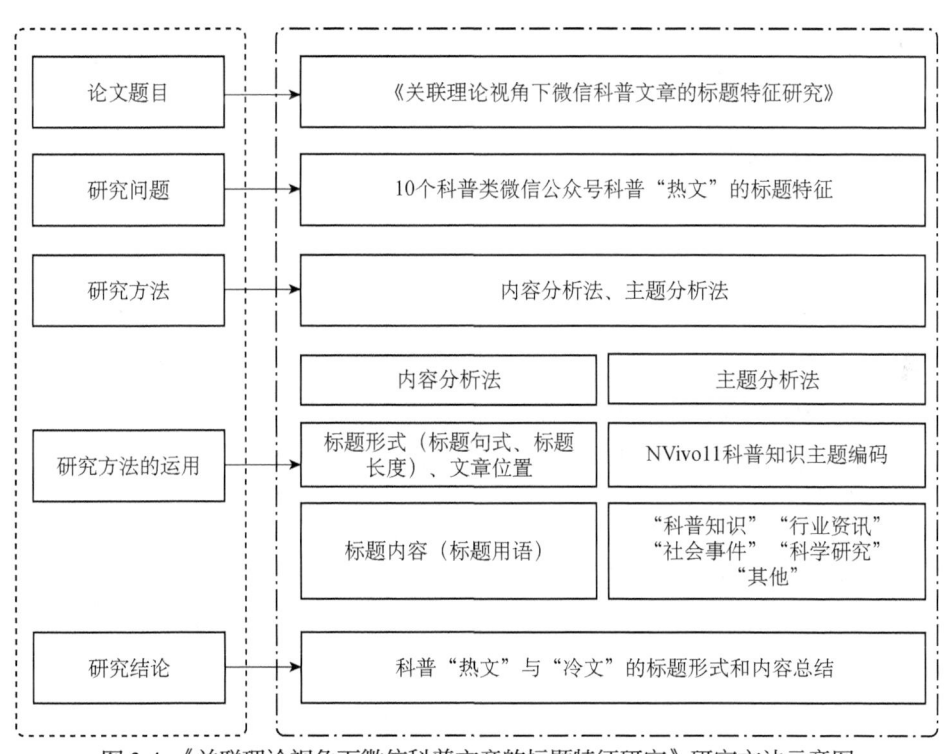

图3-4 《关联理论视角下微信科普文章的标题特征研究》研究方法示意图

第五节　问卷调查法

问卷调查法是一种量化研究方法，是研究者通过问卷获取信息和数据，向受访者了解具体情况或征求意见的研究方法。在科普研究中，研究者可以运用问卷调查法了解受众对科普活动的理解度和参与度，以此来评估科学传播效果，也可以运用问卷调查法来获取受众对科普活动的反馈，进而优化科学传播的策略，帮助用户理解科普内容。因此，问卷调查法在科学传播中占据重要地位。

一、问卷调查法的概念、特点和类型

（一）问卷调查法的概念

问卷调查法作为一种科学的研究手段，其特点在于能系统性地收集、整理和分析来自现实世界的数据与资料，从而揭示社会现象、行为模式或问题本质等。通常，问卷调查法适用于两类研究：一类是调查人们的当前态度和行为；另一类是调查人们持有当前态度的原因或揭示行为背后的原因。

（二）问卷调查法的特点

问卷调查法旨在收集特定主题或领域的相关数据，其特点如下。

1. 客观性

问卷调查研究着重于数据的客观性收集与系统性分析，从而削弱因个人主观偏见对研究结果产生的潜在影响。例如，采用问卷调查的方式了解公众对气候变化的认识水平，在数据收集和分析过程中应严格遵循客观性原则，以保证最终的调查结果是公众真实态度的反映。

2. 广泛性

问卷调查研究在样本上应尽可能涉及更多的领域，比如选取来自不同年龄、职业、经历和教育背景的群体，这样调查的结果会更具代表性和普遍性。比如，在全国范围内开展公民科学素质调查，选择样本时应展现不同区域、不同年龄、不同性别、不同文化程度等不同类型公民的科学素质差异。

3. 实践性

与理论性探究相比，问卷调查更注重调查结果的实践性。比如，《多国理工类学生参与科普工作的现状与措施》（王聪等，2021）的问卷调查中，设置了诸如是否参与过科普、参与过什么类型的科普、参与科普的动机、是否受到过鼓励等实践性较强的问题。

（三）问卷调查法的类型

当前，问卷调查法包括两种类型，即传统线下问卷和网络问卷两类。传统线下问卷是按照传统方式进行的问卷调查，如面谈调查和纸质化问卷调查等，此类调查方式成本较高。网络问卷是指以互联网为平台采用电子问卷进行的调查，这类问卷调查的可覆盖人群范围更大，更为便利。

二、问卷调查法的主要要求

（一）问卷设计

就问卷设计而言，自行设计和使用网络问卷调查工具辅助设计可以并行。

以问卷星（https://www.wjx.cn/）为例，问卷星在人口统计学变量方面提供了可供选择的模板，比如在个人信息、选择题、填空题等方面都有模板可供选用。

个人信息包含：姓名、身份证号、性别、年龄段、民族、学历、婚姻、国家及地区、邮箱、手机、手机验证、日期/生日、职业、时间、高校、行业、密码、邮寄地址、设备信息、城市级别、企业信息等。

题型分为选择题、填空题、矩阵题、评分题、高级题型、调研题型六类，具体见表 3-2。

表 3-2　问卷星题型分类

序号	分类	题型
1	选择题	单选、多选、下拉框、文件上传、排序、量表题
2	填空题	单项填空、简答题、多项填空、矩阵填空、表格填空、多级下拉、签名题、地图、日期、AI 追问、图文智能识别
3	矩阵题	矩阵单选、矩阵多选、矩阵量表、矩阵填空、矩阵滑动条、表格数值、表格填空、表格下拉框、表格组合、自增表格
4	评分题	量表题、NPS（net promoter score，净推荐值）量表、评分单选、评分多选、矩阵量表、评价题
5	高级题型	排序、比重题、滑动条、商品题型、图片光学字符阅读器（optical character recognition，OCR）、轮播图、答题录音、答卷摄像、VlookUp 问卷关联
6	调研题型	循环评价、情景随机、热力图、图片 PK、最大化差异度量（maximum difference scaling，MaxDiff）、联合分析、Kano 模型、系统可用性量表（system usability scale，SUS）模型、品牌漏斗、货架题、知情同意书、品牌价格抵补（brand price trade off，BPTO）模型、价格敏感度测试（price sensitivity measurement，PSM）模型、门店选择、选项分类、文字点睛、社会阶层、价格断裂点、层次分析、计算机辅助电话访问（computer assisted telephone interview，CATI）调研、心理学实验

（二）问卷调查的原则

问卷调查的原则如下。

1. 明确主题

在设计问卷时，应一切从实际出发，紧紧围绕研究主题和研究目标，确保每个问题的设置都为研究主题和目标服务。

2. 保持客观中立

设计问卷时，应保持不偏不倚的态度，避免带有主观色彩。如引导性问题"你为什么不相信这位科学家说的话呢？""你为什么不喜欢看这一科普视频呢？"，等等，这些使用"不"的问题，带有明显的负面引导，会影响问卷数据的准确性。

3. 确保通俗易懂

针对科普问题的问卷调查，仍然需要面向不同受教育水平的用户，因此内容设计须尽量少使用诸如科学专用术语等的词语，以便于受访者理解。

4. 控制问卷题量

在设计问卷时，要充分考虑用户的感受，若题量太大，可能会导致用户产生排斥情绪，问卷的质量也得不到保证，因此合理的题量十分重要。

（三）问卷调查的步骤

运用问卷调查法的步骤如下。

1. 确定研究目标和问题

在设计问卷前，研究者应明确通过问卷调查能获得哪些信息，比如了解受众对科普短视频的看法，或者探究人们对特定科学议题的认知程度，等等。基于研究目标，才能够制定具体的研究问题，并确保制定的问题清晰、简洁且与研究目标相关。

2. 设计调查问卷

第一步确定研究目标后，接下来就是编写题目。应特别注意，题目要清晰易懂，避免歧义，避免引导性或暗示性，题目类型包括选择题、量表题、开放题等。同时，要合理安排问题顺序，符合问题设置的基本原则，如将简单问题放在前面，将敏感问题放在后面。

3. 预测试问卷

一次规范的问卷调查，须在正式发放问卷前进行预测试，即选择一小部分样本发放问卷，以检验问卷的信度和效度。在这个过程中，研究者需要收集样本对问卷的意见和建议，并根据这些结果对问卷进行修改和完善。

4. 实施问卷调查

研究者可根据研究目的和研究对象的总体特征，确定合适的样本规模和抽样方法，如随机抽样、分层抽样和方便抽样等，确保实际调查对象的代表性。同时，研究者要选择具体的问卷发放方式。

5. 收集和分析数据

在问卷调查过程中，研究者须确保问卷的高回收率，这样才能达到问卷调查的目的。完成调查问卷的回收和整理工作之后，研究者就要利用统计软件对数据进行统计分析，如描述性统计、卡方检验、相关分析等。

6. 撰写调查报告

调查报告是研究过程的书面记录，从某种程度上来说，调查报告反映了调查者对研究结果的深入思考和分析，是调查者研究能力和专业素养的体现。调查报告通常包括研究背景、目的、方法、结果、讨论、结论等。

（四）可能的误用及注意事项

问卷调查法在获取数据方面具有便利性，研究者在设计问卷时应注重保护调查对象的隐私，消除因过度调查而给受访者带来信息泄露的隐患。值得一提的是，随着人工智能技术的发展，为了提高调查的效率，研究者有时会利用人工智能技术参与问卷调查工作，比如让人工智能设计问卷等。然而，人工智能在关于情感的判断方面始终有待完善，因此在研究中不能直接使用由人工智能设计的问卷，研究者需要进行二次把关。比如，在调查"大众对于科普短视频的看法"时，研究者为提高效率而选择人工智能自动生成的问卷，在这个过程中，研究者应对其生成的问卷进行核查，剔除一些与问卷调查法基本要求相悖的问题，以保护被访者的隐私和保证实验数据的可信度。

三、问卷调查法的研究范例

案例：《课外科学教育的现状、特征和发展对策——基于北京市275所中小学的实证调查》（吴媛等，2024）。

（1）研究问题。北京市课外科学教育的现状、特征和发展对策。

（2）研究设计。编制北京市课外科学教育情况调查问卷，邀请北京市中小学科技教育团队负责人填写问卷。

（3）研究方法的运用。以线上形式于2023年8月面向北京市中小学科技教育团队发放（每校1份），约请团队负责人与成员共同核实相关信息，团队负责人实际填写问卷。问卷共发放300份，回收275份，问卷回收率达91.67%，有效问卷率为100%。调查数据使用Excel软件录入，数据处理与分析主要采用SPSS 20.0软件进行。结果显示，北京市课外科学教育在师资队伍建设、课程与活动开展、资源利用等方面取得了一定成效，但也面临教师数量不足、科技课程及活动与教育资源开发不平衡、政策保障与激励机制不完善等问题。

（4）图示。示意图见图3-5。

```
┌─────────────┐    ┌──────────────────────────────────────────────┐
│  论文题目    │───▶│ 《课外科学教育的现状、特征和发展对策——        │
│             │    │  基于北京市275所中小学的实证调查》              │
└─────────────┘    └──────────────────────────────────────────────┘

┌─────────────┐    ┌──────────────────────────────────────────────┐
│  研究问题    │───▶│ 北京市课外科学教育的现状、特征和发展对策        │
└─────────────┘    └──────────────────────────────────────────────┘

┌─────────────┐    ┌──────────────────────────────────────────────┐
│  研究方法    │───▶│ 问卷调查法                                     │
└─────────────┘    └──────────────────────────────────────────────┘

┌─────────────┐    ┌──────────────────────────────────────────────┐
│             │    │ （1）问卷设计：北京市课外科学教育情况调查问卷。  │
│ 研究方法的运用│───▶│ （2）问卷投放：面向北京市中小学科技教育团队负责人发放300份 │
│             │    │  问卷，回收275份。                              │
│             │    │ （3）数据处理、分析与撰写访谈报告               │
└─────────────┘    └──────────────────────────────────────────────┘

┌─────────────┐    ┌──────────────────────────────────────────────┐
│             │    │ 北京市课外科学教育在师资队伍建设、课程与活动开展、资源利用 │
│  研究结论    │───▶│ 等方面取得了一定成效，但也面临教师数量不足、科技课程及活动 │
│             │    │ 与教育资源开发不平衡、政策保障与激励机制不完善等问题        │
└─────────────┘    └──────────────────────────────────────────────┘
```

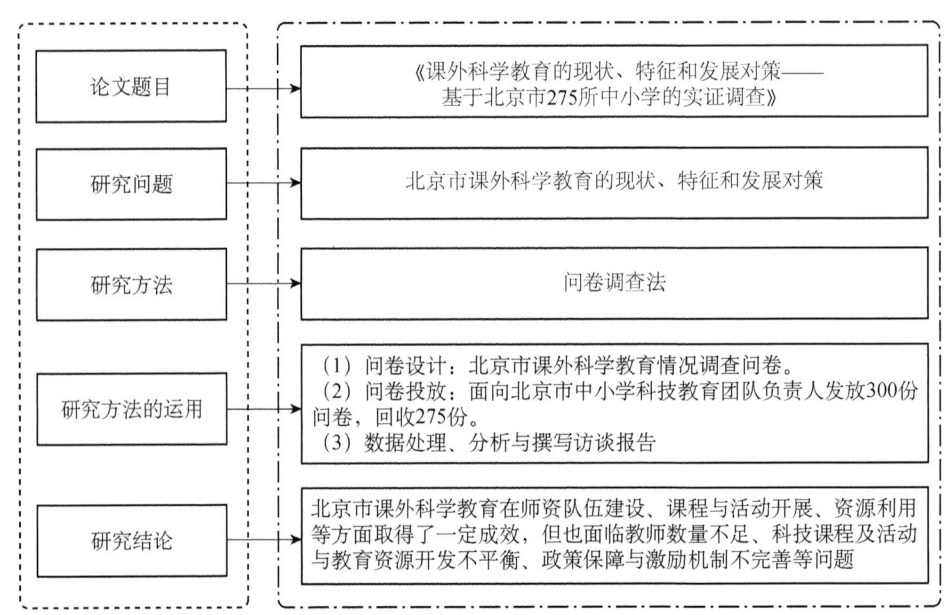

图3-5 《课外科学教育的现状、特征和发展对策——基于北京市275所中小学的实证调查》研究方法示意图

第六节 实 验 法

实验法旨在通过人为调节或干预某些变量，以验证两个（或几个）现象间是否存在因果关联。科普研究需要"实验"，它可以对科学传播及科学教育中的变量关联进行验证，并对如何改进科普实践工作的某一具体问题提供参考意见。

一、实验法的概念和特点

（一）实验法的概念

实验法主要用来探索和证明两个变量之间的因果关系，通常有三个目标，包括证明某些事物是否是真的，检验一个假设或理论是否有效，以及通过实验发现新的或者是以前没有被研究者关注到的事物。比如在《健康科普的内容设计策略探索：基于HPV疫苗的实验研究》（陈思懿和常明芝，2022）一文中，由于健康科普知识涉及多个学科领域，因此该文以中国某官方媒体网站上的一则关于人乳头状瘤病毒疫苗（HPV疫苗）的科学新闻为基础，设计了以信息框架和叙事类型为核心的实验。通过系统性的实验发现，在运用以人物为中心的表达方式和使用积极变化的增益性框架时，更能有效地提高公众的健康信念，进而驱动个体采纳更加积极健康的行为模式。研究者通过实验，发现了哪一种类型的信息框架更有效，这就是实验得出的结果。

（二）实验法的特点

第一，可控性。实验必须是可控的，包括实验计划、实验执行及实验条件的把控。只有通过精心设计，研究者才能有效克服非目标变量的影响。

第二，可重复。实验法强调实验的可重复性，要求在实验条件一致的前提下，执行相同的实验操作应能得到相似或相同的结果。

第三，探索性。实验的结果可能是验证了研究假设，但也可能会得出推翻既有假设的结果。无论是验证还是推翻，都是对某一社会现象的探索与解释。

二、实验法的主要要求

（一）实验法的适用范围

实验法主要用于揭示因果关系、检验理论假设等。例如，在科普效果研究中，通过实验法可以测试新的科普措施是否有效，这是一种揭示因果关系的实验研究。再比如，在科学教育的相关研究中，通过实验法可以检验某种创新的教学方法是否真的能提高学生的科技学习效果，这是一种检验理论假设的实验研究。

（二）实验法的运用步骤

1. 发现问题

实验开始前需要明确具体的研究问题、研究价值和可操作性。

2. 文献搜集

明确研究问题后，研究者应尽可能全面地收集与研究问题相关的文献资料，以为后续步骤提供理论参考。

3. 提出假设

基于文献综述，对研究问题提出合理的假设或猜想，这是实验设计的关键。

4. 设计试验

根据假设或猜想，设计实验方案。实验方案应包括目的、对象、材料、步骤、变量（自变量、因变量、控制变量等）、数据收集方法等内容。

5. 开展实验

开展实验，并记录结果。

6. 分析结果和总结结论

根据实验分析的结果，总结结论。

（三）可能的误用及注意事项

为确保实验的顺利进行，须注意以下几点。

第一，正确设计实验。研究者需要充分考虑对照组、样本数量及实验条件等，避免在初始设计实验时考虑欠妥。

第二，严格操作实验。研究者应遵循实验标准规范操作，不应随意变动。

第三，遵守实验伦理。在一些涉及人类或动物的研究中，研究者需要特别关注实验伦理问题。比如在研究"公众对科普短视频的看法"时，研究者未提前告知实验对象其言行将被用于科学研究，未获得其知情同意权，就可能产生一些伦理问题。

第四，谨慎宣传实验结果。研究报告须客观和公正，不盲目或片面地将实验结果扩大到未经检验的相关领域。

三、实验法的研究范例

案例：《基于诱惑性细节效应的动漫科普短视频传播效果研究》（王爱婷，2019）。

（1）研究问题。该研究根植于诱惑性细节效应的理论框架，旨在深入探讨诱惑性细节与科普目标之间的关联度，进一步探究由这些诱惑性细节引发的情境兴趣如何作用于科普目标，以期揭示其内在影响机制。

（2）研究设计。研究对象为深圳大学传播学院学生，研究方法是实验法。

（3）研究方法的运用。该研究聚焦于深圳大学传播学院的本科生群体，将课表信息作为抽样依据，实施随机抽样。为确保实验整体的参与度，预先从抽样结果中选出人数略高于30人的班级进行初步接触。经过筛选，最终锁定两个班级参与实验，每个班级均有30名学生接受测试。为了对诱惑性细节进行严格控制，以往研究多采用自制的材料。该研究选取某自媒体博主所制作和发布的以介绍唐氏综合征儿童为主题的动漫科普短视频，对诱惑性细节进行剪辑和保留，制成两个实验视频，其中设置一组观看低度相关视频，另一组则观看高度相关视频，对两者在后续进行对比分析。最终研究结果表明：减少与核心科普目标相关的诱惑性细节，更能促成科普目标的达成。这也表明，随着互联网的迅速扩张，"数字原生代"的媒介消费方式已深受网络信息的影响，并进一步引发了其认知结构和学习方式的变迁。

（4）图示。示意图见图3-6。

论文题目	《基于诱惑性细节效应的动漫科普短视频传播效果研究》
研究问题	通过控制实验，检验诱惑性细节效应在动漫科普视频中产生的传播效果
研究方法	实验法
研究方法的运用	选取以介绍唐氏综合征儿童为主题的动漫科普短视频，对诱惑性细节进行剪辑和保留，并制成两个实验视频，其中设置一组观看低度相关视频，另一组则观看高度相关视频，对两者在后续进行对比分析
研究结论	减少与科普目标相关的诱惑性细节，更有利于科普目标的实现，合乎观众的阅听习惯是效果反转的关键

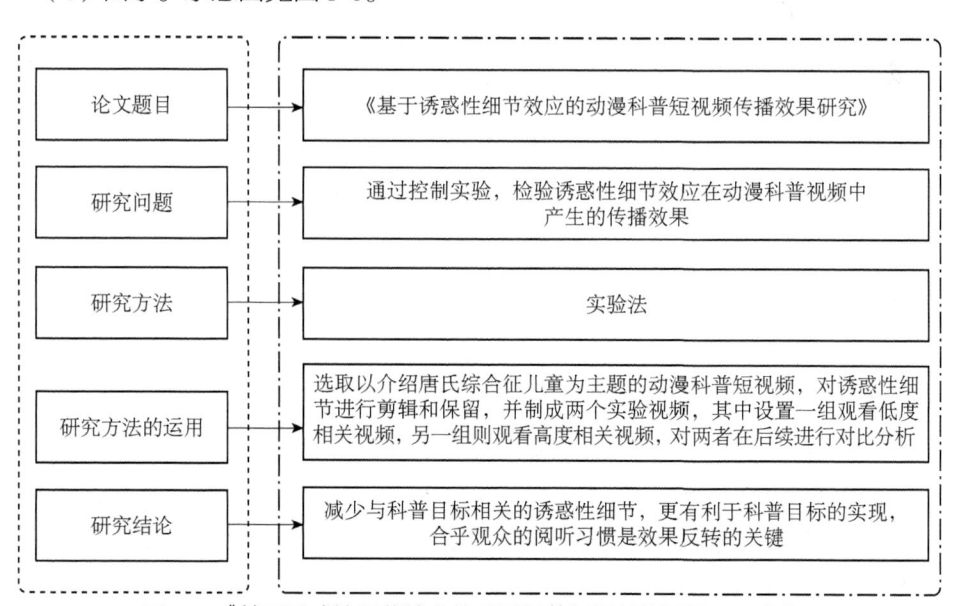

图3-6 《基于诱惑性细节效应的动漫科普短视频传播效果研究》研究方法示意图

第七节 文献计量法

作为情报学和图书馆学领域的一个关键分支，文献计量法是一种以文献的外部特征为研究对象的量化研究方法（郑文晖，2006）。目前，多见对文献的知识单元和文献的相关信息（如题名、主题词、关键词、引文、作者、出版者、日期、语言等）进行分析，以发现文献的分布、结构、数量关系、变化规律等，进而探讨科技研究的结构、特征和规律等。

一、文献计量法的概念和特点

（一）概念

在传统科普史的研究中，针对科普史文献资料的选取，需要经过严苛的史料批判和反复研读。然而，这种方法所能涵盖的史料范围极其有限，特别是当某一问题的相关史料日益增多时，研究人员往往难以应对全部内容。因此，当科普史学家难以将庞杂的史料完整记忆于脑中时，往往只能根据个人兴趣和偏好进行筛选。然而，这种做法极易导致信息的遗漏甚至是主观误判。

文献涵盖了所载知识的评价、分析和研究（王崇德，1997），因此，使用文献计量法统计文献史料，在一定程度上可以减少随意性、个人偏好等问题。此外，文献计量法还可以通过直观化的数值、曲线、函数等，让趋势、波动等更加清晰。比如，不同时期参与科普的科学家人数的变化、比例的变化，对分析一个国家及科学共同体对待科普态度的变化是有直接指向性意义的。

（二）特点

文献计量法统计分析的对象是各类文献本身及其所表现出来的各种特征，包括文献的外部特征（如图书的书名、作者及文献内容等），以及文献的内部特征（如文献引证关系的统计、引证分析和词频的统计分析等）。

文献计量法旨在通过对文献的综合分析，揭示科学知识的结构、演变和趋势，其主要依赖数理统计的手段，对文献信息篇章之间的定量关系进行剖析，所得结论侧重于揭示概率性的规律和趋势。这是一种以外在文献特征为起点，侧重于定量分析的研究方法。不过，必须强调的是，文献计量研究的科学性并不完全等于精确性，而是近似性。

（三）适用范围

文献计量法主要依据科学文献产出的数量和质量，从文献的内容特征和结构特征两个方面来做出客观评价。当前，文献计量主要用于分析以下问题。

（1）学术评价。文献计量法是评估研究成果和学术水平的重要方法之一。对研究者的学术产出、被引频次、期刊影响因子等进行的统计和分析，可以评估研究者的学术影响力和贡献度。

（2）学科趋势。文献计量法可以帮助研究者了解不同学科领域的发展趋势和演变规律。对文献产出、研究热点、关键词等进行的分析，可以揭示学科间的交叉与融合，预测学科的未来发展方向。

（3）数据分析。文献计量法可以为科学研究提供大量的数据支持。对文献数据库和科技文献进行的分析统计，可以帮助研究者了解研究领域的前沿问题、研究现状和发展方向。

二、文献计量法的主要要求

（一）运用原则

文献计量法的运用原则主要体现在以下几个方面。

第一，坚持定量分析和定性分析相结合。文献计量法以定量分析为主，通过对大量文献数据进行的统计和分析，如出版物统计、科学术语统计、引证文献与被引证文献统计等，揭示文献的宏观规律和特征。然而，在科普研究中，仅依赖定量分析可能不足以全面理解研究现象，因此还需要结合定性分析（如内容分析法、案例研究法等），进行更深入的洞察。

第二，综合运用多种分析方法。文献计量法囊括了诸如统计分析法和可视化分析法等多种分析方法。在科普研究领域，研究者可综合使用这些方法，以更全面而深刻地揭示科普活动的内在规律。具体而言，统计分析法可用于对数据的描述性统计和推理性统计；可视化分析法能将数据转化为直观的图表、图形等形式，增强研究效果的视觉冲击力。

（二）运用步骤

（1）确定文献计量研究的目标和范围。这必须在选择文献计量分析技术和收集文献计量数据之前进行。文献计量研究的目的是对一个研究领域的绩效和科学进行回顾；研究的范围通常应该足够大，以便进行文献计量分析。

（2）设计文献计量法。在这一阶段经常遇到的一个挑战是：根据所寻求的文献计量数据来选择一种技术，还是先选择一种技术，然后再根据所选择的技术来准备文献计量数据？在这个方面，推荐后者，因为这将为研究者提供更广泛的技术选择而非限制性的文献计量。

（3）收集选定技术所需的数据。在这一步中，需要对搜索词进行定义。关于搜索词，一方面，要产生足够多的搜索结果来保证进行文献计量分析；另一方面，搜索结果要足够集中，以保持在专门的研究领域或在第一步中指定的研究范围内。选定数据后也要对其进行清洗，以确保数据的可用性和准确性。

（4）运行文献计量法分析并报告结果。理论上运行文献计量法分析（以及生成其附带的摘要）和撰写评论通常被定义为独立的步骤。但在实践中，文献计量法的分析结果可以是研究的结果，也可以作为研究的背景引出接下来的研究。

（三）注意事项

近年来，文献计量法越来越流行，使用者从文献计量学专业人员逐步扩展到各个领域的学者，但也有不少学者对其表示出担忧。因此，在使用文献计量法时，要特别注意以下几点。

第一，现有的文献资料只能提供与研究项目相关的信息。由于文献在记录社会现象和过程时，往往根据特定的目的选择性地反映现象、情况和事件的某些特征，因此研究者必须根据研究提纲中的标准和目的，对现有材料进行加工和改造。

第二，文献资料仅记载和过去过程有关的社会单位与特征。因此，在分析文献时，研究者需要明确这些文献与创作文献的时间关系，以避免得出错误的结论。同时，研究者还需要检验所获得的社会资料的可靠性、可信度和准确性。

第三，谨慎选择数据。随着研究领域的扩展和细化，一方面，文献计量法须纳入更多元的数据类型和来源考量，诸如专利文献、网页资源及博客内容等非典型学术资料；另一方面，为确保计量结果的准确性和可靠性，使用该法时应采用更为精细化的数据收集和处理技术。

第四，多维度评估。使用文献计量法进行研究时，研究者须构建多维度的指标体系，引入社会影响力、传播效果等多元化评价维度，从而更加全面地评估研究成果的影响力和贡献度。

三、文献计量法的研究范例

（一）案例：《〈科普研究〉文献计量分析：发展现状和主题演进》（颜燕等，2022）

（1）研究问题。分析《科普研究》2006~2022年的发展情况和主题变化。

（2）研究设计。研究对象为中国知网数据库收录的《科普研究》2006～2022年刊登的研究论文，研究方法是文献计量法。

（3）研究方法的运用。该文基于中国知网数据库，以《科普研究》为核心文献源，设定了从创刊年份2006年到2022年的时间跨度，于2022年9月10日进行检索操作。随后对初步的检索结果进行二次筛选，剔除包括卷首寄语、征稿信息、随笔札记等在内的非科普研究性质的文章，最终成功筛选出1222篇有效科研论文。基于这1222篇选定的文献，研究者利用CiteSpace 6.1.R和VOSviewer 1.6.18两款软件，并以人工统计手段为辅助，采用文献计量法对诸如文献的发表数量、下载与被引用频率以及期刊的影响因子等多项指标进行了详尽的处理与分析。结果发现，《科普研究》期刊呈现出蓬勃发展的态势，其影响力也在不断增强。然而，在探讨选题的广度及作者群体的建构等方面，仍有待进一步拓展与优化。

（4）图示。示意图见图3-7。

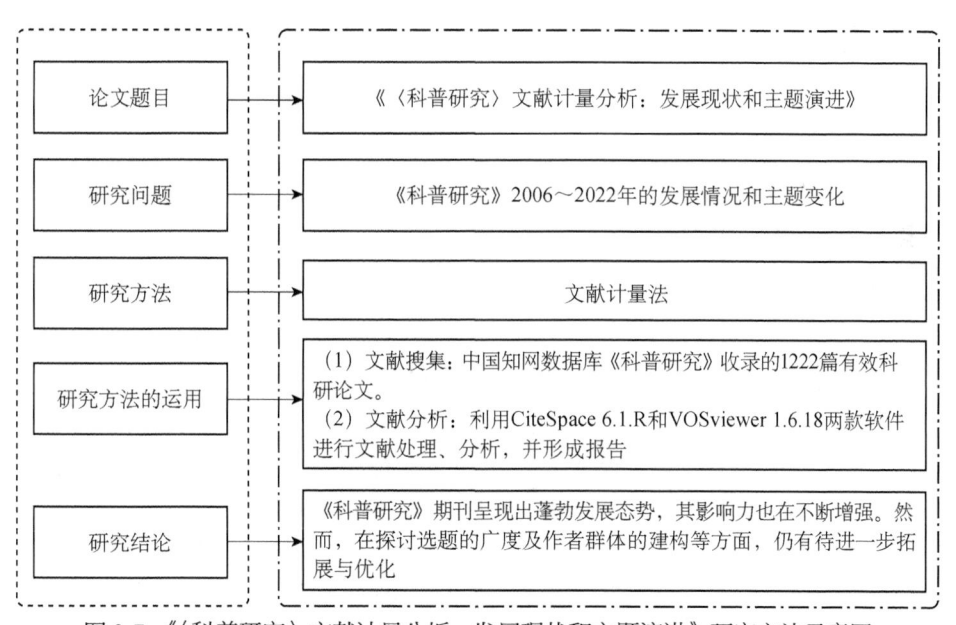

图3-7 《〈科普研究〉文献计量分析：发展现状和主题演进》研究方法示意图

（二）案例：《国外科学传播与普及研究的知识图谱与热点主题——基于SCI和SSCI的文献计量分析（1999—2018年）》（凡庆涛等，2019）

（1）研究问题。借助CiteSpace软件对1999～2018年国外科学传播与普及研究领域的期刊论文进行可视化分析。

（2）研究方法的选取。研究对象为科学网（Web of Science）核心合集科学引文索引（SCI）和社会科学引文索引（SSCI）数据库中关于科学传播与普及研究的特点与趋势的文献资料，研究方法是文献计量法。

（3）研究方法的运用。首先，该研究基于 Web of Science 数据库核心合集 SCI 和 SSCI 中的文献数据，以"science popularization""popularization of science""popular science""science communication""science and technology communication""scientific and technical communication"等作为主题词进行检索，采用"or"逻辑运算符，将文献类型限定为"article"（文章），检索时间为 2019 年 1 月 20 日，将发表时间限定在 1999～2018 年。经过严格的筛选流程后，共获得 1370 篇论文。其次，利用 CiteSpace V 对国外有关科学传播研究与普及的 1370 篇期刊论文进行计量研究分析，分析内容主要涵盖该领域的论文发布情况、高被引期刊和高被引作者等方面。在研究过程中，该论文同时还展现出国外科学传播与普及研究的发展现状、研究热点和趋势。最后，深入剖析国外科学传播与普及研究的特点与未来走向，可以形成对国内相关领域研究的宝贵借鉴与深刻启示。

（4）图示。示意图见图 3-8。

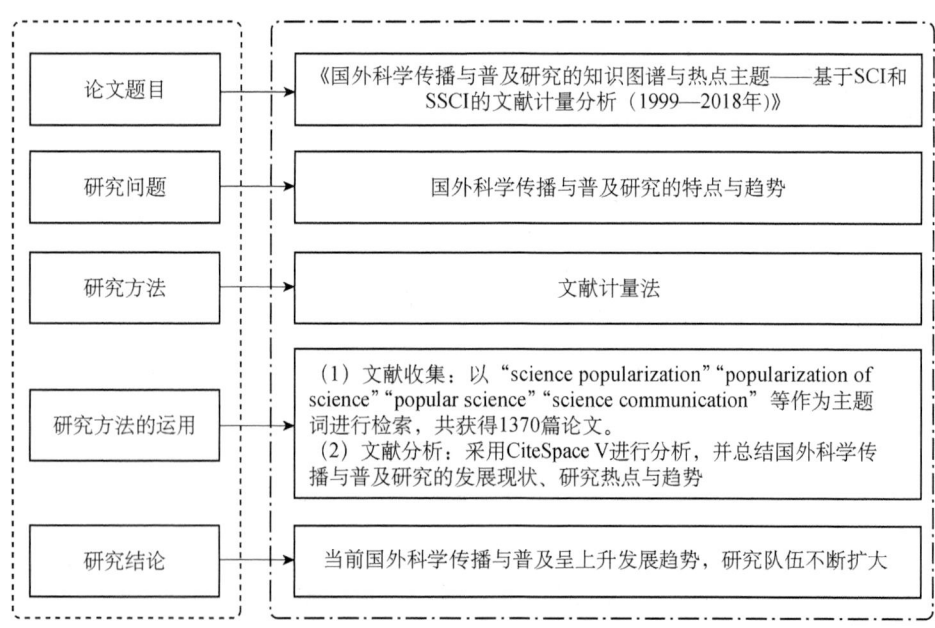

论文题目	《国外科学传播与普及研究的知识图谱与热点主题——基于SCI和SSCI的文献计量分析（1999—2018年）》
研究问题	国外科学传播与普及研究的特点与趋势
研究方法	文献计量法
研究方法的运用	（1）文献收集：以"science popularization""popularization of science""popular science""science communication"等作为主题词进行检索，共获得1370篇论文。 （2）文献分析：采用CiteSpace V进行分析，并总结国外科学传播与普及研究的发展现状、研究热点与趋势
研究结论	当前国外科学传播与普及呈上升发展趋势，研究队伍不断扩大

图 3-8 《国外科学传播与普及研究的知识图谱与热点主题——基于 SCI 和 SSCI 的文献计量分析（1999—2018 年）》研究方法示意图

第八节 科普研究方法的综合运用

科普研究的方法是一个有机整体。虽然不同研究方法之间有一些差别，但各种研究方法都不是各自独立、互不相关的。不同的研究方法之间都存在十分紧密的内在联系，可以分开使用，也常见综合运用。

一、科普研究方法的有机联系

科普研究始于研究问题，后经过研究设计、研究方法的确定、研究方法的具体运用以获得资料，再进行资料分析，最后得出研究结论。我们从科普研究的基本过程可以发现，从研究问题到研究结论，其中可以选择的方法不止一种。这表明，研究方法的使用是多样化的，更是综合性的。

一些科普研究者偏好量化研究方法，采用问卷调查法、实验法及文献计量法等研究方法，比如通过确立研究问题、建构研究假设、对自变量和因变量等进行操作、选择研究对象、进行数据收集，最后对数据进行统计和分析，对假设进行检验等。还有一些科普研究者偏向于质化研究方法，多用内容分析法、访谈法、参与观察法、历史研究法等，主要通过对实地实物的主体性观察等，得出偏向主观的研究结论。因此，偏好定性、定量的研究，有不同的研究过程，但具体方法之间是有一定的有机联系的。比如，问卷调查法和访谈法同样需要进行抽样、设计问题、数据统计；再比如，一篇研究文章同时运用了两种甚至是两种以上的研究方法等。

研究方法之间并非绝对独立的，有时它们是互补的，甚至是合作的。以《基于IPA和fsQCA的科普场馆满意度提升路径研究——以中国科技馆为例》（田鹏和陈实，2021）一文为例，其主要的研究目的在于以中国科学技术馆为例，分析公众对科普场馆的满意程度，以及提升公众满意程度的主要路径，以促进科普场馆的高质量发展。这篇文章既运用了传统的重要性-绩效分析（importance performance analysis，IPA）定量研究，也运用了将定性分析与定量分析有效联结的模糊集定性比较分析方法。再比如，《面向支撑"双创"的我国科研机构科普成效评价体系研究》一文（陆颖等，2020），为了分析当前我国科普评价的研究方向与制度等现状，共综合了文献计量法、德尔菲法、统计法、比较法四种研究方法。再以科普研究对象中的科学"人"（科技工作者、科普工作者等）为例，比如胡卉等（2021）的《基于知识网络图谱的我国科技工作者科普政策分析与发展展望》是一篇理论性研究文章。该文以相关部门和机构发布的科普政策文件为研究对象，调研和梳理了各项政策文本中关于科技工作者从事科普工作的有关规定，并从加强顶层设计、加强合作交流、明确角色定位、完善政策内容、创新科普模式等方面，对未来科普政策规划和修订完善提出展望与建议。再如，史珍珍等（2023）的论文《"有才者有位、有为者有位"——首批科普工作者职称评审满意度分析与启示》是一篇应用性研究文章，该文以首批参加图书资料系列（科学传播）职称评审的科普工作者为研究对象，采用问卷调查法和半结构化访谈法，从评审指标、评审流程和评审服务三个方面，分析了科普工作者对此次职称评审工作的满意度及其存在的问题。

从上述两篇文章中我们可以发现，同样都是研究人（科技工作者、科普工作者等），两篇文章研究的关注点是不同的。概括地说，理论导向的研究更关注如何发展出某种一般性的方法、路径，比如《基于知识网络图谱的我国科技工作者科普政策分析与发展展望》（胡卉等，2021），将科技工作者科普工作的政策要素分为科普前置阶段、科普过程阶段、科普后续三个阶段，并从外部环境与自身行动两个维度将其归纳概括为项目要求、激励机制、组织动员、能力培训、机构支持、经费保障等17项构成要素。现实导向的研究，则更关注如何有效地解决现实的科普工作问题，比如《"有才者有位、有为者有位"——首批科普工作者职称评审满意度分析与启示》（史珍珍等，2023），重点在于提出了加大宣传力度，让更多的科普工作者参与职称评价，评审标准更加贴近科普工作实际且体现差异，依据评审指标细化评审方式，全方位优化代表作答辩环节等对策。

可见，实际上无论是量化研究方法或质化研究方法的划分，还是问卷调查法、实验法、文献计量法、内容分析法、访谈法、参与观察法、历史研究法等具体的研究方法，都是有机联系的。在实践中，研究者没有办法将质化研究方法与量化研究方法截然分开。举例来看，就科学家参与科普短视频创作而言，质化研究方法可以关注科学家科普短视频的叙事策略（石力月和黄思懿，2023），量化研究方法则可以关注科普短视频中的科学家外观形象对科学知识采纳意愿的影响等。我们可以合理假设，在科学家参与的科普短视频创作过程中，除了科学家如何提升传播技巧，即科学家面对公众时"说什么"和"怎么说"的言语沟通行为（定性研究方法），科学家参与科普短视频创作时的外观形象、肢体语言、面部表情等非言语特征（定量研究方法）也会对科普效果产生影响。当然，我们也可以用定量研究方法研究科学家参与科普短视频创作时的其他问题。

换句话说，在同一篇文章中可能综合运用量化研究方法和质化研究方法，可以同时运用问卷调查法和访谈法，在问卷调查法和访谈法中也可能运用针对定性资料的定量分析技术等。这再次强调，对于任何一项研究，研究方法的选择起始于研究问题，使用单一或多样研究方法的目标都在于解决问题，不应该绝对化。

二、如何选择适当的研究方法

科普研究方法正在多元化发展，当遇到科普研究问题时，须运用不同的研究方法去探索、描述、解释和预测问题，这对研究者非常重要。

（一）以问题为中心选择研究方法

在有了某科普研究问题的前提下，科普研究者需要再问自己几个问题：第一，这个与科普相关的问题是否值得我们去研究？第二，如果第一个问题的答案是"是"，那么对于你的假设或你要调查的主题来说，你的研究方法是否是最适当的？第三，你是否熟悉你所确定的研究方法？比如，如果你计划采用实验法，那么你是否能够提出假设、设计实验方案、开展实验等？最后如果需要的话，你能否熟练使用统计方法和统计工具（如 SPSS、Python 软件等）分析实验结果（阿瑟·阿萨·伯格，2020）？

再次明确，科学研究选什么研究方法首先取决于研究什么问题，研究问题主要包括探索、描述、解释和预测四大类型，分别回答"问题有什么""现状是什么""原因是什么""未来怎么样"的问题，这些问题最终要实现理论阐释或解决现实问题。

（二）避免研究方法选择的纰漏

没有完美的研究计划，也没有完美的研究方法。因此，我们在运用研究方法的过程中，只能也应该做到尽量不出纰漏。其中，必须在确定研究方法之前，厘清不同研究方法的性质和逻辑差别。

在以文本数据为研究对象的常用分析方法中，文本分析法和内容分析法就是一对在研究中容易被混淆的研究方法，两者在研究方法的性质和文本分析逻辑上都是不同的。

内容分析法是一种定量研究方法，依靠数理统计对文本内容进行量化的分析和描述，其产出的结果通常为数据及其说明，是对数理统计进行的演绎。一般情况下，内容分析法是对质化文本进行量化处理。编码前，先形成系统的分析框架/编码类目，再对文本进行分类，这就需要编码员之间严谨的信度测试过程。因此，内容分析法的结果是对文本内容进行量化的分析和归类方法，用数据说话，描述文本表达内容的固有倾向和特征，判断趋势效果及差异等。

文本分析法则偏向于定性研究方法。文本分析法根据文本内容采用归纳法，在编码和分析的过程中也更依赖研究者个人的专业经验与研究造诣。在进行编码前，研究并未预先设定固定的分析框架或编码类别，而且并未涵盖编码人员之间的信度验证环节。更具体地说，文本分析法往往运用符号学、结构主义和语言学等的分析方法，其结果在于寻找文本的意义，挖掘文本背后的意识形态力量和权力结构。

比如下面两篇文章，关注的都是人工智能的报道，一篇使用文本分析法，另一篇使用内容分析法。其中，《科学传播中的意识形态变迁——基于美国人工智能报道的文本分析》（余文婷和刘会，2020）一文以美国人工智能报道为例，探讨了科技新闻报道口径是否受社会意识形态影响，以及这种影响是如何变迁的。研究者在深入分析了美国1980～2017年的5000个人工智能新闻标题后，选用自然语言处理方法作为切入点，并最终发现美国媒体对人工智能的报道明显受到社会意识形态的左右。这一分析充分揭示了1980～2017年媒介整体的报道倾向呈现出从保守主义逐渐转向自由主义的变化。受保守主义影响的报道主要关注人工智能的缺点及其给社会带来的潜在威胁，受自由主义影响的报道主要关注人工智能的先进性。因此，科技报道能直接影响人们对新兴科学技术的认知和支持。

《生成式人工智能治理行动框架：基于AIGC事故报道文本的内容分析》（朱禹等，2023）一文使用内容分析法研究了人工智能生成内容（artificial intelligence generated content，AIGC）事故报道文本，研究基于人工智能事故数据集（AI incident database，AIID），以AIGC相关事故报道为样本进行内容分析，探析现有AIGC事故的类型、原因、损害对象等特征属性，并探讨现有AIGC事故的应对措施，以期对我国生成式人工智能的治理起到参考借鉴作用。研究结果显示，AIGC事故所影响的对象具有显著的多样性，影响范围更为广泛，潜在风险复杂且难以预测。这一特征导致任何单一的应对主体在资源和能力上都显得捉襟见肘，难以有效应对此类危机。基于此，研究者认为必须由政府、企业及社会三方共同行动，构建一种"多元融合、协调统一、相互制衡"的治理参与模式。同时，该类行动应在"情境评估—意识提升—行动执行"的框架下有序展开，以实现高效的信息治理。

在上述两篇文章中,《科学传播中的意识形态变迁——基于美国人工智能报道的文本分析》(余文婷和刘会,2020)研究发现,美国媒体对人工智能的报道明显受到社会意识形态影响,并将直接影响人们对人工智能的认知和支持。《生成式人工智能治理行动框架:基于 AIGC 事故报道文本的内容分析》(朱禹等,2023)则描述了现有 AIGC 事故的类型、原因、损害对象等,并探讨了现有 AIGC 事故的应对措施。两者是有所区别的。

三、科普研究方法的有效运用

关于研究方法的重要性,毛泽东(1951)在《关心群众生活,注意工作方法》一文中指出:"我们不但要提出任务,而且要解决完成任务的方法问题。我们的任务是过河,但是没有桥或没有船就不能过。不解决桥或船的问题,过河就是一句空话。不解决方法问题,任务也只是瞎说一顿。"2016 年,习近平总书记在哲学社会科学工作座谈会上的讲话中指出:"哲学社会科学研究范畴很广,不同学科有自己的知识体系和研究方法。对一切有益的知识体系和研究方法,我们都要研究借鉴,不能采取不加分析、一概排斥的态度……需要注意的是,在采用这些知识和方法时不要忘了老祖宗,不要失去了科学判断力……解决中国的问题,提出解决人类问题的中国方案,要坚持中国人的世界观、方法论。"(新华社,2016)2022 年,党的二十大报告提出了"六个坚持",即必须坚持人民至上,必须坚持自信自立,必须坚持守正创新,必须坚持问题导向,必须坚持系统观念,必须坚持胸怀天下(习近平,2022)。

无论是毛泽东将研究方法比作"河与船",还是习近平强调要"坚持中国人的世界观、方法论""坚持问题导向",都说明研究方法要解决实际问题,并且首要关键在于要用中国人的方法论解决中国的问题。

本章参考文献

阿瑟·阿萨·伯格. 2020. 媒介与传播研究方法. 张磊译. 北京:中国传媒大学出版社.
蔡雨坤,陈禹尧. 2023. 取"人"之长:虚拟数字人在科普中的应用研究. 科普研究,18(4):26-34.
陈久金. 2023. 中国科技史研究方法. 上海:上海人民出版社.
陈思懿,常明芝. 2022. 健康科普的内容设计策略探索:基于 HPV 疫苗的实验研究. 科普研究，17（6）：80-89，107.

陈晓红. 2022. 高士其"把科学交给人民"科普思想研究. 科普研究，17（6）：90-98.

董志勇，李成明. 2022. 党的百年科技创新理论探索历程、实践经验与新时代政策导向. 理论学刊，（5）：49-57.

凡庆涛，袁汝兵，周雷，等. 2019. 国外科学传播与普及研究的知识图谱与热点主题——基于SCI和SSCI的文献计量分析（1999—2018年）. 科普研究，14（4）：24-33，111.

冯溪歌，刘兵. 2022. 英美科幻定义及其争议的史学考察. 科普研究，17（5）：92-100，106.

何晨宏，任定成. 2018. 近现代中国大陆化学科普图书出版的历史脉络和总体特征. 科学与社会，8（4）：108-122.

黄越，蒋重跃. 2023. 历史比较研究的合理性及其限度. 山西大学学报（哲学社会科学版），46（5）：120-130.

胡卉，杨志萍，廖宇. 2021. 基于知识网络图谱的我国科技工作者科普政策分析与发展展望. 科普研究，16（5）：42-50，101.

金心怡，刘冉，王国燕. 2022. 关联理论视角下微信科普文章的标题特征研究. 科普研究，17（3）：38-46，106-107.

陆颖，杨志萍，徐英祺，等. 2020. 面向支撑"双创"的我国科研机构科普成效评价体系研究. 科普研究，15（3）：54-60，111，112.

劳伦斯·纽曼. 2021. 社会研究方法：定性和定量的取向. 郝大海，等译. 北京：中国人民大学出版社.

刘承乾，郑永年. 2024. 开放与科技进步：国别与历史经验的比较研究及对中国新一轮开放的启示. 经济社会体制比较，（3）：36-51.

罗跧，寇鑫楠. 2020. 场馆中亲子互动行为观察研究及促进策略——以上海科技馆为例. 科普研究，15（5）：89-96.

罗式胜. 1987. 文献计量学引论. 北京：书目文献出版社.

毛泽东. 1951. 关心群众生活，注意工作方法//毛泽东. 毛泽东选集第一卷. 北京：人民出版社.

孟慧. 2004. 研究性访谈及其应用现状和展望. 心理科学，（5）：1202-1205.

石力月，黄思懿. 2023. 科学家科普短视频的叙事策略研究——以汪品先院士B站科普短视频为例. 科普研究，18（5）：31-39.

史珍珍，王欣，毛雅欣，等. 2023. "有才者有位、有为者有位"——首批科普工作者职称评审满意度分析与启示. 科普研究，18（1）：70-77.

田鹏，陈实. 2021. 基于IPA和fsQCA的科普场馆满意度提升路径研究——以中国科技馆为例. 科普研究，16（6）：80-88，116.

王爱婷. 2019. 基于诱惑性细节效应的动漫科普短视频传播效果研究. 科普研究, 14（4）：41-49.

王崇德. 1997. 文献计量学引论. 桂林：广西师范大学出版社.

王丽慧, 王唯滢, 尚甲, 等. 2023. 我国科普政策的演进分析：从科学知识普及到科学素质提升. 科普研究, 18（1）：78-86, 109.

王姝, 李大光. 2010. 科学家对自身参与科学传播活动看法的调查研究. 科普研究, 5（3）：68-73.

王聪, 徐雁龙, 罗兴波. 2021. 多国理工类学生参与科普工作的现状与措施——一项基于小范围多国籍的问卷调查与研究. 自然辩证法研究, 37（2）：70-74.

吴媛, 苗秀杰, 田园, 等. 2024. 课外科学教育的现状、特征和发展对策——基于北京市275所中小学的实证调查. 科普研究,（2）：72-81, 105.

习近平. 2022. 高举中国特色社会主义伟大旗帜 为全面建设社会主义现代化国家而团结奋斗——在中国共产党第二十次全国代表大会上的报告. 北京：人民出版社.

新华社. 2016. 在哲学社会科学工作座谈会上的讲话. https://www.xinhua.net.com/politics/2016-05/18/c_118891128.htm[2024-05-17].

颜燕, 张超, 李玲. 2022.《科普研究》文献计量分析：发展现状和主题演进. 科普研究, 17（5）：57-65, 104.

余恒, 齐琪, 赵洋, 等. 2019. 中国天文科普图书回顾1840—1949年. 科普研究, 14（6）：104-111, 117.

余文婷, 刘会. 2020. 科学传播中的意识形态变迁——基于美国人工智能报道的文本分析. 科学与社会, 10（3）：111-124.

郑文晖. 2006. 文献计量法与内容分析法的比较研究. 情报杂志,（5）：31-33.

中国科普研究所科普历史研究课题组. 2019. 新中国科普70年. 北京：北京人民出版社.

朱禹, 陈关泽, 陆泳溶, 等. 2023. 生成式人工智能治理行动框架：基于AIGC事故报道文本的内容分析. 图书情报知识, 40（4）：41-51.

颜燕. 2023. 新中国第一个科普行政机构探析. 科普研究, 18（1）：87-95, 104, 110.

第四章

科普研究的内容

在科普研究中，研究者依据研究目的或兴趣，针对研究对象或范畴，凝练形成的研究主题即研究议题，也可称作研究内容或方向。各研究议题之间可遵循特定的逻辑形成体系，或并列平行，或主次包容。研究者根据具体需要划分议题的颗粒度。譬如，科普政策、科普设施、科普人才、科普评价等，这是按照科普的工作要素来划分的；科普主体、科普媒介、科普对象、科普内容、科普效果等，这是按照科普传播流程来划分的。不同的逻辑线条之间存在相互交叉的内容，本章选择其中具有代表性的议题分别进行阐述。

当研究者选定一个研究议题时，首先要了解这个议题的历史沿革和时代背景，以及在不同背景下的概念内涵、框架内容所发生的演变，进而聚焦当下或未来所重点关注的方面及其意义。针对议题的特点，运用经典或创新的技术路线进行研究探讨，采用定性和定量相结合的方法，以便在既有的研究基础之上取得新的研究成果。因此，围绕一个科普研究议题，检索与之密切关联的研究文献并掌握相关研究进展是基础。应结合新形势、新要求，找到新的切入点，开展战略前瞻、深入细致的科普议题研究，以深化对现实科普问题的理解，为科普的高质量发展提供切实可行的对策建议。

第一节　理论与政策

科普理论与政策类研究是科普研究的基础性议题。通过对科普的基础理论、科普政策的制定和运用进行分析，总结科普实践的规律和经验，为当下和未来的科普工作提供总结性反思与前瞻性引导。从研究内容来看，科普理论与政策类研究议题包括科普的内涵、理念、政策等核心性内容的研究；从研究方法来看，文献研究、数据分析为主要研究方法。近年来，随着社会科学方法的不断丰富与创新，问卷调查法等量化分析和质性研究方法也大量应用于相关研究中。在理论与政策议题下，科普研究具体包括对科普的本质、规律、对象，以及与科普相关的基本观点、观念和价值的研究，还包括对政策的本质、特点、作用，以及政策产生、发展、制定和实施规律等的研究。

一、研究意义

通常来说，科普理论研究与科普政策研究属于两类具有不同特点的研究议题，但从科普的社会实践看，两者具有内在一致性，是理论与实践辩证统一的体现。从科普发展本身的特点来看，开展科普理论与政策类议题的研究，对如何推动专业化的科普理论研究以更好地回应科普实践，以及如何跳出学理性的专业视角以切实推动科普实践的发展，都是至关重要的。科普理论研究偏重基于实践经验的社会科学研究，遵循"实践—理论—实践"的演进范式。政策研究通常被认为后置于理论研究，更倾向于应用研究，是将理论成果运用于实践的环节。科普本身所具有的实践性特征决定了科普理论与政策类议题因其理论与政策的内在统一性而联系在一起，这从根本上保证了理论与实践的内在一致。

首先，理论研究是科普学科建设和工作实践的基础。任何一个学科和领域的理论研究都是其实践的基础，不仅为实践提供了指导和支持，还为学科的发展和创新提供了源源不断的动力。在我国，虽然没有以"科普"作为名称的专门学科，但科普、科技传播、科学传播等相关专业设置和研究一直分散在哲学、传播学、教育学、科学哲学等学科中。经过多年的发展，科普理论研究和学生培养都取得了很大的进展。科普理论研究是学科建设的基础，是确保以基础理论研究支持科普应用研究深入开展的基石。开展科普理论研究为科普人才培养提供了土壤，相应的科普理论研究为科普学科设置搭建了框架基础，为理解和掌握科普工作的规律与方法提供了学理支撑。同时，科普理论研究也是科普工作实践的科学基础，通过对科普的内涵、方法、效果等方面的研究，形成一套科学的理论体系，为科普工作者提供理论依据和实践指南。科普理论研究的成果可以转化为具体的行动指南，既可以为科普工作提供可操作性的建议，还可以指导科普活动开展、科普效果评估等具体工作，提高科普实践工作的针对性、效率和质量。

其次，政策研究是科普实践工作的重要指导。科普具有强烈的实践性质，对科普的认识是一个不断反复和深入的过程，是由浅到深、由窄到宽的螺旋式上升过程，这个过程也需要得到实践的检验。科普政策研究是科普走向实践的基本路径和基本方法。科普政策研究关注政策与社会、政治、经济的互动，关注政策的制定、实施、效果、影响和评价等全过程，可以解决科普实践因此产生的相应问题。开展科普政策研究，可以了解和揭示政策的制定背景、实施经验和效果评价等，通过规律性研究以提高政策的准确性和效益性。一是解决科普实践中的问题。科普政策研究能够帮助决策者识别和解决政策领域的问题，推动科普工作的发展。二是提高科普政策实施的效率和效果。通过对科普政策实施情况的评估和研究，既可以了解现有政策实施的效果，也可以通过开展研究为政策制定提供新的视角和方案，从而推动科普政策的进步和发展。三是促进科普的可持续发展。

政策研究关注科普事业的长远利益和可持续性，有助于确保特定政策的长期效益和社会的可持续发展。

最后，科普理论研究是科普政策研究的基础，科普政策研究是科普理论研究的外显形式。科普理论是指导科普实践的基本准则，科普理论研究关注科普的基本概念、原理、方法和策略等，构建了一套系统化的思想体系，涉及科普工作的各个方面，是开展科普政策研究的基础。科普理论研究能够揭示科普活动的本质和规律，从而指导科普政策的方向和目标。科普理论研究具有前瞻功能，能够为长期的科普政策制定和科普发展趋势提供参考，进而在政策制定中加以考虑和应对。科普政策是科普理论的具体化表现。政策制定者根据科普理论的研究成果，将理论转化为具有可操作性的政策措施，从而实现理论的实际应用。科普政策的实施效果可以反过来检验科普理论的有效性，促进理论的修正和完善。科普政策研究是连接科普理论与科普实践的桥梁，通过研究政策的制定和实施，可以推动科普理论与实践的紧密结合，实现科普工作的持续优化。

综上所述，科普理论研究与科普政策研究相互依存、相互促进。科普理论研究为科普政策研究提供理念和指导，科普政策研究则将科普理论转化为实际应用，并反馈于理论研究，共同推动科普事业的发展。

二、研究进展

科普研究是科普事业发展的基础，科普理论与政策议题主要是关于科普的本质和规律的研究，以及对科普政策的研究。自近代科学诞生以来，科普已经走过几百年的历程，19世纪以来随着西学东渐，科学成为大众生活中离不开的部分，但我国系统化的科普研究是自改革开放以后才逐渐成熟起来的。

我国科普工作及其研究在不同时期有各自的鲜明特点，虽然受传播学、社会学等学科发展以及国外科学传播的影响，但又保持了中国的特色，而且理论与政策的相关研究庞杂繁复，涉及科普的不同层次。本部分将重点从科普本质和规律研究、公民科学素质研究、科普能力研究、科普政策研究四个方面对科普理论研究进行梳理。

（一）科普本质和规律研究

科普本质和规律研究是对科普活动的本质特征与发展规律的科学研究，包括对科普的定义、目标、功能、内容等方面的研究，以及对科普与教育、文化、经济、社会等领域的关系的研究。这些研究，可以揭示科普活动的内在规律性，为制定和实施有效的科普政策提供理论依据。20世纪80年代以来，我国科普研究从萌芽到快速发展，展开了关于科普学、科普本质研究等基础研究。从20世纪90年代开始，受国际上蓬勃发展的对公众科技传播的繁荣讨论的影响，诸如公众理解科学、公众科学素养、科技传播等国外理念被源源不断地引入。受国外科学传播研究的影响，我国的科普研究和工作从中汲取有益于国家科普事业发展的部分，这使得国内的科普活动在内容、形式、层次乃至理论认识方面都发生了巨大变化。其中科普本质和规律的研究侧重于科普工作的组织管理研究，一般包括对科普活动载体、科普对象等方面的研究，与科普实践密切结合。

进入21世纪以来，关于科普理论的讨论和研究受到了社会各界的广泛关注，相关的论文数量不断增长，聚焦在科学传播的三段论（刘华杰，2004）、二阶传播（吴国盛，2000）、科普模型、科学传播的社会语境（吴国盛，2016）等方面，在学术界取得了一定程度的共识。与此同时，国外科学传播研究与本土科普研究既存在理论上的分歧，也有一定程度的融合与合作，在多个方向上都有关于国外科学传播研究与本土科普研究的比较研究。相较而言，针对科普的理论研究和实践近年来取得了突飞猛进的进展，研究主题涉及领域广泛，涵盖科普人员、科普产业、新媒体、科技场所建设、应急科普、科普标准等多个方向的理论研究，并取得了相应的研究成果，推动了我国科普理论研究的纵深发展。

2016年，习近平总书记提出"科技创新、科学普及是实现创新发展的两翼，要把科学普及放在与科技创新同等重要的位置"（习近平，2016）的重要论述为我国科普事业的发展指明了方向，也对我国科普基础理论研究产生了重要影响，学界对从科学技术本身出发来分析科技创新与科普的关系，开展了大量的研究。

（二）公民科学素质研究

公民科学素质研究是21世纪以来我国科普理论研究的重要方面。科学素质的概念诞生于美国。1958年，美国学者保罗·德哈特·赫德的专著《科学素养：它对美国学校的意义》（*Science Literacy: Its Meaning for American Schools*），将科学素养作为科学教育的主题。赫德把科学素养解释为对科学的理解及其对社会经验的应用（程东红，2007）。此后，科学素养这一概念越来越频繁地出现在有关教育和科学的文献中（丁邦平，2002），对学术和实践都产生了巨大的影响。经过研究者几十年的理论研究和实践工作的推动，关于科学素质概念内涵的研究重点也在发生变化。有研究指出，科学素质概念本身"从对科学知识和技能的学习转向对科学素养的习得、从与人文文化的对立走向科学与文化的融合、从对宏大议题的参与下沉到社区层面的决策"（郭凤林和高宏斌，2020）。这一论断基本体现在当前对科学素质的整体研究中，即更加注重科学素质对多元化社会的回应。与此同时，关于科学素质概念本身的研究是测评研究的基础，表现为公民科学素质测评的基础研究从基于"米勒模型"的国际通用问卷，到我国对科学素质界定的以"四科两能力"（指公民具备的基本科学素质，包括了解必要的科学技术知识、掌握基本的科学方法、树立科学思想、崇尚科学精神，并具有一定的应用科学处理实际问题、参与公共事务的能力）为指导开发的国际可比的本土题目（任磊等，2020），再到基于"知识"和"能力"的公民科学素质测评体系（全民科学素质学习大纲课题组，2017），其围绕公民科学素质研究逐步深入。

除了对公民科学素质本身的理论和评价研究，还有大量针对公民科学素质建设重点人群的研究。其中，针对青少年科学素养的基础研究较多（杨素红和胡咏梅，2011；郑永和等，2023），国际学生科学素养测评经验研究（严芳和吕萍，2009）、本土青少年科学素养测评和研究（李秀菊和陈玲，2016；胡咏梅等，2012）等都非常丰富。具有本土特色的其他公民科学素质人群的研究则特点明显，如从我国农村科普工作变迁的历史视角对我国农村的科普工作进行分析（钟博，2014）、对农村科普功能的研究（朱洪启，2017）以及针对农村科普的调查研究（郑久良和潘巧，2018）等；针对社区科普的研究也很丰富，如《社区科普与公民素质建设》（翟立原，2007）、科普在学习型社区构建中的作用（黄丹斌，2003）、城镇居民的社区科普需求和满意度现状的调查分析（胡俊平和石顺科，2011）、社区发展历史研究（章梅芳，2019）、产业工人科学素质研究（胡俊平，2021）等；针对老年人（王丽慧，2021；孙小莉等，2024）、领导干部、公务员科学素质（李红林，2021a；任磊等，2023）的研究则相对较少，大部分围绕如何开展工作、如何提升科学素质展开。

（三）科普能力研究

随着党的二十大报告提出"加强国家科普能力建设"的重大部署，国家科普能力成为当前科普理论研究与现实实践中的重要研究主题。科普能力的概念最早见于20世纪90年代颁布的政策（朱丽兰，1996）和论文（李婷，2011）研究，21世纪以来，随着相关政策中对其做出规定，相应的研究日渐丰富。自2022年起，中国知网数据库中关于科普能力相关主题的学术论文数量大幅增长，反映出近年来学术界对国家科普能力研究的关注。现有研究主要聚焦国家科普能力的量化评估与案例分析，如中国科普研究所自2016年起持续开展国家科普能力的评估研究，基于科普人员、科普经费、科普基础设施、科学教育环境、科普作品传播和科普活动六个维度测算国家科普能力评价指数（王康友，2017），期刊中相关的科普研究往往选择科普能力的具体要素进行定量测算（郑念等，2020；马宗文等，2018），或研究具体领域及主体的科普能力建设（胡俊平等，2021），面向国家科普能力全局的、综合的、系统的分析，特别是实践视角的研究相对较少。

（四）科普政策研究

我国科普事业在发展过程中，逐步形成了"国家—部门—地方"的科普政策体系，该体系为我国科普事业的发展提供了保障，也在全社会营造了良好的科普工作环境和社会氛围。科普政策研究的学术研究体系逐步建立，研究的主题、方法和角度不断完善，主要体现在以下几个方面。

一是科普政策的综合研究。该方面主要表现为从历史维度考察科普政策的演进变化。综合研究多从宏观视角切入，概述科普政策总体情况并提出建议，从微观层面讨论某一工作主题，进而提出针对具体工作的对策建议。从研究内容来看，这类研究主要针对不同时期的科普政策进行阶段特征分析，如对1958～1961年的科普政策（刘洋，2019）、改革开放30年的科普政策（朱效民，2008）、1993～2012年国家层面的科普政策（孙萍等，2014）的研究，对新中国成立以来科普政策的研究（任福君，2019；王丽慧等，2023），从科普税收、科普创作、科普基础设施、科普宣传、科普奖励、科普人才等方面进行的科普政策的效应分析（邱成利等，2021），从历史分期的视角对不同时期我国科普政策的目标、特征等进行的分析，从我国科技政策研究视角对我国科普政策的变化与发展进行的分析（翟杰全，2009；李志红，2010；刘立和常静，2010）。从研究方法来看，研究者除进行常规研究外，还在研究方法上使用了计量学分析方法，尤其是近10年的相关研究占很大比例，如对国家层面科普政策采用社会网络分析法等进行特性分析（孔德意，2018；刘娅等，2018），相关分析采用量化方法，以统计和数据为主，展示科普政策的发展特点和规律，但在研究的深度上还有进一步挖掘的空间。国内外科普政策的对比研究也是科普政策研究议题推进的一个重要角度，这也表明科普政策研究从国外经验的介绍与引进，逐渐转到开展深入本土的特色研究。如对美国、英国、德国、日本、印度、丹麦等国家科普政策简单的比较研究（何苗，2006）、中外科普政策对照研究（佟贺丰，2008；徐筱淇等，2024），以及对特定国家如韩国（余维运，2010）、日本（诸葛蔚东等，2020）、英国（张香平等，2012）科普政策和实践的研究等，以期为我国将来的科普事业路径规划提供参考。

二是重大科普政策研究。针对重大科普政策的研究是把握政策研究议题的方式之一。我国科普政策体系的核心是《意见》《科普法》《全民科学素质行动计划纲要（2006—2010—2020年）》。其中针对《意见》的研究相对较少，包括对《关于新时代进一步加强科学技术普及工作的意见》与《关于加强科学技术普及工作的若干意见》的对照研究（胡兵和彭伊婷，2023）。

针对《科普法》的研究以总结性研究为主，且以重要历史节点为研究的高峰期。例如，在2012年《科普法》颁布10周年之际，从《科普法》出台的背景与过程（崔建平，2012a，2012b）、《科普法》10年来的成绩（张金声，2012a，2012b）、科普基础设施（李朝晖，2012）、科普管理体制创新（汤黎虹，2012）、《科普法》的议程设置及其制定（常静和刘立，2011）等角度开展了丰富的研究。2022年，《科普法》启动执法检查和修订，相应的研究在前序研究的基础上有了进一步发展，对科普法律法规涉及的概念、投入、主体责任、科普设施等方方面面进行了细致研究[①]。此外，还有对国内外科普法治（吴柯苇，2022）及评估（张秀华等，2022）等的多元化研究。以上研究为完善我国的科普法规研究奠定了良好的基础。

围绕《全民科学素质行动计划纲要（2006—2010—2020年）》的研究，则体现了我国从政策制定的前期预研究到政策实施和评估的全过程研究，包括《全民科学素质行动计划纲要（2006—2010—2020年）》制定前围绕科学素质的结构与内涵、现状研究、历史研究、国际比较、途径与渠道等方面的研究（全民科学素质行动计划制定工作领导小组办公室，2005），政策出台后针对未成年人、农民、城镇劳动人口、领导干部和公务员四个重点人群的科学素质行动，以及科学教育与培训、科普资源开发与共享、大众传媒科技传播能力、科普基础设施四项基础工程以及保障条件的解析。在《全民科学素质行动计划纲要（2006—2010—2020年）》实施过程中，一方面，相关研究集中体现在围绕相关工作的数据统计和研究报告的著作中，如《全民科学素质行动计划纲要（2006—2010—2020年）》年报、发展报告等，这些著作或报告虽然主要聚焦于政策的年度进展叙述，但兼顾了研究属性，也基于工作拓展了相关研究；另一方面，相关研究分散

---

① 具体可参见《科普研究》2022年第2期的《科普法》修订专刊。

在提升公民科学素质的其他研究中。此外，针对公民科学素质实施的不同阶段，研究者都开展了政策评估。这些研究也为新时代《全民科学素质行动计划纲要（2006—2010—2020年）》的制定奠定了研究基础。

三是地区和行业领域科普政策研究。科普工作的开展离不开地方性法规和相关政策的支撑保障。地方政策既是对国家政策的落实，也是当地科普工作的指引。相关的区域政策研究包括对民族地区科普政策（王冬敏，2011）的研究，以及对广州市科普公共政策体系（马曙，2010）、四川省和重庆市的科普政策（冯雅峦和张礼建，2011）、《北京市科学技术普及条例》修订（谭超等，2022）等地方科普政策的研究。同时，行业领域科普政策的研究也日渐丰富，如气象科普政策法规的研究（王海波等，2015）、科普奖励政策的比较分析（李媛等，2024）、科普人才政策的特性解析（任嵘嵘等，2020），以及部门科普政策的研究，如中国科学技术协会的科普政策（王叶和胡庆元，2022）、政府部门和人民团体科普政策制定的特点和建议（刘玉强等，2022）等。

三、研究的未来趋势

总的来看，我国的科普理论和政策研究日渐成熟，相关围绕着我国科普事业发展所需的人、财、物的保障以及科普体制与机制问题的研究，对厘清我国科普工作现状和工作思路、出台相关政策、指导科普工作实践等都起到了一定的作用。虽然我国在科普理论研究方面已有颇为丰富的研究成果，但也存在亟待进一步深入探讨的问题。突出表现为对科普本质和规律的研究尚未完全形成体系，科普政策研究多侧重于政策梳理和宏观层面的讨论，重复性研究较多，针对科普政策的前瞻性研究少，本土特色还不够明显，对科普政策制定过程中公民参与、政策机制、政策实施的调查研究、政策评估等关键问题缺乏深入系统的研究等。只有解决了上述问题，才能为我国完善科普学科体系建设提供更加坚实的支撑。

针对以上问题，科普理论与政策研究要做到点面结合，突出本土特色，形成系统性的研究体系。今后的研究应聚焦以下五个重要方面。

一是新时期科普的内涵和变化研究。围绕"科普""科学传播"等基础概念进行更深入的学理性探讨，尤其是在不同研究者的分析问题立场、切入点和方法有所差别的情况下，未来是实现求同存异还是各自发展，会对我国科普理论研究产生非常重要的影响。围绕科普与科技创新进行深入的理论和政策研究，随着我国科技创新能力的提升和科普服务实现科技自立自强的需求，应重点关注如何将最新的科技成果传播给科技工作者、大学生、公众等不同层次的人群，提高全社会对科技创新的接受度和参与度。

二是公民科学素质国际化研究。科学素质是从国外引入的理念，经过在中国 30 余年的发展，该理念在相当大程度上影响了我国科普事业的发展和布局，并且已经形成了本土化的界定和评价体系。如何在当今时代让这一螺旋式上升后的理论更好地适应我国经济社会的发展，并与国际形成双向互动，是今后国内外科学素质研究的重要议题。

三是新时代国家科普能力研究。"科普能力"作为一个非常本土化的概念，在我国政策文件中提出已近 20 年，学术界对此的研究也日渐丰富。如何结合我国科技发展的新形势和数智时代的新变化，厘清概念内涵，尽快形成具有我国特色并能产生广泛影响的理论体系，需要学术界和科普实践界加强合作，共同促进这一研究主题的创新发展。

四是加强对科普政策的空白区研究。应以跨学科合作的实践，加强对公众参与的政策研究，并结合鼓励公众参与科普、提高科普的互动性和教育效果等措施开展相应的政策研究。同时，科普政策研究内容主要集中在历史演进、问题和对策等方面，研究视角较为局限，研究者应关注科普政策的空白区进行研究，如科普政策的国际比较、科普效果的长效评估、科普资源的优化配置等导向性政策研究。

五是加强政策制定和实施的全过程评估。为了确保科普的效率和效果，科普政策研究应关注如何建立科学的评估体系，结合不同需求对科普政策制定和实施效果开展的全过程进行评估。

第二节 科普主体与对象

从科普的要素来看，科普主体与对象是其重要组成部分。特别是进入网络信息时代以来，各类社会组织、媒体及公众个体通过不同平台和渠道加入科普阵营，使得科普主体日益多元化、科普对象和科普主体间的界限日益模糊。开展"科普主体与对象"的议题研究，目的在于探寻网络信息时代的科普主体与对象在科普供需求关系上的变化及其规律，致力于构建全新的科普主客体之间的互动关系框架，构建协同推进的社会化科普发展新格局，助力科普事业高质量发展。

一、研究意义

（一）有助于有针对性地开展科普工作

作为一种特殊的科学传播活动，科普的社会性和历史性决定了科普主客体的边界范畴会随着社会实践的发展而不断变化。长期以来，在"缺失模型"的科普框架下，科技组织及其工作者一直被视为唯一的科普主体，扮演着科学知识的传播者和科学精神的弘扬者的角色。但是，在网络信息时代，伴随着大量的社会组织、媒体机构以及"公民科学传播者"身份的公众参与到科普活动中，传统意义上的科普主客体之间泾渭分明的边界变得模糊。开展科普主体研究，有助于明确科普从业人员的资质条件和职业规范。开展科普对象特别是重点人群的研究，研究科普对象的需求特征、内容偏好和价值诉求，有助于科普主体根据不同群体针对性地开展满足个性化需求的科普工作，实现"一把钥匙开一把锁"。

（二）有助于构建主客体新型科普互动模式

在网络信息时代，科普主体与对象之间的行为关系发生了显著变化，突出表现为很多网络科普活动的主客体关系已经由传统的单向传播关系逐渐被双向互动关系所替代，科普对象的科普需求出现了自主性、分众化的特征，他们不是被动的科普内容接受者，而是可以在网络平台主动发起科普话题并参与讨论、交流个人观点的参与者。与此相对的是，科普主体更加关注科普对象的需求，进而按需提供科普服务，而非传统的"以我为主"的内容生产，其中科普议题选择、内容的叙事模式及表达的技术媒介都在发生重大变化。在此背景下，开展科普主体与对象的研究，有助于深化对主客体新型互动关系的认识，在网络科普语境下分析科普主体与科普对象的行为特征、科普供需匹配机制，有助于从理论上构建科普主客体之间平等对话的科普新模式。

（三）有助于为科普政策制定与决策提供参考依据

其一，通过对科普主体的研究，可以进一步明确科普组织及科普从业人员的资质条件和职业规范，从政策设计层面约束不具备资质条件的组织和个人从事科普行为，同时正确引导社会化的科普主体创新科普产品与服务，发展各具特色的科普产业，推动科普事业与科普产业协同发展。其二，从科普的对象来看，对科普对象的需求研究，可为科普重点目标人群及其科普目标的设定（科学素质基准）提供参考依据，服务《全民科学素质行动规划纲要（2021—2035年）》及其具体政策的制定。其三，在网络信息时代，科普信息的生产者与传播者有时是分离的，生产者从事内容供给，传播者负责公众传播，形成"知识生产—内容供给—技术加工—传播媒介—接受者"的全链条科普工作过程。诚然，数字媒介为全链条科普提供了重要载体，大数据为科普需求的精准识别和科普内容的精准推送提供了技术支持。但是，在科普主体多元化的背景下，科普活动难免出现错误信息植入的风险、算法传播引致的"信息茧房"、深度伪造技术下的虚假传播等问题。解决这些问题需要国家在科普生态的整体建设上做进一步的政策设计，规范政府部门开展的公益科普服务，同时加强对各类社会化、商业化科普活动的监管，为国家科普工作营建健康良好的社会环境。

二、研究进展

（一）科普主客体的界定及角色变化

在科普领域，学术界普遍认为可将科普划分为传统科普、公众理解科学、公众参与科学三大阶段。在不同阶段，针对科普主客体的界定及角色变化的研究呈现出不同的特色。

围绕科普主体，其内涵随着时代的变迁日渐朝向多元化趋势推进。著名科普作家卞毓麟（1993）指出，科学家应当承担起科普的主体责任，并发出了"科学普及太重要了，不能单由科普作家来担当"的时代呼声。朱效民认为，"在大科学时代的民主社会，现代科学事业的主体已不再仅仅是科学家，而是全体社会公民"（朱效民，2000），"科普主体的分化与职业化趋势已在所难免"（朱效民，2003）。进入新时代，在大科普理念的指引下，武向平院士指出，科普是一项社会性事业，"要引导多元主体积极参与，实现全社会协同参与科普工作的治理模式"（王挺和付文婷，2023）。总之，当今时代，越来越多的组织与个体参与到科普活动中来，科普主体的内涵与外延得到了极大的扩展与延伸。

在科普对象研究上，樊洪业（2004）认为，中华人民共和国成立后，我国早期的科普对象"定位于工农兵"，以服务生产实际为指导方针。随着经济与社会的发展，科普对象不断地多元化和细化。张木兰（2007）依据内部共同性将科普对象分为涉农产业者、普通城市居民、大学生、企业家和政府管理者、科学家五大重点人群。进入新时代，科普事业以弘扬科学精神为主旋律，科普对象更加泛化。齐培潇（2023）指出，"科学普及的对象是一个人数众多、成分复杂、异质的群体。这个群体有着各种特点、各种职业、各种文化背景等"。张双南（2021）认为，"科普的对象几乎是所有人，从幼童到老年人，涵盖各种专业、职业人群"。一般认为，科普既要面向全民，也要有选择、有重点地展开，以重点人群行动带动全民共同提升。

（二）科普主客体的双向互动机制

与科学传播三阶段相对照，科学传播内生了中心广播模型、缺失模型和对话模型三大模型（刘华杰，2009）。贯穿其中的一个显著趋势，即从公众理解科学向公众参与科学转变，不断推进科普主客体的双向互动情境模式优化升级。通俗地讲，就是不断实现科普主客体的相互倾听、相互受益。这一观念得到了科普界的普遍认可。黄时进（2007）指出，"从传统的科学普及到现代的科学传播，受众在科学传播发展中从单向的（地）、被动的（地）接受与理解到双向互动、主动参与，受众的主体性发生了根本的转向"。汤书昆和钟一鸣（2023）指出，"基于'对话理论'的公众参与度和人民主体地位显现都已逐渐成为'科学传播'或'科学普及'的核心内涵"。针对这种双向互动关系机制，王炎龙和吴艺琳（2020）基于民主模式框架指出，在这种双向关系中，公民不再是科学事业的"围观者"，不再单向度地作为科普对象，而是能够以"公民科学家"的身份直接参与科学传播，既能作为调查对象，"又能同专家合作，参与实验数据的收集与分析，从而直接影响科学研究的最终结果"，"他们主动参与到科学传播进程中，作为实践主体参与到科学发展和应用的决策中，与政府、科学家展开平等对话"。此种互动机制在面对公众这样一个复杂的社会群体时，存在着科普能力与个体素质的分化，一些方面也陷入了"科学"与"伪科学"良莠混杂的现实泥潭中。因此，公众作为主体参与科学传播，很可能会对科普对象理解科学产生负面影响。

针对此类现实困境，学术界进行了深入研究，并提出了相应的对策。罗昊雯和李正风（2023）从开放科学的侧面视角指出，"开放科学凭借技术性、多样性等突出特点，为公众与科学互动提供了广泛机会"，同时面临着"科学知识的质量控制"等挑战，并提出了"出台开放科学与科学普及的相关法律章程"等一系列对策建议。杨正客观地探讨了由主客体双向互动催生的"公民科学传播者"的出场境遇，这种双向互动模式"赋予了公众参与科学传播的可能性与话语空间"，同时面临"科学家在其中所享有的话语权威正在受到挑战和消解"（Yang，2021）的状况。孙秋芬和周理乾（2018）将此类"困境"视为科学传播的"民主模型"困境，认为"通过知识的劳动分工，公众负责决定目标，科学家负责实现目标，可以走向真正有效的公众参与科学"。

(三)影响科普主客体互动的因素及其作用机理

在公众参与科学阶段,研究者系统地研究了影响科普主客体互动的诸多重要因素。第一,科普的互动方式与途径。例如,王国华等(2014)基于科学传播理论,从传播内容、参与主体和传播方向三个维度展开研究,探讨了自媒体赋能科普主客体互动模式的成效,指出"博客、论坛、微博等自媒体平台门槛低、交互性强,提升普通公众的话语权,为普通公众参与科学传播提供渠道,也使得双向传播得以实现",而"引起这一变化的一个重要原因即是自媒体带来的公众话语权的改变"。杜志刚和孙钰(2014)以线下互动平台为研究视角,认为"共识会议使得公众与科学共同体、政府之间就科学技术问题建立平等对话关系成为可能"。第二,科普的主体素质与受众特征。王娟(2013)指出,"由于科学专家对科技风险评估与公众科技风险认知之间存在巨大差异,往往造成两个不同群体之间产生冲突,严重时则会出现信任危机,影响公众对科学技术界和政府工作人员的信任"。其中较典型的研究是基于不同群体的科普主客体的互动机理探究,如中国科普研究所基于第十二次中国公民科学素质抽样调查,根据《全民科学素质行动规划纲要(2021—2035年)》对重点人群的划分,分别考察了农民、产业工人、领导干部、老年人等不同群体在科普主客体互动中所呈现的差异化特征,并通过对调查数据、图表的统计与分析,探讨了这一差异对主客体互动情景的外在影响和内在原因,这就构成了一个完整的研究链条。张一鸣(2021)则从整体受众视角指出,"科学传播在情境上具有复杂性,背景、情感等因素均会影响公众对传播内容的反应与理解",并且主张科普需要"聚焦公众,应充分重视并研究公众的反馈、互动及其意义(尤'开放空间')……对科学知识的生产过程等进行合理、有效的大众化"。第三,政策与制度。科普活动是在一定程度上反映统治阶级利益和要求的社会性活动,会受到当时社会制度和政策的影响。王大鹏等(2015)提出了影响科普主客体互动的制度性障碍,即"从制度安排的层面没有创造出适合对话的对等的公共空间"。贾鹤鹏和苗伟山(2015)认为,在涉及科技争议的科普过程中,"为了'让'公众能有效地参与到对话中,科学界及政府部门应该采取更加公开坦诚的姿态,倾听民意",从而说服公众支持科学。

(四)受众视角下的科普满意度评价研究

该研究重点突出科普对象的主体性,目的在于探究影响科普对象满意度的因素,从而为后续科普活动的更好开展提供更具针对性的提升路径。总的来说,该方向的研究主要聚焦于科普的内容和方式、科普的渠道和情境以及科普主客体的自身属性等影响因素来开展。例如，田鹏和陈实（2021）基于重要性-绩效分析与模糊集定性比较分析方法相结合的研究方法，以中国科学技术馆为案例，探究了公众对科普场所的满意度评价，研究变量围绕展品、工作人员、设施和服务、商品、餐饮等因素展开，并从科普需求的角度，从展品运营水平、教育活动、用餐环境、品牌竞争力和细节等方面提出了提升科普满意度的提升路径，为科普场所的科普工作改进提供了参考。比较典型的研究是基于调查数据的实证分析，李蔚然和丁振国（2013）采用选择性抽样调查的研究方法，以科普内容、科普途径和科普方式为研究变量进行调查研究。结果表明，公众对科普影视与书刊等科普方式、网络与科普场馆等科普途径、食品安全相关的科普内容的满意度较高，而"科普权责不明晰、科普渠道少而慢、辟谣不及时等造成满意度偏低"。邹文卫等（2011）采用问卷调查法和定量、定性分析方法，从科普的内容、方式和宣传时机等方面研究公众对防震减灾科普的满意度评价，结果显示，科普的专业性、科普的易懂性、科普内容及科普开展的场合 4 项指标的公众满意度超出总体满意度水平。胡卉等（2023）的研究指出，需要进一步加强科学家参与科普实践的实证调查与研究，包括但不限于从公众视角考察其对科学家开展科普实践的满意度（需求角度）。王章豹等（2023）基于公众对应急科普的整体满意度测度，从科普主体、科普媒介、科普内容、科普对象、科普治理等的创新维度，就进一步提升我国应急科普的公众满意度提出了对策建议。

三、研究的未来趋势

（一）大科普理念下科普主体的多元化研究

科普主体多元化是实现高质量科普的必由之路，同时也是科普主体与对象议题研究的重要时代背景。党的二十大报告指出："完善党中央对科技工作统一领导的体制，健全新型举国体制。"（习近平，2022）与此同时，中共中央办公厅、国务院办公厅印发的《关于新时代进一步加强科学技术普及工作的意见》明确指出，要树立大科普理念、强化全社会科普责任。"举国"就是举全国之力，于科普而言，就是要促进多元主体参与，加快形成全社会、全产业、全媒体互动的大科普工作新格局。当前，随着网络社交媒体的迅速发展，科普界涌现出一大批诸如科普自媒体人、职业科普创作者等新型科普主体，这使得传统意义上的科普主体的内涵与外延不断扩展和延伸。在大科普理念的政策指引和新型科普主体充分涌现的时代洪流之下，如何推进科普主体的多元化发展是未来科普研究的方向之一。

（二）科普主体的跨界合作行为研究

科普主体肩负着普及科学知识、传播科学思想、倡导科学方法、弘扬科学精神的重任。"两翼理论"指出，科学普及与科技创新同等重要，从其延伸意义来看，科普主体与创新人才在建设创新型国家中也应该受到同等的重视，是新时代赋予科普组织和科普工作者的职责使命。立足时代才能把握时代、引领时代。随着科技日新月异的发展，科普创作、科普媒介、科普方式不断创新，这为科普打开了广阔的实践空间。与此同时，新知识、新技术不断涌现，学科交叉与专业渗透趋势日益明显，一个科学现象背后涉及的原理知识来自多学科领域，对此公众需要接受的科普内容也会更加复杂化、综合化。这就要求科普工作者加强跨界协同联动和资源共享，实现内容生产、媒介传播、技术支持的全方位合作。对于广大科普主体来说，这既是问题挑战，也是变革机遇，必须坚持守正创新，探索科普协同创新联动新模式，用多元协同理论去探究科普主体的跨界合作行为是科普实践之所需。

（三）公民在科普中的主体性研究

在网络自媒体时代，高效便捷的互联网平台打通了科普的"大动脉"，为不具备专业科学背景的公众提供了一个获取科学知识的广阔平台，同时给予每个人成为"公民科学传播者"的成长空间，借助各种媒介平台直接或间接地进行科普，成为科普主体的"新成员"。与传统科普主体不同的是，新兴科普主体的公民具有分散性、泛在性、灵活性、包容性等显著特征，往往能在科普主客体之间自由切换身份，这一特性使得他们对受众群体的科普需求了然于心，能够在科普领域产生巨大的驱动力。当今时代，信息传播速度之快、知识共享平台之广前所未有，科学技术的普及不仅需要专业的科普主体发挥好主体作用，也亟须众多秉持科学精神的社会大众以"众包科普"的方式参与进来，打造共建共治共享的"公众参与科普"新格局。公民的科普主体性合理性何以必要与何以实现，需要研究者在理论上进一步研究。

（四）双向互动科普情境建构及传播策略研究

在公民科学素质水平不断提升和网络科学传播成为科普主阵地的背景下，科普主客体在网络平台双向互动的情形及其取得的成效受到学界的广泛关注。有人认为，这种科普场景是科学传播从"缺失模型"向"对话模型"转向的现实表征，但这种场景建构能否达到预想的科普目标仍存在很多不确定因素。比如这种对话情景是处于突发事件状态下还是在日常特定的参与空间中？公众本身持有的科学态度及其影响、科普主体的传播策略选择能否做到"因人而异"和"因地制宜"？客观而言，"观众"作为平等对话的主体，在"科学知识与素养"方面很难与科普主体完全对等，而是作为传播受众很难体现在与科普主体那样与传播主体享有各自的权利和义务，或者说科普供需双方在传播框架中的位置对等。结果是，无论何种双向互动行为，或多或少都会存在科普主体"专业权威"与公众"话语诉求"的功能化冲突，"观众"作为科普对象受到各种因素的限制，其功能性得不到施展。总而言之，对于如何发挥科普对象的主体性作用，以适应双向互动科普情境的建构，目前这方面的研究仍有较大不足，需要立足实践进一步拓展与深化。

第三节 传播媒介

科普是一个以科学为核心主题和特色的传播活动，是由多个主体参与的有机互动过程，涉及多个环节。其中，媒介在科普中发挥着至关重要的作用。媒介既指信息传递的载体、工具和技术，也指传媒机构，是将传播者、受众联系起来的枢纽。关于传媒媒介的研究在某种程度上属于科普研究的枢纽性议题。

就研究对象而言，传播媒介包括各种媒介及其表现，尤其是大众传媒和社交媒体，如报刊、图书、广播电视、网络和社交新媒体等；就研究实施路线而言，对传播渠道的研究包括考察媒介属性、媒介运作机制、用户媒介接触和使用、媒介变迁与融合等内容。这些研究帮助研究者探讨媒介之于科普的作用和表现，以充分发挥传播渠道的功能，赋能科普工作。

一、研究意义

围绕传播媒介议题开展研究，在当前的科普研究中具有重要而现实的意义和价值，具体体现在以下几个方面。

（一）媒介融合创新为科普提供新工具平台

当前媒介正在经历颠覆性变革，媒介已经成为科普的新基建，在社会中发挥着基础装置的作用。媒介迭代、融合、创新现象层出不穷，为信息传播和交流提供新的平台与环境。媒介融合可以创造出新的传播模式和体验，这对科普传播具有重要意义。2021年，国务院印发的《全民科学素质行动规划纲要（2021—2035年）》明确提出"实施全媒体科学传播能力提升计划"，推进传统媒体与新媒体深度融合，大力发展新媒体科学传播。可见，研究如何利用媒体增强科普内容的吸引力和互动性，同时探索新兴媒体技术在科普工作中的应用，提升科普能力和效能，促进科学知识的创新传播方式，是科普研究的题中之义和时代任务。

（二）媒介属性关系信息生产组织与传播效果

传播学理论强调媒介属性对生产与传播的影响，不同属性的媒介对信息的编码解码及传输具有不同的契合特质。简而言之，不同的媒介在人类的传播活动中存在适应性问题，不同的媒介对信息会产生不同的影响。例如，视觉媒介（图像、视频等）更适合解释复杂的科学过程，文本媒介可能更适合提供详细的解释和定义。实现科普内容多渠道全媒体传播必须要重视媒介的特性，选择合适的媒介，以有效地传达科普信息，确保信息的准确性和可理解性，最大限度地提升受众的认知过程和科学知识的内化。

（三）媒介环境影响科学精神氛围的构建

在传播学领域具有重要影响力的媒介环境学派认为，媒介环境对受众的认知和社会文化会产生重要影响。在科普传播中，媒介环境不仅影响科学知识的传播，还影响公众对科学的态度和科学文化的形成。研究媒介环境如何塑造公众的科学观念和行为，对促进科学精神的普及和社会整体科学素养的提升都具有重要作用。

二、研究进展

科普研究中关于传播媒介的议题具有比较显见的特点。学者以传播学视角为研究出发点，既会从宏观层面讨论媒介在科普信息生产、传播和生成社会影响中的整体性表现，也会从微观层面聚焦某类形式的媒介在科普中的地位和独特性作用；既会以媒介为主要线索进行纵深式研究，也会在媒介之外叠加其他传播学元素进行扩展式研究。

（一）聚焦科普媒介形态的议题

随着网络信息技术的发展，自媒体和社交媒体已经成为越来越重要的媒介。各种新的媒体形式的出现，为科普提供了更多的选择，也拓展了科普研究的议题范围。科普研究中聚焦媒介形态变迁的研究日益丰富。

有研究者以新媒体平台抖音为观察对象，选取了21个影响力较大的抖音科普账号，从主体类型、学科内容、叙事方式、科学性等方面入手，分析了各账号点赞量前十的短视频。研究发现了这些账号在科普内容的严谨程度、呈现方式的视觉选择、标题拟定、运营规律等方面的特点，并提出了相关针对性建议。

还有研究者立足科普期刊向新媒体转型的现实状况，采用感知-兴趣-互动-行动-分享（SICAS）模型分析科普期刊新媒体的运营现状，指出了科普期刊新媒体运营中存在的问题，并提出了建议（林欣等，2023）。也有研究者采用分析具体个案的方式，展示了主流媒体在讲述科学家故事、弘扬科学家精神方面的优势和效果（冯胜军，2022）。同时还有研究者基于信息传播方式和受众阅读习惯的改变，讨论了科普类图书的传播困境和破局方向。此类研究还有《图像在农村科普中的应用——从科普题材年画说起》《科普类微信公众号——"丁香医生"的传播现状及对策分析》等。

有研究者从传播媒介发展史的角度，讨论了中国科普工作的媒介运用脉络，此类研究主要以各类媒介为切入点。有研究者探讨了图书媒介的出版背景和历史，讨论了它们在中国近现代天文知识传播中的地位和作用，并对科普图书的发展进行了分析（余恒等，2019）。也有研究者以新中国林业科教影片为对象，探讨了不同阶段林业科教影片的特点，并讨论了其在中国林业科普发展中的作用（章梅芳等，2021）。还有研究者总结了气象图书的内容分类与发展变迁（王晓凡等，2021）。

（二）关注媒介属性与科普信息互动的议题

从传播学视角而言，科普内容的表达、叙事、创作等信息的生产，均需要考虑媒介的属性及与其适应和匹配等的互动情况。这些聚焦媒介属性与信息生产的研究议题，多集中考察信息内容的叙事框架、表达方式、标题拟定、封面制作等。

有研究者聚焦微博上疫苗接种的主流话语，通过分析疫苗接种信息的框架策略，发现与疫情相关的微博主流话语在构建个人经验或态度方面的框架策略，为以后的话语动员提供了新思路（张瑞芬等，2023）。有研究者基于科普叙事与现实世界的关系，结合视频时长，对科普视频进行分类，分析其叙事特点，提出融合叙事和交互叙事在提高科普效能方面的作用（崔亚娟，2023）。也有研究者通过分析具有代表性的科普微信公众号，梳理它们文章的形式和内容，发现和总结科普热门文章的标题特征（金心怡等，2022）。还有部分研究者运用超媒介叙事理论，构建科普内容的模型，并结合具体案例从多个维度剖析科普内容的生产流程及经验（周荣庭等，2023）。

还有研究者从媒介考古角度，对不同历史时期主流媒介的科普信息内容进行了分类总结。有研究者分析了民国时期关于卫生的内容分布在哪些领域（马燕洋等，2019）。有研究者分析了部分报刊专栏的文本内容，发现表达方式的拟定和对热点话题的关注在科普中的重要作用（庞瑞灿和李敏，2022）。

（三）考察媒介特性与科普效果的议题

传播效果是指受众接触或接收信息后，在知识、情感、态度、行为等方面发生的变化，是衡量传播者传播意图实现程度的重要维度和指标。具体到科普领域，科普效果包括公众对科学知识的认知程度、对科学方法的掌握程度以及对科学精神的认同程度等。效果受多方面因素的综合影响，其中传播渠道是重要因素，同样的信息在不同渠道中的效果未必一致。将媒介特性与科普效果相结合的议题深受研究者重视。

有研究者基于详尽可能性模型（elaboration likelihood model，ELM），从账号和文章两个维度，考察了影响健康类微信公众号和健康科普文章传播效果的因素，重点讨论了账号层面，如内容的定位、账号的主题和账号的认证等对传播效果的影响；分析了文章层面，如内容主题、文章位置、信源的可靠性及账号的传播力等对传播效果的影响程度；文章还提出了针对性建议（刘宇和徐嘉，2024）。

同类型研究较丰富，如有研究者研究了抖音平台中国优秀科普期刊的账号，讨论了内容主题、叙事风格、标题长度、封面类型、背景音乐、评论互动、粉丝数、更新频率和时长等8个因素对传播效果的影响（陈维超和周杨羚，2023）。还有研究者梳理了主题视角、话题封面、互动等对于科技类出版社抖音账号传播效果的影响（席志武和张冰玉，2023）。有研究者考察了微信公众号上类似内容的标题可读性、内容原创性、发布时段、内容特征等对传播效果的影响（孙嘉宇，2023）。也有研究从科普视频的扩散效果出发，探究了B站科普视频持续扩散和传播的影响因素，讨论了B站科普视频扩散的独特性（李根强等，2022）。

（四）讨论媒介科普功能建设的议题

科普既要传递科学知识和科学信息，又要推动社会建构对科学的正确认知，提升全民科学素质，在全社会营造科学氛围。随着当前媒体融合的深入发展，媒介形式更加多样，转型后的主流媒体、短视频平台和图文型平台等新的传播媒介，已经是人们接触和参与科普的重要媒体及渠道。如何进一步明晰媒介在科普中的功能和形象，思考媒介环境对科普的影响，辨析媒介与科普的关系，也属于科普研究的议题范畴。

有研究者通过调查归纳，梳理了应急科普全媒体在法律约束、保障机制、资源产出管理、传播流向分配、矩阵建设发展、联动机制等方面的现状与问题，尝试结合发展理念、内容生产、体系建设等提出了全媒体构建的框架和路径（刘晓岚等，2023）。

也有研究聚焦《人民日报》、新华社、央视新闻三大主流媒体的疫情科普，统计了它们的传播策略，分析了它们的议程设置、呈现形式、信息来源、媒体融合理念等特征，指出了其科普局限，并归纳了媒体在疫情应急科普中的关键角色和作用（尚甲和郑念，2020）。

还有研究以大学学报为例，讨论了综合性科技期刊进行科普功能建设的可行性路径，并从办刊服务定位、科普队伍建设、科普资源转化和科普平台建设等方面进行了深入探讨（邵煜和亢小玉，2024）。有研究者聚焦科研成果转化成科普短视频的问题，试图厘清洗稿行为对科技期刊的影响，并尝试提出了预防方式（周华清和吴虹丹，2023）。

综上所述，科普研究中关于传播媒介的议题，既有以特定媒介为对象的个案研究，也有以传播渠道整体为对象的宏观研究；既有主要聚焦媒介的研究，也有将之与其他议题相结合的研究。究其根本，这些研究都在探讨科学知识、生产技能，以及科学思想、科学方法和科学精神如何通过各种媒介传递给公众，并产生相应的过程和效果。这些研究既展示了现有科普传播渠道的独特性和重要性，也为后续如何更充分地运用传播渠道提升科普效果提供了成果支持和实践指导。

三、研究的未来趋势

当前新媒体技术不断涌现，新的传播渠道和媒介也在不断形成和成熟，并已经应用于包括科普在内的众多信息沟通工作和领域。作为以科普为主要对象的科普研究，也必须结合新的渠道形式更新，与时俱进地关注和开拓新议题。

一是要关注传播渠道形式多元化与融合化的现象。新媒体技术的发展，为科普内容的创作形式和分发形式提供了更多的可能与空间，科普创作需要关注从图文、音频到短视频和中视频的转变与融合，聚焦纸质媒体、电视、广播、社交媒体等不同媒体形式之间的叠加及跨界成群的可能性。

二是要关注媒介的互动性和智能性。新媒体的传播渠道拥有更多的反馈互动，点赞、转发和评论等功能，能够为科普创作提供更多的调试机制，扩展媒介的功能性。互动性能可以汇集更多的用户行为、属性等信息，为传播渠道的完善创造更加充分的数据基础，并提高媒介渠道的智能性和精准性。

三是更关注科技融合与创新带来的渠道升级。新兴技术如虚拟现实、增强现实、扩展现实（extended reality，XR）等技术元素的运用为科普内容的呈现和传播带来了新的可能性，使得科普体验更加直观和沉浸，由此会生发出新的媒介生态，会给科普在内容生产、信息分发、效果反馈、后续调节等一系列环节带来影响，媒介的中枢性作用会更加凸显。

综上所述，在科普研究中，传播媒介的未来趋势将是一个多维度、技术驱动、社会参与和内容创新相结合的发展过程，它遵循一个逻辑，即通过更高效、更互动、更精准的方式提升公众的科学素养和生活质量。

第四节　场馆建设

一、研究意义

开展科普场馆研究，对推动科普事业发展、优化公共文化服务意义重大。在实践领域，开展场馆研究助力科普场馆解决运营管理、展陈设计等现实问题。通过分析不同场馆的成功经验与失败教训，可提炼出普适性的运营策略，优化资源配置，提升科普场馆的展教水平与服务质量，让其更好地发挥科普教育功能。同时，开展科普场馆研究还能促进科普场馆与时代接轨，推动其在数字化、智能化等方面的创新发展，适应公众日益增长的科普需求，为科普事业高质量发展提供实践指引与创新动力。从理论层面看，当前场馆发展存在实践先行而理论滞后的问题，场馆研究体系尚不完善，开展深入研究能填补理论空白，构建更科学、系统的科普场馆研究框架，为后续研究提供理论支撑，明晰科普场馆发展规律与方向。

科普场馆作为科普的基础性资源，是科普资源的重要组成部分，也是科普资源的承载场所和科普活动的开展场所，是科普宣传、展示的重要途径和实现科普功能的重要保障，在科普资源中占有重要地位。

1994年，中共中央、国务院发布了《关于加强科学技术普及工作的若干意见》。这是中华人民共和国成立以来党中央和国务院共同发布的第一个全面论述科普工作的纲领性文件，特别提及了场馆建设要纳入各地的市政、文化建设规划，把场馆建设作为建设现代文明城市的主要标志之一。2002年开始实施的《科普法》、2006年国务院发布的《全民科学素质行动计划纲要（2006—2010—2020年）》、2007年科学技术部等八部委发布的《关于加强国家科普能力建设的若干意见》都对科普场馆建设提出了要求。相关部委也专门就科普场馆建设出台了相关文件。2003年，中国科学技术协会、国家发展和改革委员会、科学技术部、财政部、建设部五部委联合发布《关于加强科技馆等科普设施建设的若干意见》。建设部联合国家发展和改革委员会发布了由中国科学技术协会负责编制的《科学技术馆建设标准》（建标〔2007〕166号），国家发展和改革委员会、科学技术部、财政部、中国科学技术协会发布《科普基础设施发展规划（2008—2010—2015）》。这些政策对全国科普场馆的建设提供规划指导和建设规范，极大地加速了我国科普场馆的建设。

面对新时代新要求，2021年国务院印发《全民科学素质行动规划纲要（2021—2035年）》，2022年科学技术部、中宣部、中国科协印发《"十四五"国家科学技术普及发展规划》，2022年中共中央办公厅、国务院办公厅印发《关于新时代进一步加强科学技术普及工作的意见》，要求制定科普基础设施发展规划，加强科普基础设施在城市规划和建设中的宏观布局。科普场馆作为科普基础设施的主要组成，建设并发挥好场馆科普功能尤为重要，对于满足公众提高科学素质的需求，实现科学技术教育、传播与普及等公共服务的公平普惠，建设创新型国家和社会主义现代化强国，具有十分重要的意义。

二、主要研究内容

（一）科普场馆分类研究

科普场馆是科普基础设施的一种，主要包括科技类博物馆和场馆类科普教育基地。

科技类博物馆主要指以面向社会公众开展科普教育为主要功能，主要展示自然科学和工程技术科学，以及农业科学、医药科学等内容的博物馆。根据展览展示内容的不同，科技类博物馆大致可以分为科学技术馆（科学中心）、自然类博物馆、专业科技博物馆三类（李朝晖，2019）。

科学技术馆（科学中心）是现代科技博物馆的一种类型，将博物馆展示教育功能的高度提升到核心地位，弱化收藏与研究功能。科学技术馆运用现代展示技术手段，创造参与体验式展览教育，为观众营造从实践中学习、体验科技的情境，增强展示教育的效果。

自然类博物馆主要是指收藏、研究、展示自然志（自然史）的博物馆，包括天文、地质、植物、动物、古生物和人类等博物馆及动物园、植物园、地质公园、矿山公园等。

专业科技博物馆是指技术性较强的各工程技术领域和相关行业博物馆，主要有能源方面的煤炭、石油、水利博物馆等，材料方面的冶金、纺织博物馆等，交通方面的航空、航天、铁道、航海、汽车博物馆等，信息技术方面的电信、邮电、计算机博物馆等，医药方面的中医、卫生博物馆等，生活方面的红酒、盐业、电影、剪刀、消防博物馆等，以及工业博物馆等综合性博物馆，等等。

科普教育基地充分利用社会资源做科普，主要依托教学、科研、生产和服务等机构，发挥其特定的科学技术教育、传播与普及功能，面向社会和公众开放。根据中国科学技术协会发布的《全国科普教育基地创建与认定管理办法》，科普教育基地主要包括科技场馆类、教育科研与重大工程类、"三农"类、企业类、自然资源类和其他类（是指利用人文、历史、艺术等资源面向社会和公众提供科普服务的公共场所）。从中可以看出，科普教育基地基本上都是带有场馆属性的。中央相关部委、行业部门和地方政府，根据自身特点和资源，将农业、林业、国土资源、医疗卫生、计划生育、生态环境保护、安全生产、气象、地震、体育、文物、旅游、妇女儿童、民族、国防教育等工作与科普工作有机结合，根据开展科学技术教育、传播与普及等需要，建设不同功能的行业科普教育基地。科普教育基地主要分布在高校、研究所和高新企业。

（二）科普场馆全链条、全寿命管理研究

上述科普场馆从规划、建设到运营及改造升级等全链条、全寿命管理，都需要研究予以支撑，主要包括科普场馆相关的理论、应用与实践研究，场馆规划、功能设计及建设研究，展览、展示与教育研究，场馆人才队伍建设研究，场馆运营模式与机制研究，以及国际比较研究等。

理论、应用与实践研究主要包括科学传播、教育与普及相关的学科理论在科普场馆的科普实践和创新，如传播学、教育学、社会学、人文学、艺术学、人类学、心理学（社会心理学和教育心理学）、经济学、管理学等。

场馆规划、功能设计及建设研究包括但不限于在一个地区合理布局各类科普场馆的规模和类型，场馆建设与社区及区域经济、社会、文化发展的关系，场馆的功能与服务对象，场馆的建设及升级改造模式，科普场馆发展现状及趋势等。

展览、展示与教育研究主要包括展览、教育理念，展览展示设计理念及实

践，展品标准体系建设，展品展项开发、改造及升级，教育活动创意策划及开发，馆校合作课程开发，展教效果评估，以及观众研究等。

场馆人才队伍建设研究主要包括场馆科普人才的培养途径和体系，场馆在职培训体系，专兼职科普人员和科普志愿者队伍建设，场馆人员的岗位职责与标准，从业人员的登记、使用、考核机制及专业技术职务评聘体系等。

场馆运营模式与机制研究主要包括场馆运行管理模式与机制、经费投入保障机制、管理及资源标准体系建设、资源建设与共享、新技术对场馆功能的影响、场馆空间功能开发、场馆数字化及数字平台建设、场馆可持续发展、文化创意及产品开发，以及监测评估等。

国际比较研究主要包括国内国际应用相关学科理论的对比研究、场馆规划与功能对比研究、场馆运营模式对比研究、展览设计理论对比研究、教育活动开发对比研究、展览效果评估对比研究、人才队伍建设对比研究，以及国外场馆建设相关经验介绍等。

三、主要研究进展

从公开发表和出版的期刊论文、学位论文、研究著作等来看，目前针对科普场馆的研究并没有覆盖到场馆的全链条、全寿命管理，主要集中在相关理论在科普场馆的应用与实践，场馆发展现状、趋势及建设回顾，展览教育、人才队伍和国际比较等，展览教育和场馆发展相关的研究占比尤高。但总的来说，针对科普场馆的研究没有形成研究特色和研究体系，研究成果呈现随机性、散发状态，研究的连续性、延续性均不强，高质量的研究成果少，研究指导实践的能力较弱。

（一）场馆理论研究

相关学科领域专家以自己研究领域的相关理论研究讨论科普场馆的科学传播、展览教育等，如《从传播学视角探讨科技馆传播观念》（莫扬和苗苗，2007）、《从传播要素演化的角度探讨科技博物馆的科学传播模式》（汤书昆和张勇，2011），从社会心理学角度探析博物馆的教育功能，基于5W传播模式理论讨论科技博物馆的展览陈列，基于感官研究讨论多感官在博物馆展览中的认知和传播效果等；科普场馆行业的研究人员也尝试从实践中探讨构建场馆发展、职能演变、展教理念、发展策略的理论模型，如将人类学理论运用于少数民族地区科技馆建设，从构建人与自然和谐社会角度探讨自然类博物馆的展示实践，从旅游视角研究博物馆的职能演变，基于建构主义教育理念探讨科技馆STEM[科学

(science)、技术（technology）、工程（engineering）、数学（mathematics）]课程设计，探索构建科技馆科学教育三维目标模型，基于强弱危机（SWOT[①]）理论研究高校博物馆科普工作发展策略和科技馆文创产业发展策略等。但是，总的来说，关于科普场馆相关的理论研究仍然不多。

（二）场馆发展研究

科普场馆的发展是科普场馆研究领域的一个热点，相关的论文较多，主要研究如下。

（1）科普场馆的建设与发展情况。如中国自然科学博物馆的发展（楼锡祜，2008）；北京天文馆、中国科学技术馆与科学中心的建设（朱幼文，2009）；中国地质博物馆、专业科技类博物馆、高校博物馆的发展（刘明骞，2021）；中国特色现代科技馆体系（程东红，2014）及其建设回顾与展望（赵洋等，2021）。

（2）科普场馆的发展趋势与对策。如研究科技馆的发展趋势和特点（徐善衍，2007），中国科学技术馆事业的战略思考、全国科技馆的现状与发展对策、科技馆的建设理念和建馆模式（梁兆正，2010），现代科技馆的新型发展模式、免费开放下的科技馆的发展（齐欣，2016），"新工科"背景下的高校科普基地的建设与实践、场馆运营（王小明，2021）等。

（3）科普场馆空间功能和转型。如科技馆文化中的精神文化建设、科技博物馆的公共空间利用、科技场馆的科学家精神弘扬（赖明东等，2023），自然类博物馆的价值体系与科普教育功能管理、数字科技馆的科普形式创新、科技馆的数字化转型、当代数字博物馆的模式和发展等。

（4）技术对场馆功能的影响。如场馆数字化转型（缪文靖等，2022）、5G时代智慧科技馆探索与实践、博物馆展示教育、科技博物馆 VR-AR 应用及科普功能创新、数字化信息服务应用分析等。

（5）科普场馆的可持续发展。如市场驱动下的科技博物馆、基金会如何在科技馆事业中发挥作用、资金多渠道投入问题及对策（彭涛等，2011）、博物馆服务营销、科技馆知识营销、案例分析等。

（6）场馆综合性分析。如效果评估（李朝晖和任福君，2011）、基于我国科技类博物馆发展基本情况调查的结果分析探索中国科技类博物馆的运行机制（章梅芳等，2022）、中国公民使用科技馆等科技类场馆的状况及相关因素、科普教育基地免费开放出现的问题和对策、我国县级科技馆的现状机遇与路径发展研

[①] 其中，S 是优势（strength），W 是劣势（weakness），O 是机会（opportunity），T 是威胁（threat）。

究、构建现代科技馆体系的社会化协同机制等。

（7）其他。如科技场馆高质量发展视角下《科普法》的修订、在中国特色现代科技馆体系中开展应急科普工作及应急科普场馆建设、科技馆综合评价体系的构建与实践、科技馆服务对象、基于中国知网统计分析国内科技馆30年学术研究（马麒，2017）、场馆疲劳现象的表现形式和影响因素及缓解策略等。

（三）展览教育研究

展览教育相关的研究也是当前科普场馆建设领域的一个研究热点，相关的论文较多，主要集中在以下几方面。

（1）展览教育理念。如科普场馆教育（刘欣和刘鹤，2016；徐敏，2019；李睿和刘颖芳，2023）、公众参与博物馆的新模式（孟佳豪，2021）、博物馆策展模式、科技馆转变展览设计思路（罗季峰，2017）、科技博物馆教育功能（朱幼文，2014）、馆校结合（朱家华，2019；方慧玲等，2020；朱幼文，2021）、STEM教育（叶兆宁等，2019）、科技类博物馆教育（焦郑珊，2016）、展教能力建设（廖红，2019）、展览创新管理（邱银忠和勾文增，2022）、自然博物馆中的观众对话与展览设计关系、基于锚定效应的科技馆展览教育知识转移对策、科技馆原始创新展品的主要来源路径、北京专业科技馆的互动展示现状、科技馆产品分类及其供给营销、线上应急科普路径设计等。

（2）展品展项创新。如展览模式（姚蕊和徐蕾，2023）、科普展品标准化体系建设、科技博物馆的展示设计（郁红萍和刘晶晶，2021）、科技馆的展品设计（刘伟男，2019）、展品分类（任鹏，2020）、科技馆的常设展览展示内容、科技博物馆陈列的发展与创新、科技馆传统科普展品的改进、创新展品的设计思路与制度性制约因素、设计多互动功能科学博物馆展览的隐患、科普展品设计制作的缺陷探讨等。

（3）展教活动创新。如馆校合作课程开发（叶兆宁，2017）、科技博物馆教育活动的开发（龙金晶等，2017）、博物馆科技馆亲子活动的开发、博物馆科技馆学习单、科技馆实验类教育活动体系、科技馆拓展性科普教育活动的开发、科技馆基于展品的教育活动、科技场馆展教活动分众化的实践现状及改进策略（李无言和宋娴，2023）、多元传播目的互动展品设计、自然科学博物馆的科学教育活动案例研究等。

（4）展教效果及评估。如科技馆的运行评估（王美力等，2022）、常设展览科普的效果评估、科技馆的教育评估、博物馆科普活动的绩效评价、科技馆提升展教效果的传播学思考、博物馆的观众研究、科学传播与戏剧艺术结合研究、自然科学类博物馆展品信息的可达性定量评估、基于服务主导逻辑的科技馆观众满意度、公众感知科普志愿服务质量的影响因素及满意度、"以学习者为中心"科普教育方式的效果评估、个人意涵图在科学类博物馆评估中的运用、参观动机等。

（四）人才队伍研究

围绕科普场馆的人才队伍也有相关研究，但从发表的研究论文的数量来看，数量不多，所占体量较少，分别是科技博物馆专业人才队伍建设（朱幼文，2016），培养模式、评价制度、发展策略（刘渤和曹朋，2022）等，高校自然科学博物馆人才培养，科技辅导员职业发展，科技志愿服务发展，以及他国科普志愿者的建设经验等。

（五）国际比较研究

国际比较研究主要集中在两个方面，研究论文数量和所占体量也都较少。一是将我国科普场馆建设的理论和实践与他国科普场馆建设的理论和实践进行比较，如中英科技博物馆的实践与比较、中美博物馆的运行机制比较、中美六家科技类博物馆网站科学传播内容的分析、中美科普展览评估的比较研究、中美科技博物馆球幕影院的比较研究、国内外博物馆儿童教育的对比研究、科技馆教育活动的比较研究、国际视野中的博物馆合作模式等。二是介绍他国科普场馆建设的相关理论及实践经验，如国外科技馆建设、国外工业科普旅游、国际场馆学习（王丽娜等，2017）、美国科技博物馆及其科学教育、美国科技博物馆的资金来源、从人本主义学习论看博物馆的展览设计、美国科技类博物馆展览效果评估等。

四、研究的未来趋势

当前，如何将科普场馆建设成为现代文明城市的主要标志之一，还未破题；对于如何完善科普场馆布局、提升服务能力，学界和业界也没有可供指导与借鉴的解决方案。科普场馆建设研究应与经济、社会、文明的发展同步。随着我国经济社会及文明的发展，科普场馆如何更好地助力全面建成社会主义现代化强国、丰富人类文明新形态、实现中华民族伟大复兴，是一个意义重大的时代课题。

（一）加强场馆建设规划研究

科普场馆建设是一项综合系统工程，不仅是科普基础设施，也是社区居民的文化基础设施、教育基础设施，需要强大且科学的规划研究成果支撑。

一个区域、一个城市、一个建设科学合理的生活社区，需要配备什么样的科普场馆？它与经济社会、人口规模、社区环境等的关系是什么？它是可以全国标准化建设的科技馆，还是地方标准化或者精准化建设的科技馆？科技馆建设和运营的合理模式是什么？如何实现科技馆的规模、功能、效益最佳化？等等。科普场馆建设相关的标准体系大部分仍是空白的，科普场馆建设与经济、社会、文明发展是什么关系，与所在社区、经济社会组织及各利益相关方是什么关系，如何多元建设、社会化运营科普场馆，科普场馆的经济、社会效益如何衡量，场馆学习和学校教育如何最佳结合，科普场馆应为未来人的学习提供和能提供什么样的学习支持等，都是与科普场馆建设相关的研究难点议题，也是迫切需要研究来提供解决方案的议题。

（二）加强理论与实践创新研究

当前我国以科技馆为主的科普场馆建设所应用的相关学科理论和实践模式都是参照国外的。目前，已出现相关理论不能指导我国科普场馆建设实践的情况，存在理论研究与实践应用脱节的情况。随着我国经济社会的发展，科普场馆建设将逐渐进入一个新阶段——一个再没有外国理论和实践模式可参照的历史时期。一是国外的理论是从他们的实践中孕育出来的，二是国外的理论和实践模式已经长时间没有进行创新了。这就需要科普研究人员强化理论研究，基于"实践—理论—实践"和前瞻性、创新性、系统性进行思考，创新和发展出符合我国实际的理论范式与学科建设，包括场馆建设理论、展览策划理念、展览设计理论、展览教育理论、效果评估体系、标准体系、观众研究等，使其能切实指导我国科普场馆的相关建设实践。

信息技术、智能技术的发展将引发人类学习和教育的革命性变化，未来还应重点加强科普场馆如何为人类学习和教育革命提供有力支撑等相关研究，让科普场馆成为未来文明城市的主要标志之一。

（三）加强人才队伍建设研究

我国科普场馆建设的历史就是一部科普场馆人才短缺的历史，科普人才池从来就没有蓄满过，学界业界一直在反映专业人才队伍（含志愿者）短缺。随着新场馆越建越多，需要的人才规模也越来越大，类型越来越多样化，能力要求也越来越多元化。如何保障科普场馆所需的人才供给是一个有意义的时代问题，但好像对此感兴趣的研究者却不多，提出的可行的研究解决方案更少。这就需要科普研究人员在培养模式、供给方式、使用机制、能力配置等方面加强空白研究，了解哪些是科普人才的共性问题，哪些是科普场馆人才的特性问题，科普场馆应该需要什么样的专业人才，可以接收什么样的专业人才，能够培养什么样的专业人才等。只有把这些问题弄清楚搞明白了，才能切实找到科普场馆专业人才的供给保障规律，建设一支素质高、能力强、可持续的专业人才队伍。

第五节 科普监测评估

科普监测评估是一个系统性、持续性的过程，对科普实践发挥着价值引导作用。该议题的研究主旨是根据评估目的和相关理论模型（Stufflebeam et al., 2007），对科普实践及其保障体系的整体或部分要素进行科学、可行的调查评估方案设计，建立先进的评价理念、方法和标准，并通过执行规范化评估流程，呈现全面客观可信的发展状况、影响或成效等方面的评价结果，引导和促进科普效能提升。同时，开展科普监测评估有助于形成科学管理闭环，促进科普实践链条各环节的交流互通，充分发挥导向作用（任福君和翟杰全，2018），提升科普工作实效，推动科普事业发展（邵华胜和郑念，2023）。简而言之，科普监测评估是根据科普评估目的建立评估模型、设计评估方案、确立评价标准、执行规范流程以及得出评估结论的一系列理论研究和实践运作过程。

从研究对象来看，科普监测评估包括对科普相关"人"或"事"的评估，典型的科普监测评估包括公民科学素质调查评估、科普项目或活动评估等。从研究实施路线来看，科普监测评估通过科普统计（王挺和任定成，2024）、抽样调查、深度访谈等基础工作获取量化或质性数据，按照一定方法分析数据特点，科学客观地反映国家或区域的科普发展状况、各类人群的科学素质状况等，服务经济社会可持续发展。

一、研究意义

围绕"科普监测评估"议题开展科学研究十分重要和必要，具体体现在保障政策实施与目标实现、支撑政策制定与决策、促进实践策略优化与效果提升等方面。

（一）保障政策实施与目标实现

科普监测评估通常作为落实科普政策的保障条件或者实现科普发展目标的重要依据，在相关文件印发实施时，均有明确的相关描述。2021年，国务院印发的《全民科学素质行动规划纲要（2021—2035年）》中明确提出，"定期开展公民科学素质监测评估、科学素质建设能力监测评估"。同年，中央网络安全和信息化委员会印发《提升全民数字素养与技能行动纲要》，在保障措施中提出"定期开展全民数字素养与技能发展监测调查和评估评价，编制发布全民数字素养与技能发展水平报告，以评促建、以评促用，指导各地区各行业开展相关工作"。2022年，中共中央办公厅、国务院办公厅印发《关于新时代进一步加强科学技术普及工作的意见》，提出"加强科普规范化建设，完善科普工作标准和评估评价体系"。可见，开展科普监测评估是保障科普政策落实、确保发展目标实现的一项重要举措。

（二）支撑政策的制定与决策

对服务科学决策而言，开展科普监测评估可为制定科普政策提供翔实的数据支撑，也是决定政策修正、调整、继续或终止的重要依据。譬如，开展全国范围的公民科学素质监测评估，可以科学评价我国公民科学素质的发展现状，衡量公众对科学的理解认知程度，掌握公众科技信息的获取渠道，了解他们对科学的态度，进而分析影响科学素质提升的因素。以调查结果为参考依据的政策研判，增强了科学素质提升行动和重点工程等具体举措的科学性与针对性，从而有助于有效地配置科普资源。

（三）促进实践策略优化与效果提升

对服务科普实践而言，开展科普监测评估可以指导科普实践者优化科学传播策略和提升科普实效。譬如，开展科普媒介监测评估，要考虑不同的群体、内容和学习场景等变量，有针对性地选择传播载体和渠道，基于科学评价体系和翔实数据来检验传播效果。各地融媒体科学传播运营实践者可在研究结论的基础上，结合具体实际改进传播载体，实现传播策略的优化，进而提升科普信息的传播效果。

二、主要研究内容

如前所述，科普监测评估的客体可以是人或事。科普监测评估的目的是需要特别关注的因素。即便是相同研究对象，由于不同的科普监测评估目的，所构建的指标体系、采用的研究方案和技术路线也可能存在明显差异。该议题主要包括公民科学素质类监测评估、科普项目或活动类效果评估等。

（一）公民科学素质类监测评估

该研究方向以公民为监测评估对象，聚焦特质是以科学素质为代表的、公民适应时代发展所需的素养和技能。就素养内涵而言，人的综合素养和功能素养不断交织，共同推进实现人的全面发展。随着素养的概念不断演进，科学素质、数字素养、健康素养、环境素养、21世纪核心素养等产生了越来越多的重叠交叉维度。研究者清楚了解各类素质的发展脉络、学术共识和时代内涵是开展这一类型监测评估的基础。监测评估的具体人群通常包括成年人和未成年人，也可以按照《全民科学素质行动规划纲要（2021—2035年）》提升行动面向的重点人群或《中华人民共和国职业分类大典》的不同职业人群进行研究。

评价指标体系构成及其权重是监测评估研究的核心内容。研究者立足监测评估目标，结合具体的人群特点，采用科学方法加以确定。比如，公民科学素质调查的对象是18～69岁公民，重点考查公民分析判断事物和解决问题的能力，其评价指标随着时代发展不断迭代，涵盖科学思想和科学精神、科学知识、科学方法、复杂问题解决等维度。公民数字素养与技能调查评估主要考查公民的数字化适应力、胜任力和创造力，其发展目标是2025年达到发达国家水平，其评价指标体系的研究应立足国情、对比国际、面向未来。在指标体系的建立过程中，通常采用的典型方法包括德尔菲法、层次分析法、主成分分析法等，研究者可依据实际情况综合运用，以明确评价指标体系的结构。

科学合理的监测评估方案是获得充分、可信数据的重要保障，也是获得新发现、总结新观点的前提。上述评价指标体系的构建及其权重也是监测评估方案的重要组成。除此之外，监测评估方案还应考虑调查评估的数据来源渠道、调查问卷等调查工具的研制、数据分析处理方法和结果呈现方式等方面。研究者可以基于前期研究者所完成的相关工作，进一步改进方法或者采用创新方法，以获得可靠的分析结论，支持实际工作的高质量开展。在公民科学素养类监测评估方面，采取的抽样问卷调查法是经典方法。研制具有高信效度的调查问卷工具，并通过代表性高质量样本数据的获取和合理的人群结构加权，实现对总体公民科学素质发展水平的科学测度。

（二）科普项目或活动类效果评估

科普项目评估是对科普项目的必要性、可行性、组织实施过程、影响和效果等进行的评价，以提升科普项目的管理效率，实现改进提高。科普活动通常是科普项目的核心或重要组成部分，可以作为整体的一部分或独立的个体进行评估，着重关注科普的效果体现方面。科普项目评估通常分为项目实施前的可行性评估、实施过程中的形成性评估和完成后的总结性评估（郑念，2020）。根据项目评估者的代表立场和发挥的作用，也可将项目评估分为自评估、第三方评估和参与式评估（郑念和张平淡，2008）。各类型评估特点鲜明，但在评估方法和技术路线上存在一定的差异。

通常需要开展评估的科普项目有科普展览类项目、科普媒体类项目、群众性科普活动类项目等。通过建立评价指标体系和设计对应指标值获取方式，对项目的不同参与方开展调查，充分考虑各方立场，评价项目过程管理的科学性及对提升公民科学素质的实效性，为后续改进活动策划和提升实施效果提供建设性意见。

科普项目或活动的效果评估包括对受众、科普工作者产生的影响，具体表现在对受众在知识、态度、行为等方面产生的影响（张志敏和任福君，2012），以及组织者和服务者参与科普工作的责任感、获得感和满意度等。国外对大型科普类活动的评估有德国的"爱因斯坦年评估"（马尔库斯·加布里尔和托马斯·夸斯特，2008），我国开展了全国科普日、全国科技活动周等大型活动评估典型研究。

三、主要研究进展

以下聚焦中国公民科学素质抽样调查、全民数字素养与技能评价、全国科普日等大型科普活动评估来阐述的主要研究进展，兼顾分析贯穿其中的监测评估研究方法和技术路线。

（一）中国公民科学素质抽样调查研究进展

公民科学素质调查起源于英美国家，迄今已有50余年，共有40多个国家和地区先后开展调查。中国公民科学素质调查开始于1992年，已走过30多年的风雨历程，调查指标体系构建、调查工具研发、数据分析计算等理论建构和测评方法等逐步走向成熟。2022年完成的第十二次中国公民科学素质抽样调查是进入"十四五"时期以来开展的首次大规模科学素质调查，采用优化完善后的新时代公民科学素质测评指标，通过线下入户与线上网络样本推送相结合的方式采集数据，系统监测我国公民科学素质发展状况（高宏斌等，2023），调查结果首次被纳入了《国民经济和社会发展统计公报》（国家统计局，2023）。

第十二次中国公民科学素质抽样调查在测评工具和测评方法方面向前迈出了一大步，开发了针对全民，以及青年学生、农民、产业工人、老年人、领导干部和公务员五类重点人群的情境题，并进行结构化组卷；测评方法采用项目反应理论（item response theory，IRT）来计算不同问卷组合的等值得分，实现全民及各类人群科学素质水平的等效评价，这就提高了测评的信度和效度。从中国公民科学素质抽样调查结果来看，调查组仍然采用公民具备科学素质的比例（百分比）来表征国家或区域的公民科学素质水平。

公民科学素质调查的主要结论从总体发展情况、区域特征、性别差异、随年龄和受教育程度的变化趋势等角度进行分析和总结。基于第十二次中国公民科学素质抽样调查的数据分析发现，我国公民的科学素质水平持续快速提升；从区域来看，我国超过2/3的省（自治区、直辖市）的公民科学素质水平超过10%，标志着我国公民科学素质整体跃升，科技创新人力资源基础进一步夯实扩大；珠三角、长三角、京津冀三大区域的公民科学素质水平呈现"领跑"态势，东部、中部、西部地区的公民科学素质水平呈梯次递减，中部、西部地区的公民科学素质发展不平衡情况有所缓解。从不同人群来看，男性科学素质水平相对较高，女性科学素质提升相对较快，男女性别差首次缩小；公民的科学素质水平呈现随年龄增加而降低的态势；公民科学素质水平随受教育程度的提高呈陡升式阶梯分布。总体来说，上述研究结论将公民科学素质现状与以往历次的调查结果进行了比较，突出了公民科学素质的变化特征和发展趋势，为靶向施策提供了参考依据。

此外，基于中国公民科学素质调查的样本的背景信息，研究者可以开展农民（汤溥泓等，2023）、产业工人（苏虹等，2023）、领导干部与公务员（任磊等，2023）、老年人（黄乐乐等，2023）等群体科学素质水平的分类分析，描述各自科学素质发展的现状和特征，明确优势与短板，提出合理化的提升建议。严格来说，具体人群的分类是在全国大规模总体调查基础上的后分类，没有独立的抽样调查框，分析结果对各类人群科学素质状况的发展规律和趋势具有重要参考价值，但其科学素质水平的数值在精准度上具有一定的局限性。

（二）全民数字素养与技能评价研究进展

公民数字素养被视作当代公民核心素养的重要组成，从20世纪90年代的学者研究对象，发展到 21 世纪初陆续成为国家或组织的战略愿景，对国家、社会和公民个体的重要性不言而喻。开展全民数字素养与技能评价研究，首先要明确概念内涵。当前研究分析发现，随着概念不断演进，虽然相关概念的名称存在差异化，但其内涵逐渐趋于统一。常见的数字素养、数字技能（digital skills）、数字能力（digital competence）作为大概念出现时，均指向包含知识、技能和态度的数字化综合能力。对比分析欧盟，联合国教育、科学及文化组织（United Nations Educational, Scientific and Cultural Organization, UNESCO），经济合作与发展组织（Organization for Economic Cooperation and Development, OECD）等有影响力的机构组织提出的公民数字素养框架，其能力域范畴基本相同并趋于稳定，这为开展立足国情、对比国际的数字素养与技能评价研究奠定了良好的基础。同时也有学者认为，数字素养与技能是科学素质时代化的突出表现和鲜明表达，围绕人的各类型素养内涵呈现融合发展的态势。

明确指标的数据口径是开展调查评价、数据比较的前提。UNESCO《2030 年可持续发展议程》中的可持续发展目标 4（SDG 4）对数字素养技能的调查统计口径是"'达到至少最低水平'数字素养技能的青年或成人的比例"（UNESCO《全球教育监测报告》小组，2024）。"全球数字素养框架"及其评价建议文件指出，不同国情对于数字素养的需求差异性较大，"最低水平"的数字素养技能范畴尚未达成共识。欧盟在相关文件中提出了具体的数字技能指标（digital skills indicator, DSI）发展目标，2025 年"至少具备基本数字技能"的欧盟成人比例为 70%，2030 年的目标是 80%。该指标依据目标公众近 3 个月内是否参与相应的数字活动来测度，数字活动范围包含欧盟公民数字能力框架 2.0（Digital Competence Framework 2.0，DigComp 2.0）5 个维度的 30 项活动（The European Commission，2022）。

我国学者构建了由数字认知（digital awareness）、数字技能（digital skills）和数字思维（digital mindset）组成的三位一体的 DASM 全民数字素养与技能发展评价模型（胡俊平等，2023）。数字认知强调公民对数字科技和数字社会认知的并重；数字技能厘清了全民数字素养与技能的基础技能和应用技能；数字思维贯穿辩证思维、底线思维和法治思维等科学思维，包括数字价值、数字意愿等数字赋能发展的立场和观点，也包括计算思维等计算机科学思想方法，以及数字责任等。DASM 模型的内在逻辑是：数字认知是能力基础，数字技能是应用表现，数字思维是行为指引。研究还采用德尔菲法两轮征询专家意见，确定一级评价指标权重，数字认知、数字技能、数字思维的平均权重分别为 25%、50%、

25%；迭代形成了包括 3 个一级指标、6 个二级指标和 16 个三级指标的评价指标体系，通过研制适用于中国数字应用场景的测评工具，可实现对全国大规模人群的数字素养与技能调查评估。2023 年下半年，中央网络安全和信息化委员化办公室和中国科学技术协会开展了基于上述体系的首次全国范围的调查评估。调查显示，我国六成以上公民具备初级及以上数字素养与技能（中华人民共和国中央人民政府，2024a）。

中国互联网络信息中心 2024 年发布的《第 53 次中国互联网络发展状况统计报告》，对网民的数字素养与技能发展状况首次分节独立呈现。该报告对各类数字技能按照初级技能和中高级技能进行区分，得到了可供参考的调查统计结果。各类调查结果在统计口径一致的情况下，可进行相互印证和对比，开展深层次分析，以得到更为立体、全面、精准的分析结果。

近年，教育部制定了《义务教育信息科技课程标准（2022 年版）》《普通高中信息技术课程标准（2017 年版 2020 年修订）》，为开展处于义务教育阶段或高中教育阶段学生的数字素养与技能监测评估提供了参考依据。我国学者构建了学生信息素养评价体系，包含学生信息素养的评价标准、评价模式与方法、评价技术与工具（吴砥等，2020），开展了面向中小学生的评价实践，提出了有针对性的提升策略和发展路径。此外，对于教师群体，教育部于 2022 年发布了《〈教师数字素养〉教育行业标准》，提出了教师数字素养框架，规定了数字化意识、数字技术知识与技能等 5 个维度的要求，适用于教师数字素养的培训与评价。

（三）全国科普日等大型科普活动评估研究进展

我国学者基于评估理论和长期对全国科普日、全国科技活动周等典型科普活动效果的评估实践，架构了大型科普活动效果评估的基本框架，重点讨论评估指标、评估角度、评估方法等问题（张志敏和郑念，2013）。研究者在指标构建中充分考虑了科普活动的社会性、公益性和教育性，注重公众的主体地位、公众认可程度和科普活动对社会公众的惠及能力与效果等。评估框架的一级指标分别是策划与设计、宣传与知晓、组织与实施、影响与效果，涵盖大型科普活动初期的策划、中期的宣传、后期的组织实施和影响效果。同时，评估还强调采用多元评估视角，如从公众、组织与服务者、专家、宣传者等角度综合多维评价科普活动的效果（任福君等，2018），这使得评价更为立体和全面，提出的对策建议更具针对性。比如，从组织及服务者角度对大型科普活动进行评价，在同一级指标下构建视角独特的二级指标，调查了解组织和服务者的素质能力自评、公众参与科普的印象、工作需求和收获、意见建议等（胡俊平，2013），从而支撑整体评价结论。

四、研究的未来趋势

下面从内容和结果呈现的时代化、方法工具的智能化两个方面展望"科普监测评估"议题未来的研究方向和发展趋势。

（一）科普监测评估内容和结果呈现的时代化

1. 科普监测评估内容的时代化

随着数字时代的到来，数字技术在日常实际生活中加剧渗透，传统物理世界科学学习内容和方式为适应数字时代的到来而不断演变。数字世界成为人们学习、工作和生活不可或缺的组成部分，数字世界中学习内容的革新重新定义了科学素质的内涵。换言之，科学素质内涵将不断发生时代化的拓展，其监测评估内容框架将如影随形。

2. 科普监测评估结果呈现的时代化

采用分级评价的方法来展示监测评估结果是当前大型调查项目的普遍做法。分级评价的优势在于对评估对象的能力描述更加精准，便于分类研究提升能力的策略。因此，我国公民科学素质类监测评估在继续采用单一判定标准以保持历史数据的可比性之外，还将开拓分级评价的方法，助力发现新现象、新特征，从而支撑更有针对性的提升措施，加强对科学素质建设等工作的指导性。

（二）科普监测评估方法工具的智能化

随着人工智能、大数据、虚拟现实等智能技术的发展，基于计算机的交互式测评、游戏化测评等创新测评方式成为科学素质监测评估的重要形式。基于智能技术的计算机化测评，包括增强现实、虚拟现实等测试手段和技术的应用是科学素质类测评发展的重要趋势。科学素质的测评形式从纸笔任务，到表现任务，现已发展到计算机交互式任务，包括基于课堂的嵌入式评价、基于情景的交互式测评、基于严肃游戏的测评等多种形式。计算机交互式任务能够通过数字环境中的选择、点击、拖拽等交互行为，模拟真实的科学探究任务，在完成任务的过程中收集被测试者的表现，推断被测试者的科学素质。同时，智能化评估工具的发展，还促进了科普监测评估内容向纵深拓展。

第六节 内 容 创 作

顾名思义，科普创作是指以科普为目的的创作活动。它涉及将科学知识、理论、技术和研究成果等转化为易于理解、接受和传播的内容形式，如文章、书籍、视频、讲座、展览、动漫、游戏等，以使公众能够了解、学习和应用这些科学内容，达到普及科学知识、弘扬科学精神、传播科学思想、倡导科学方法的目的。科普创作一直被认为是科普的"源头活水"，尤其是在"内容为王"的新时代，科普创作既是科普高质量发展的重要基础，也是提高公众科学素养的重要途径，成为推动社会主义文化繁荣的重要力量。

鉴于科普创作的重要性，科普创作研究一直是科普研究的重点领域。当前，伴随科学技术的飞速发展和人工智能等信息技术对人类社会广泛而深刻的影响，科普进入一个全新的时代，科普内容创作呈现出更多新的变化与特征，科普创作研究也展现出新的热点与趋势。这些研究有助于广大科普工作者，尤其是科普创作者更加深刻和全面地认识科普创作的现状，并将其转化为未来科普创作的基石，同时也为广大科技工作者、公众和科普工作推动者、组织者提供有益的借鉴与参考。

一、研究意义

（一）为繁荣科普创作提供有力支撑

科普创作研究的核心是对科普创作者队伍、科普创作规律的不断探索和认识，对科普创作经验的总结，对科普作品及其载体的特点、规律及发展等开展的研究，为科普创作人才培养、科普创作质量提升、科普作品多元化繁荣发展提供着重要的理论指导和实践价值。

科普创作研究为科普创作质量的提升提供理论指导，并进一步地深化科普理论与实践。科普创作研究通过研究科普创作的理念、原则、方法，以及不同学科、类型、对象和阶段的创作特点、技巧与规律，从理论层面揭示规律、总结经验，从而为科普创作实践提供理论指导，提高科普创作质量。同时，通过科普创作的研究，科普创作者可以更加深入地理解科普工作的特点、本质和规律，通过提升科普作品的吸引力和影响力等来探索更有效的科普方法与策略，从而进一步丰富和深化科普理论与实践。

科普创作研究为科普创作者创作能力的提升提供支撑，并进一步地促进科普创作人才的成长。科普创作研究基于科普创作规律及经验等的研究成果可为各个领域的科普创作者提供创作上的指导与借鉴，为科普创作相关培训提供内容供给，帮助科普创作者不断提升科普创作能力。同时，通过研究科普创作的最新趋势和受众需求等，帮助科普创作者创作出更具时代性、针对性的作品；通过研究科普创作者的整体现状及相关诉求等，帮助科普创作者构建更适合科普创作的良好环境，促进科普创作人才的涌现。随着当前越来越多的科技工作者涉足科普创作领域，针对科研与科普有效融合、科技成果科普转化等的相关研究，可以助力更多科技工作者成为科普创作者，不断拓展和壮大科普创作人才队伍。

（二）从供给侧为高质量科普提供不竭动力

《全民科学素质行动规划纲要（2021—2035年）》指出，要"深化供给侧改革……突出价值导向，创新组织动员机制……推动科普内容、形式和手段等创新提升，提高科普的知识含量，满足全社会对高质量科普的需求"。围绕深化科普供给侧结构性改革，科普创作研究通过推动科普创作的繁荣发展来促进科普的高质量发展，因而具有更广泛意义上的价值。

首先，高质量科普内容供给，"提高科普的知识含量"。科普创作研究的核心要义首先是提高科普创作的质量，有效地促进面向人民生命健康、科技前沿等公众感兴趣的不同领域的科普创作繁荣，助力科普动漫、短视频、游戏、影视剧等深受公众喜爱的不同形式的科普作品产出，从而满足公众在科普内容及形式创新等方面的需求。

其次，高质量科普创作人才供给，"创新组织动员机制"。高质量科普创作人才供给的一个重要方面是以科技工作者为核心的科普创作人才供给扩展和组织动员。科普创作研究推动建立了科研人员参与科普创作的组织动员机制及相应的激励机制、社会环境和服务平台等（陈玲和李红林，2018），以我国拥有的世界上最大规模的科技人力资源为基础，调动一小部分对科普创作感兴趣的科技工作者投入科普创作，让更多"作为科学普及的源头和'发球手'的科研人员"投身科普创作，从而促进我国科普创作人力资源的大幅度提升（李红林，2018a）。

最后，高质量社会环境供给，助力营造崇尚科学、追求创新的良好社会风气。习近平总书记在中共中央政治局第三次集体学习时强调，要加强国家科普能力建设，深入实施全民科学素质提升行动，线上线下多渠道传播科学知识、展示科技成就，树立热爱科学、崇尚科学的社会风尚（中华人民共和国中央人民政府，2023）。习近平总书记在全国科技大会、国家科学技术奖励大会、两院院士大会上用"八个坚持"系统总结了新时代科技事业发展的重要经验。其中第七个坚持是坚持培育创新文化，传承中华优秀传统文化的创新基因，营造鼓励探索、宽容失败的良好环境，使崇尚科学、追求创新在全社会蔚然成风（中华人民共和国中央人民政府，2024b）。科普创作研究推动科普创作在弘扬科学价值观、科学精神、科学家精神、培育创新文化等方面的作用发挥，具有积极的现实意义。

二、主要研究内容和进展

科普创作研究具体涉及以下几个核心层面：①科普内容的创作者，即科普创作者；②科普内容的创作过程，包括科普创作的理念、原则、方法、技巧，以及科普创作的特点、规律、趋势和读者反馈等；③科普创作的产品，即科普作品，按照典型的分类形式，包括科普文章、图书、美术作品、讲座、音频/视频、游戏等；④影响科普创作发展的外部环境，如政策环境、市场环境、科普创作与科技创新、文学文艺及相关产业发展等的关系等诸多方面。

有研究指出，2000~2016年，我国科普创作的研究热点主要集中于具有代表性的科普图书和作品研究、学科科普创作研究、科普创作方法与规律研究、对著名科普作家的研究、科普作品的出版与传播研究以及科普创作人才的研究等方面。2016年至今，科普创作研究呈现一些新趋势，公民科学素质语境下的科普创作研究、少儿科普图书研究、新媒体尤其是科普短视频科普创作内容研究、健康科普的科普创作研究等成为新的热点（鞠思婷等，2016；鞠思婷，2018，2021）。总体来看，这些研究热点及新趋势也都在上述四个层面之内，以下分别就其研究现状与进展展开论述。

（一）关于科普创作者的研究

"谁是科普创作者"，这是科普创作研究首先关注的问题。围绕这一议题的研究在当前已形成了较普遍的共识（李红林，2021b），即从早期的以科普作家、科学记者等为主的群体，到当前越来越多的科技工作者、教育工作者加入其中，科普创作者群体越来越呈现多元化、专业化的特点。在新媒体时代更是涌现了更多新的群体，如一些具有专业知识且热情的科普爱好者、新媒体运营者、创意写作者等，他们以不同的形式和渠道为公众提供着丰富多样的科普内容。

科普创作者的相关研究，主要集中于两个方面。一是关于知名科普科幻作家及其作品的研究，如对高士其（陈晓红，2022；刘树勇和张文秀，2009）、郑文光（徐刚，2019）、王晋康（司宇辰，2020；赵海虹，2013）、刘慈欣（李广益，2017；刘珍珍，2019；吴岩和方晓庆，2006）等科普/科幻作家的科普/科幻思想、创作思想及其作品的理念、特色及技巧等的分析研究。这类研究多采用文本分析法、内容分析法和访谈法等开展。二是聚焦于发掘和培养更多科普创作者，以壮大科普创作人才队伍，并加强科普创作者能力提升的研究。一方面，以卞毓麟（2017）提出的"元科普"理念为核心，倡导科学家和广大科技工作者开展科普创作的相关研究。譬如，调研科研人员参与科普创作的现状及需求并提出相关建议（陈玲和李红林，2018），这类研究通常以调查问卷和重点访谈的方式进行。另一方面，关注科普创作人才培养的相关研究，这些研究大多基于实践展开，比较典型的成果是《中国科普创作发展研究 2021》。该研究聚焦科普创作人才队伍建设，结合具有特色的实践案例，总结可借鉴、可操作的经验与成功做法，探讨科普创作人才的成长规律（陈玲和张志敏，2021）。也有学者基于科普科幻青年人才培养项目、科普创作培训等提出与科普创作人才培养相关的意见和建议（邹贞等，2021；余子真等，2014）。另有结合新时代科普作家人才培养应具备的素质及其培养的相关探讨（葛红兵和赵天琥，2022）、女性科普创作者群体的研究（张洋和郭霞，2024）等。

（二）关于科普创作过程的研究

科普创作是一项创造性劳动，科普作家的创作劳动产生了科普作品，从而实现科学普及的目的。针对科普创作这项劳动过程的研究，涉及相关的原则、步骤、方法、技巧、手段、规律等，这部分研究一直是科普创作研究的核心，且已经取得了令人振奋的进展。

我国最早的相关研究著作是 1983 年出版的《科普创作概论》，其中专列一章论述了科普创作的过程与方法，该书也被称为中国最早的科普创作指南。之后陆续有《科普创作通论》（2007 年）、《科普创作通览》（2015 年）、《科普写作技法》（2016 年）、《科普创作概论》（2020 年）、《愿景与门道：40 位科普人的心语》（2023 年）等图书对科普创作的原则、过程与技法，各类科普作品的创作、各类学科领域或主题的创作等进行了系统性阐释。同时，科普创作者积极引进国外科学写作经验，如由中国科普研究所策划译介的"科技工作者科学传播译丛"

之《科学随笔写作指南：如何写好科学故事》（2020年）、《科学写作指南》（2021年）、《科学作家手册：数字时代选题、出版和成功必修指南》（2022年）等专门译介国外科学写作的实践经验。这些基于实践的总结、思考及建议，为科普创作者如何开展科普创作提供了百科全书式的指南。

大量的研究论文也围绕科普创作方法、技巧、规律等展开，其研究进程体现出新的变化和内容的扩展。概括而言，包括：①不同学科领域或主题的科普创作研究，其中尤以医学健康、气象地震等领域为重点（刘友良，2014；王少雄和梁家年，2020；李霞和杨芳，2022），生态、基础科学及前沿技术等领域的科普创作过程研究也日渐凸显（姚利芬和陈玲，2022）；②不同创作形式的科普创作研究，其中科普图书创作一直是研究重点（马俊改等，2017；范春萍，2013；吕晓媛，2009），伴随新媒体环境下科普形式的变化和发展，相应的研究也快速兴起，尤其是关于科普动漫、科普短视频创作的研究（王汝杰，2019；李露娟，2020；刘思晴，2022；徐珺恺等，2023），科普脱口秀作为一种新兴的科普创作方式也受到了关注（张明会等，2024）；③面向不同受众对象的科普创作研究，其中面向青少年群体的科普创作是重点，如少儿科普图书、儿童科普绘本的创作（吴欣欣，2020）等，其他面向农民、领导干部等群体的研究也有所涉及。

（三）关于科普作品的研究

科普作品是科普创作者根据一定的观点和社会上的客观需要，从大量的科学素材中选取一定的材料，经过提炼加工后创作出来的作品（章道义等，1983）。科普作品的分类形式多样，按照作品的载体形式（传播媒介）可分为：文字作品，如科普文章、图书、期刊等；声音作品，如科学广播及录音讲话等；形象作品，如科普美术作品、科普图说作品等；综合类作品，如科普影视、科普短视频等。另有按学科、对象及体裁等多种分类形式进行的分类，如按体裁分类可分为讲述体、文艺体、新闻体、辞书体等。各种分类形式还可进一步细分乃至互相交叉。科普作品因科普内容、对象及形式等的多样化而呈现多种多样之态。

科普作品的研究，除科普创作过程的研究中针对不同科普作品形式的创作技巧、规律等的方法研究之外，聚焦科普作品本身的研究，主要有科普作品创作特点研究、科普作品的评论研究以及各类科普作品创作的发展研究。这些研究多采用文本分析法、内容分析法、计量学方法等展开。

关于科普作品创作特点的研究大多基于知名科普/科幻作家或者知名科普/科幻作品的研究展开（宗棕和刘兵，2012；陈晓红，2014；张志敏，2018；曹勇军，2020；孟凡刚和钟琦，2023）。目前的相关研究多聚焦于高士其等的科普作品，王晋康、刘慈欣等的科幻作品（马俊锋和王彦勋，2022）。另外，这方面的研究常与科普创作者的研究相结合（汤哲声，2016）。当然，这与作品体现创作者的思想和理念的特点是密不可分的。

科普创作的高质量发展离不开正确的评论引导，科普创作评论对引导创作方向、推出精品力作、提高审美品位等具有积极意义。因此，科普作品的评论研究也是这一方向的重点。作为聚焦科普创作评论性学术探讨的刊物，《科普创作评论》汇聚了这方面的研究成果，也集中体现了其特点与进展。综合《科普创作评论》2021～2023年发表文章的主题来看，关于科幻作品（科幻小说、科幻电影等）、王晋康（科幻名家的作品及创作理念分析）、科普图书、短视频、医学科普创作等的评论研究是主要的研究议题，如图4-1所示。

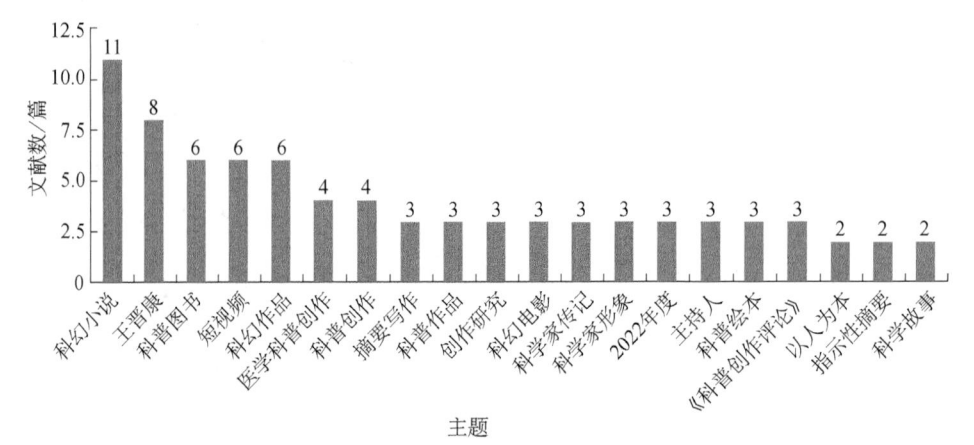

图4-1 《科普创作评论》2021～2023年发表文章的主题分布情况

此外，针对优秀科普作品开展创作者视角和读者视角的评述也是一个重点研究方向。自2011年开始，中国科普研究所团队以"中国科普作家协会优秀科普作品奖"获奖图书为核心，开展了持续性的评介研究，迄今已出版6部评介图书。该系列图书通过精心组织策划，推出了一批创作者和读者视角的讲述、诠释与评论，总结了科普创作、编辑与评论之道，为优秀科普作品的创作及阅读提供了有益借鉴。

各类科普作品的发展研究体现了一种历史视角，大多是期望概貌式地掌握某类科普作品创作的整体情况。《中国科普创作发展研究2018》一书以2016～2017年两年为时间跨度,研究了中国科普创作的现状。按照体裁研究了科学文艺作品——科幻创作、科学童话创作、科学诗创作、科普美术创作、科普特种电影创作等的发展情况;按照作品载体形式研究了科普图书、新媒体科普创作的发展情况。"科普图书出版情况报告"系列图书则以年为跨度,集中反映了我国科普图书的整体情况(高宏斌等,2019;张志敏等,2022,2024)。相关研究文章也有针对儿童绘本、动漫作品创作的现状研究等(邹莹,2022;崔磊和刘伟娜,2014;郭晶,2010)。

(四)关于科普创作外部环境的研究

科普创作的繁荣发展离不开有效的政策激励和外部环境。《全民科学素质行动规划纲要(2021—2035年)》提出"实施繁荣科普创作资助计划",《关于新时代进一步加强科学技术普及工作的意见》提出要"加强科普作品创作",这些为当前及未来一段时间内的科普创作繁荣发展提供了政策保障。国家科学技术进步奖、科学技术部全国优秀科普图书作品推荐以及北京市、上海市等政府科学技术奖等对科普创作成果的表彰奖励,中国科普作家协会优秀科普作品奖、吴大猷科学普及著作奖等社会力量所设奖项,都为科普创作的繁荣发展营造了良好的社会激励环境。

围绕科普创作外部环境的相关研究也多涉及政策和奖项两个方面。《中国科普创作发展研究2018》中有两个专门章节探讨了中国科普创作政策和中国科普创作奖项与赛事。相关的研究论文则多以典型的科普创作奖项为例,探讨科普创作奖项对科普创作发展的意义与启示,包括对英国皇家学会科学图书奖的研究、对梁希科普奖获奖作品的研究等,且都形成了一个基本共识——科普奖励是推动科普创作的重要手段之一。为适应时代发展新形势,建议加强对科普创作奖励的投入。同时,相关研究指出,无论是政策环境还是激励措施,其核心都是在激发、引导和促进科普创作者创作出更多更好的作品,围绕这个问题还可进一步关注如何精细化、有针对性地有所作为(曾怀锦和任安波,2023;陈玲和金梦瑶,2023;李平等,2024;李红林,2018b)。

三、研究的未来趋势

《全民科学素质行动规划纲要(2021—2035年)》和《关于新时代进一步加强科学技术普及工作的意见》都对科普创作提出了具体要求,包括"支持面向世界科技前沿、面向经济主战场、面向国家重大需求、面向人民生命健康等重大题材开展科普创作。大力开发动漫、短视频、游戏等多种形式科普作品。扶持科普创作人才成长，培养科普创作领军人物""依托现有科研、教育、文化等力量，实施科普精品工程，聚焦'四个面向'创作一批优秀科普作品，培育高水平科普创作中心。鼓励科技工作者与文学、艺术、教育、传媒工作者等加强交流，多形式开展科普创作。运用新技术手段，丰富科普作品形态。支持科普展品研发和科幻作品创作。加大对优秀科普作品的推广力度"等。这些对科普创作者、科普创作内容、科普创作形式及推广等进行了规划，也为未来科普创作的繁荣发展提供了指导和方向。科普创作研究也将围绕这些方面进一步展开。

随着科普进入新的时代，科普创作也面临需要不断适应新形势、新场景、新机制和新手段的挑战，其中包括：科普创作在科技成果科普转化方面的价值体现，对组织化的科普创作活动的预期和新技术手段在科普创作中的应用等（吴家睿，2023）。对此，未来一段时间内，科普创作的广度（不论是创作者还是科普作品的面向对象）和科普创作的深度（对科学技术知识的普及和对科学精神的弘扬，对科技创新、科技成果转化的促进，对新理论、新技术或新学科的"硬科普"或"高端科普"创作）都会持续扩展，而这些也将是未来科普创作研究的内容和方向之一。

尤其值得一提的是，新兴科学技术手段在科普创作中应用的相关研究，将是一个重点方向。当前，计算机图形学（computer graphics，CG）、三维（3D）建模、裸眼 3D 显示和虚拟现实、增强现实等技术都已经应用于科普内容创作之中。同时，ChatGPT、"天空"（Sora）等的横空出世让人工智能大模型在科普内容生产和传播中的应用得到了快速发展，这些都将深刻地影响科普创作的未来。当前，已有科普创作者开始使用生成式人工智能进行科普创作（杨文志和包明明，2024），也有研究者对此展开了探讨（黄高乐，2024）。随着新技术手段在科普创作领域应用的不断深化，这方面的研究将会成为热点，相关的知识产权问题、科学伦理和社会责任，以及如何引导公众理性看待科技发展所带来的挑战和机遇等都将是题中之义。

未来的科普创作将进入多元化、互动性、技术驱动和与社会紧密相连的新时代，内容质量和原创性的挑战将持续存在，提高公众科学素养、促进科学与社会之间的理解和对话是科普创作的核心要义，科普创作研究也将紧随其势，不断拓展。

本章参考文献

卞毓麟. 1993. 科学普及太重要了，不能单由科普作家来担当. 科学，45（2）：4-7.

卞毓麟. 2017. 期待我国的"元科普"力作. 科普创作，（2）：32-36.

曹勇军. 2020. 卞毓麟天文科普作品的特征及其教育价值发微——《星星离我们有多远》文本细读和思考札记. 科普创作，（4）：15-22.

常静，刘立. 2011. 科普政策议程设置的多源流模型分析——以《中华人民共和国科学技术普及法》为例. 河池学院学报，31（4）：9-14，17.

陈玲，金梦瑶. 2023. 价值、特征、镜鉴：英美科普图书奖项刍议. 科普创作评论，3（4）：88-96.

陈玲，李红林. 2018. 科研人员参与科普创作情况调查研究. 科普研究，（3）：49-54，63，108.

陈玲，张志敏. 2021. 中国科普创作发展研究2021. 北京：科学出版社.

陈维超，周楊羚. 2023. 我国科普期刊抖音短视频传播效果影响因素实证研究——以中国优秀科普期刊为例. 中国科技期刊研究，34（12）：1616-1622.

陈晓红. 2014. 高士其作品的雅俗共赏问题研究. 名作欣赏，（32）：114-115，121.

陈晓红. 2022. 高士其"把科学交给人民"科普思想研究. 科普研究，17（6）：90-98.

程东红. 2007. 关于科学素质概念的几点讨论. 科普研究，（3）：7-12.

程东红. 2014. 中国现代科技馆体系研究. 北京：中国科学技术出版社.

崔建平. 2012a. 新时期我国科普工作繁荣发展跃上新台阶（二）——记《科普法》颁布10年来科普工作的发展变化. 科协论坛，27（2）：10-11.

崔建平. 2012b. 新时期我国科普工作繁荣发展跃上新台阶（一）——记《科普法》颁布10年来科普工作的发展变化. 科协论坛，27（1）：4-6.

崔磊，刘伟娜. 2014. 防震减灾动漫科普作品创作现状分析. 城市与减灾，（4）：15-17.

崔亚娟. 2023. 融媒体视域下科普视频的跨媒介叙事研究. 科普研究，18（6）：14-23，94-95.

丁邦平. 2002. 国际科学教育导论. 太原：山西教育出版社.

杜志刚，孙钰. 2014. 面向公众的科学传播研究：一个综述. 中国科技论坛，（3）：118-123.

樊洪业. 2004-01-09. 解读"传统科普". 科学时报，3版.

范春萍. 2013. 关于科普图书策划和创作中科普思路的思考. 科普研究，8（2）：66-72.

方慧玲，青青，沈甸. 2020. 我国馆校结合领域研究热点及发展趋势——基于共词分析法的可视化研究. 自然科学博物馆研究，5（3）：5-16，99.

冯胜军. 2022. 科普新闻的融媒体实践创新——以《大国工匠朱恒银：向地球深部进军》为例.

传媒，（14）：64-66.

冯雅峦，张礼建. 2011. 试析建国以来我国地方性科普政策演化特征. 价值工程，（11）：324-325.

高宏斌，马俊锋，曹金. 2019. 科普图书出版与销售统计报告2018. 北京：科学出版社.

高宏斌，任磊，李秀菊，等. 2023. 我国公民科学素质的现状与发展对策——基于第十二次中国公民科学素质抽样调查的实证研究. 科普研究，18（3）：5-14，22.

葛红兵，赵天琥. 2022. 科普作家的硬科学基因与创意写作素养. 科普创作评论，2（2）：31-38.

郭凤林，高宏斌. 2020. 科学素质概念的发展理路与实践形态. 中国科技论坛，（3）：174-180.

郭慧，詹正茂. 2008. 科学家参与科普创作现状调查和分析//中国科普研究所. 中国科普理论与实践探索——2008《全民科学素质行动计划纲要》论坛暨第十五届全国科普理论研讨会文集. 北京：科学普及出版社：179-185.

郭晶. 2010. 我国科普动漫作品创作现状研究. 科普创作通讯，（2）：22-24.

国家统计局. 2023. 中华人民共和国2022年国民经济和社会发展统计公报. https://www.gov.cn/xinwen/2023-02/28/content_5743623.htm?eqid=d68f92c90001154a0000000364633663 [2024-05-01].

何苗. 2006. 美英德日印丹麦等六国科普政策比较. 教育，（9）：58-60.

胡兵，彭伊婷. 2023. 科普三十年：从重大科普政策看我国科普理念与引领能力的提升. 科技传播，15（1）：1-6.

胡卉，敖妮花，崔林蔚，等. 2023. 科学家参与科普的实践模式研究. 科普研究，18（5）：22-30，112.

胡俊平. 2013. 大型科普活动组织及服务者评估研究——以2012北京科学嘉年华参与机构调查评估为例. 高等建筑教育，22（2）：143-146.

胡俊平. 2021. 产业工人科学素质提升的挑战与对策. 科普研究，16（4）：63-68.

胡俊平，曹金，董容容，等. 2023. 全民数字素养与技能评价的发展与实践进路. 科普研究，18（5）：5-13.

胡俊平，石顺科. 2011. 我国城市社区科普的公众需求及满意度研究. 科普研究，6（5）：18-26.

胡俊平，钟琦，武丹. 2021. 媒体应急科普能力的提升策略. 青年记者，（3）：79-80.

胡咏梅，杨素红，卢珂. 2012. 青少年科学素养测评工具研发及质量分析. 教育学术月刊，（3）：16-21.

黄丹斌. 2003. 社区学习型社会与社区科普的环境因素探索. 学会，（12）：36-39.

黄高乐. 2024. 生成式人工智能技术赋能科普内容创作. 科学教育与博物馆，10（1）：22-27.

黄乐乐，胡俊平，欧玄子，等. 2023. 我国老年人科学素质的发展现状及特点分析——基于第十二次中国公民科学素质抽样调查的实证研究. 科普研究, 18（3）: 40-48.

黄时进. 2007. 科学传播发展中受众的主体性转向. 华东理工大学学报（社会科学版），(4): 111-113, 117.

贾鹤鹏, 苗伟山. 2015. 公众参与科学模型与解决科技争议的原则. 中国软科学,（5）: 58-66.

焦郑珊. 2016. 论科技类博物馆的教育转向：动因、演变与呈现. 自然辩证法研究, 32（2）: 56-61.

金心怡, 刘冉, 王国燕. 2022. 关联理论视角下微信科普文章的标题特征研究. 科普研究, 17（3）: 38-46, 106-07.

鞠思婷. 2018. 2016~2017年的中国科普创作研究//陈玲, 张志敏. 中国科普创作发展研究2018. 北京：科学出版社：105-118.

鞠思婷. 2021. 2018~2020年科普创作研究的进展//陈玲, 张志敏. 中国科普创作发展研究2021. 北京：科学出版社：148-164.

鞠思婷, 高宏斌, 颜实, 等. 2016. 我国科普创作研究的现状与建议——基于CNKI学术文献的共词可视化分析. 科普研究, 11（6）: 62-68.

孔德意. 2018. 我国科普政策主体及其网络特性研究——基于511项国家层面科普政策文本的分析. 科普研究, 13（1）: 5-14.

赖明东, 丁倩倩, 曹晓雨, 等. 2023. 科技人物博物馆如何传播科学家精神——以屠呦呦旧居陈列馆为例. 自然辩证法研究, 39（8）: 119-124.

李朝晖. 2012. 纪念《科普法》颁施十周年：记《科普法》颁布10年来科普基础设施的发展变化. 科协论坛, 27（8）: 7-9.

李朝晖. 2019. 新中国科普基础设施发展历程与未来展望. 科普研究,（5）: 34-41, 109.

李朝晖, 任福君. 2011. 从规模、结构和效果评估中国科普基础设施发展. 科技导报, 29（4）: 64-68.

李根强, 于博祥, 邵鹏, 等. 2022. 网络嵌入视角下B站科普视频扩散的影响因素研究. 科普研究, 17（3）: 16-25, 105-106.

李广益. 2017. 中国转向外在：论刘慈欣科幻小说的文学史意义. 中国现代文学研究丛刊,（8）: 48-61.

李红林. 2018a -01-26. 从源头促进科技创新与科学普及两翼齐飞. 科普时报, 3版.

李红林. 2018b-10-12. 评奖能激发创作热情. 中国科学报, 3版.

李红林. 2021a. 领导干部和公务员科学素质提升的挑战与对策. 科普研究, 16（4）: 74-79.

李红林. 2021b. 如何有效地开展科学写作——从《科学写作指南》的翻译谈起. 科普创作评

论, 1（3）: 60-65.

李露娟. 2020. 自媒体平台的科普动画短视频设计与创作研究. 北京: 北京邮电大学.

李平, 马莎, 付孟婧. 2024. 科普奖励促进科普创作的实践与思考——以梁希科普奖获奖作品为例. 科普创作评论, 4（1）: 67-72.

李睿, 刘颖芳. 2023. 我国场馆教育近十五年研究热点和现状——基于CiteSpace的可视化分析. 自然科学博物馆研究, 8（5）: 50-58.

李婷. 2011. 地区科普能力指标体系的构建及评价研究. 中国科技论坛,（7）: 12-17.

李蔚然, 丁振国. 2013. 关于社会热点焦点问题及其科普需求的调研报告. 科普研究, 8（1）: 18-24.

李无言, 宋娴. 2023. 科技场馆展教活动分众化的实践现状及改进策略探析——基于场馆教育人员的实证考察. 科普研究, 18（2）: 29-37.

李霞, 杨芳. 2022. 分层次、分类别创作地震科普课件方法研究——以高中段地震科普示范课件创作为例. 山西地震,（2）: 50-54.

李秀菊, 陈玲. 2016. 我国高中生科学态度的实证研究. 科普研究, 11（2）: 31-35.

李媛, 郭凯, 高玉梅. 2024. 我国政府类科普奖励政策比较研究——以国家级和省级科技奖励为例. 昆明理工大学学报（社会科学版）, 24（1）: 137-146.

李志红. 2010. 中国历次科技规划中的科普政策//中国科普理论与实践探索: 2009《全民科学素质行动计划纲要》论坛暨第十六届全国科普理论研讨会文集. 北京: 科学普及出版社: 60-66.

梁兆正. 2010. 对科技馆建设理念和建馆模式的探讨. 科普研究,（1）: 53-56.

廖红. 2019. 科技馆展教能力建设的实践与思考. 自然科学博物馆研究,（2）: 5-11, 87.

林欣, 甘俊佳, 林素絮. 2023. 科普期刊新媒体运营现状及提升策略. 中国编辑,（S1）: 85-89.

刘渤, 曹朋. 2022. 现代科技馆体系人才队伍发展策略研究. 自然科学博物馆研究, 7（1）: 100-107.

刘华杰. 2004-02-06. 论科普的三种不同立场. 科学时报, B2版.

刘华杰. 2009. 科学传播的三种模型与三个阶段. 科普研究, 4（2）: 10-18.

刘立, 常静. 2010. 中国科普政策的类型、体系及历史发展初探//中国科普研究所. 中国科普理论与实践探索: 2009《全民科学素质行动计划纲要》论坛暨第十六届全国科普理论研讨会文集. 北京: 科学普及出版社: 220-223.

刘明骞. 2021. 我国高校博物馆研究的评述与展望. 自然科学博物馆研究, 6（6）: 10-18, 91.

刘树勇, 张文秀. 2009. 高士其的科普创作思想. 科普研究, 4（4）: 77-80, 90.

刘思晴. 2022. 科普动漫创作思考——以《工作细胞》《天地创造设计部》为例. 明日风尚，（5）：29-32.

刘伟男. 2019. 科学技术馆展品内容与展陈设计现状研究——基于对国内14家科技馆的观察. 武汉：华中师范大学.

刘晓岚，刘伟，梁娟. 2023. 全媒体应急科普传播体系构建研究. 灾害学，38（4）：134-138.

刘欣，刘鹤. 2016. 论科普场馆对基础教育的补充作用. 科学教育与博物馆，2（6）：425-427.

刘娅，佟贺丰，赵璇，等. 2018. "十二五"期间我国政府部门和人民团体科普政策文本研究. 科普研究，13（1）：15-24，104-105.

刘洋. 2019. 两条腿走路——技术革命背景下的科普政策研究. 科普研究，14（5）：47-54，65，110.

刘友良. 2014. 健康新时代下的医学科普图书创作. 出版广角，（7）：40-41.

刘玉强，单孟丽，张思光. 2022. 我国科普政策制定主体协同演化研究——基于1994—2020年政策文本的分析. 科普研究，17（3）：62-71，108.

刘宇，徐嘉. 2024. 健康类微信公众号传播效果的影响因素研究——基于账号和文章的综合考察. 学术探索，（5）：55-64.

刘珍珍. 2019. 后现代主义视野下的刘慈欣科幻小说研究. 上海：复旦大学.

龙金晶，陈婵君，朱幼文. 2017. 科技博物馆基于展品的教育活动现状、定位与发展方向. 自然科学博物馆研究，2（2）：5-14.

楼锡祜. 2008. 中国自然科学博物馆的发展. 科普研究，3（4）：48-52.

罗昊雯，李正风. 2023. 开放科学条件下的科学普及：趋势、机遇与挑战. 科普研究，18（3）：65-72，114.

罗季峰. 2017. 主题展览对展览设计模式带来的挑战与对策. 自然科学博物馆研究，（4）：12-20.

吕晓媛. 2009. 当代科普图书创作现状与问题刍议. 科技与出版，（3）：57-59.

马尔库斯·加布里尔，托马斯·夸斯特. 2008. 2005爱因斯坦年评估总报告. 王保华译. 北京：科学普及出版社.

马俊锋，王彦勋. 2022. 敬畏自然 万物共生：论王晋康科幻小说《十字》中的生态思想. 科普创作评论，2（3）：61-67.

马俊改，谭超，牛桂芹. 2017. 科普图书创作出版热点选题研究. 科协论坛，32（1）：26-28.

马麒. 2017. 国内科技馆学术研究30年述评——基于中国知网（CNKI）的统计研究. 科普研究，12（2）：23-32.

马曙. 2010. 广州创新型城市建设中的科普公共政策研究. 广州：华南理工大学.

马燕洋，章梅芳，王瑶华. 2019. 民国时期家庭卫生观念与知识的传播——以新生活运动期间相关纸媒为主要考察对象. 科普研究，14（2）：95-103，111.

马宗文，陈雄，董全超. 2018. 科普投入对中国科普能力的驱动研究. 中国科技论坛，（7）：18-25.

孟凡刚，钟琦. 2023. 科学的骨骼，文化的肌肤——论李元《访美见闻》等科普作品的创作特点. 科普创作评论，3（4）：71-77.

孟佳豪. 2021. 基于科技馆学习情境理论的教学模型建构与实践研究. 武汉：华中师范大学.

缪文靖，黄凯，蒋俊英，等. 2022. 上海科技馆数字化转型的思考和构想. 科学教育与博物馆，8（1）：1-6.

莫扬，苗苗. 2007. 从传播学视角探讨科技馆传播观念. 科普研究，2（2）：19-23.

庞瑞灿，李敏. 2022. 乡村建设运动的科普实践探究——以《农民》报常识栏目为例. 科普研究，17（1）：82-90，104.

彭涛，柏坤，齐婧，等. 2011. 我国科技类博物馆资金多渠道投入问题及对策研究述评. 科普研究，6（4）：74-80.

齐培潇. 2023. 我国科普理论研究再思考. 中国软科学，39（S1）：334-340.

齐欣. 2016. 免费开放下科技馆发展研究. 科普研究，11（4）：39-44，95.

邱成利，秦秋莉，靳碧媛，等. 2021. 中国科普政策效应分析及发展对策研究. 创新科技，21（12）：1-10.

邱银忠，勾文增. 2022. 基于设计管理与项目管理交互赋能的科技类博物馆展览创新管理. 中国博物馆，39（2）：86-90.

全民科学素质行动计划制定工作领导小组办公室. 2005. 全民科学素质行动计划课题研究论文集. 北京：科学普及出版社.

全民科学素质学习大纲课题组. 2017. 全民科学素质学习大纲. 北京：中国科学技术出版社.

任福君. 2019. 新中国科普政策 70 年. 科普研究，14（5）：5-14，108.

任福君，尹霖，等. 2018. 科技传播与普及实践（修订版）. 北京：中国科学技术出版社：319-324.

任福君，翟杰全. 2018. 科技传播与普及教程（修订本）. 北京：中国科学技术出版社：232.

任磊，苏虹，冯婷婷，等. 2023. 我国领导干部和公务员科学素质的发展状况与特征分析——基于第十二次中国公民科学素质抽样调查的实证研究. 科普研究，18（3）：49-56.

任磊，王挺，何薇. 2020. 构建新时代公民科学素质测评体系的思考. 科普研究，15（4）：16-23，39.

任鹏. 2020. 关于科技馆展品分类的思考. 科普研究，15（3）：69-75，112.

任嵘嵘，杨帮兴，郑念，等. 2020. 中国科普人才政策 25 年以来的演变、趋势与展望. 中国科技论坛,(4):139-150.

尚甲,郑念. 2020. 新冠肺炎疫情中主流媒体的应急科普表现研究. 科普研究, 15(2): 19-26, 103-104.

邵华胜,郑念. 2023. 我国科普评估的基础理论和发展方向. 今日科苑,(1): 15-22.

邵煜,亢小玉. 2024. 困境与突破:综合性科技期刊科普功能建设探索与实践. 编辑学报, 36(1): 68-72.

司宇辰. 2020. 王晋康科幻小说科技伦理研究. 徐州:中国矿业大学.

苏虹,任磊,冯婷婷,等. 2023. 我国产业工人科学素质的现状和提升对策——基于第十二次中国公民科学素质抽样调查的实证研究. 科普研究, 18(3): 31-39.

孙嘉宇. 2023. 科普期刊微信传播效果的影响因素研究——基于4445篇推文的计算分析. 中国科技期刊研究, 34(11): 1511-1520.

孙萍,孔德意,许阳. 2014. 我国科普政策的嬗变与发展:基于1993年~2012年109项科普政策文本的实证分析. 中国社会科学院研究生院学报,(3): 120-125.

孙秋芬,周理乾. 2018. 走向有效的公众参与科学——论科学传播"民主模型"的困境与知识分工的解决方案. 科学学研究, 36(11): 1921-1927, 2010.

孙小莉,黄倩红,吴媛,等. 2024. 老年人科学素质提升的思考——基于老年教育状况及实践. 今日科苑,(2): 18-25.

谭超,付萌萌,张天慧. 2022. 新时期科普政策法规建设的思考——以《北京市科学技术普及条例》修订为例. 今日科苑,(4): 16-23.

汤黎虹. 2012. 《科普法》的实施与社会管理体制创新. 科普研究, 7(4): 5-6.

汤溥泓,李秀菊,李萌,等. 2023. 乡村振兴背景下我国农民科学素质建设的思考——基于第十二次中国公民科学素质抽样调查的实证研究. 科普研究, 18(3): 23-30.

汤书昆,张勇. 2011. 从传播要素演化的角度探讨科技博物馆的科学传播模式. 科普研究, 6(3): 14-19.

汤书昆,钟一鸣. 2023. 基于"对话理论"的基础研究科学共同体内外团队融合传播模式观察. 中国科学基金, 37(6): 986-995.

汤哲声. 2016. 王晋康的科幻思维及"核心科幻"论——以《逃出母宇宙》为中心. 苏州教育学院学报, 33(1): 37-40.

田鹏,陈实. 2021. 基于IPA和fsQCA的科普场馆满意度提升路径研究——以中国科技馆为例. 科普研究, 16(6): 80-88, 116.

佟贺丰. 2008. 建国以来我国科普政策分析. 科普研究,(4): 22-26, 52.

王大鹏,钟琦,贾鹤鹏. 2015. 科学传播:从科普到公众参与科学——由崔永元卢大儒转基因辩论引发的思考. 新闻记者, (6): 8-15.

王冬敏. 2011. 对民族地区科普政策的几点认识. 科技管理研究, (22): 34-36, 43.

王国华, 刘炼, 王雅蕾, 等. 2014. 自媒体视域下的科学传播模式研究. 情报杂志, 33 (3): 88-92, 117.

王海波, 孙健, 邵俊年, 等. 2015. 我国气象科普政策法规现状研究及对策分析. 科技管理研究, 35 (8): 25-29.

王娟. 2013. 风险治理中公众对专家的信任研究综述. 科普研究, 8 (3): 35-42.

王康友. 2017. 国家科普能力发展报告 (2006—2016). 北京: 社会科学文献出版社.

王丽慧. 2021. 老年人科学素质提升行动的思考. 科普研究, 16 (4): 69-73.

王丽慧, 王唯滢, 尚甲, 等. 2023. 我国科普政策的演进分析: 从科学知识普及到科学素质提升. 科普研究, 18 (1): 78-86, 109.

王丽娜, 黄秋生, 江毅. 2017. 国际场馆学习研究现状与发展分析. 科普研究, 12 (4): 25-32.

王美力, 蔡文东, 刘琦, 等. 2022. 科技馆运行评估实证研究. 自然科学博物馆研究, 7 (4): 52-62.

王汝杰. 2019. 融媒体时代的 MG 科普动画短片创作研究. 北京: 北京邮电大学.

王少雄, 梁家年. 2020. 媒体融合视角下气象科普视频的创作方法. 青年记者, (14): 72-73.

王挺, 付文婷. 2023. 拓展科学普及新时代内涵助力推进中国式现代化——科普中国智库专访武向平院士. 科普研究, 18 (2): 5-8.

王挺, 任定成. 2024. 新时代中国科普理论与实践. 北京: 中国科学技术出版社.

王小明. 2021. 跨界融合视域下科普场馆集群化运营发展路径. 科学教育与博物馆, (6): 474-480.

王晓凡, 张倩, 朱紫阳. 2021. 新世纪我国气象科普图书发展研究. 科普研究, 16 (3): 67-73, 110.

王炎龙, 吴艺琳. 2020. 海外科学传播的概念、议题与模式研究——基于期刊 *Public Understanding of Science* 的分析. 现代传播 (中国传媒大学学报), 42 (8): 33-38.

王叶, 胡庆元. 2022. 2011—2020 年中国科学技术协会科普政策对科普的影响: 基于百度指数分析. 科技传播, 14 (5): 1-6.

王章豹, 黄继涛, 柏若芸. 2023. 重大疫情下应急科普公众满意度测度研究. 安徽科技, (1): 38-46.

吴砥, 朱莎, 余丽芹, 等. 2020. 中小学生信息素养评价. 北京: 科学出版社.

吴国盛. 2000-09-22. 从科学普及到科学传播. 科技日报, 003 版.

吴国盛. 2016. 当代中国的科学传播. 自然辩证法通讯, (2): 1-6.

吴家睿. 2023. 新时期科普创作的新认识. 民主与科学,（6）：8-11.

吴柯苇. 2022. "十四五"时期中国科技立法理念转化与体系完善——以《科普法》为例. 中国科技论坛,（2）：15-22.

吴欣欣. 2020. 突发公共事件中科普绘本的创作方法. 科普研究, 15（2）：97-102, 108.

吴岩, 方晓庆. 2006. 刘慈欣与新古典主义科幻小说. 湖南科技学院学报,（2）：36-39.

习近平, 2016. 为建设世界科技强国而奋斗——在全国科技创新大会、两院院士大会、中国科协第九次全国代表大会上的讲话. 北京：人民出版社.

习近平, 2022. 高举中国特色社会主义伟大旗帜 为全面建设社会主义现代化国家而团结奋斗——在中国共产党第二十次全国代表大会上的讲话. 北京：人民出版社.

席志武, 张冰玉. 2023. 科技类出版社短视频账户的科普效果与提升路径——以51家科技类出版社的抖音账户为例. 出版广角,（23）：63-68.

徐刚. 2019. 郑文光：科普作家的现实主义关切. 传记文学,（6）：19-25.

徐珺恺, 牛娇, 成静清. 2023. 节水主题科普作品的高质量创作探索与实践——以动画《节水总动员》（大众版）等为例. 科普创作评论,（4）：63-70.

徐敏. 2019. 我国大型科普场馆科普教育功能实现路径优化研究——以上海科技馆为例. 上海：上海师范大学.

徐善衍. 2007. 关于科技馆发展趋势和特点的思考. 科普研究, 2（4）：15-20.

徐筱淇, 庞弘燊, 刘倩秀. 2024. 中美科普政策对比研究. 科技传播, 16（5）：34-39.

严芳, 吕萍. 2009. 试析PISA科学素养测评. 外国中小学教育,（1）：39-43.

杨素红, 胡咏梅. 2011. 青少年科学素养概念探析. 上海教育科研,（6）：12-16.

杨文志, 包明明. 2024. 大模型：我的科普创作助理. 重庆：重庆大学出版社.

姚利芬, 陈玲. 2022. 自然·健康·科技——2021年科普图书盘点. 中国图书评论,（4）：88-96.

姚蕊, 徐蕾. 2023. 探讨数实融合科普展览新模式——以上海科技馆《日月魅影》展览为例. 科学教育与博物馆,（2）：14-20.

叶兆宁. 2017. 科学课程标准对科技博物馆科学教育的启示. 自然科学博物馆研究,（3）：5-12.

叶兆宁, 杨冠楠, 周建中. 2019. 基于"大概念"的馆校结合STEM主题活动的设计剖析. 自然科学博物馆研究,（5）：15-20.

郁红萍, 刘晶晶. 2021. 基于问题的策展思路探索与实践——以厦门科技馆"问问大海"海洋主题展为例. 自然科学博物馆研究,（6）：58-68, 94, 97.

余恒, 齐琪, 赵洋, 等. 2019. 中国天文科普图书回顾1840—1949年. 科普研究, 14（6）：104-111, 117.

余子真, 李建明, 石强, 等. 2014. 科普创作人才培训的探索与实践//中国科普研究所. 中国科普理论与实践探索：第二十一届全国科普理论研讨会论文集. 北京：科学普及出版社：106.

曾怀锦，任安波. 2023. 英文成人科普图书的启示——基于皇家学会科学图书奖的分析. 科学教育与博物馆，9（6）：66-73.

翟杰全. 2009. 科技传播政策：框架与目标. 北京理工大学学报（社会科学版），（2）：10-12.

翟立原. 2007. 社区科普与公民素质建设. 北京：科学普及出版社.

张金声. 2012a. 历史功绩与历史超越（一）：纪念《科普法》颁布10周年. 科协论坛，27（4）：6-8.

张金声. 2012b. 历史功绩与历史超越（二）：纪念《科普法》颁布10周年. 科协论坛，27（5）：4-6.

张明会，张淼，陈丽娟，等. 2024. 脱口秀科普作品创作在手术室护理临床教学中的应用. 护理学报，31（5）：22-25.

张木兰. 2007. 科技传播的受众研究. 南京：河海大学.

张瑞芬，贾鹤鹏，潘野蘅. 2023. 微博场域中新冠疫苗的文化嵌入框架研究. 科普研究，18（2）：83-91，109，114-115.

张双南. 2021-04-06. 普及科学知识、科学方法和科学精神（序与跋）. 人民日报，20版.

张香平，刘萱，梁琦. 2012. 国家创新体系中科学传播与普及的政策设置及路径选择——英国研究理事会的科学传播政策与实践的案例研究. 科普研究，7（1）：5-10.

张秀华，程碧茜，王丽慧. 2022. 以法律健全科普社会化机制——《科普法》执行效果分析及其修订的原则性思考. 自然辩证法研究，38（6）：62-70.

张洋，郭霞. 2024. 新媒体时代女性科普创作者群体研究——以"格致科学传播奖"、B站"中科院格致论道讲坛"账号为例. 今日科苑，（3）：18-28.

张一鸣. 2021. 聚焦知识、情境与意义：重识科学传播模式. 自然辩证法研究，37（10）：49-54.

张志敏. 2018. 高士其科学小品的开篇艺术. 科普研究，13（5）：75-78，96，110.

张志敏，陈玲，黄倩红. 2022. 科普图书出版统计报告2022. 北京：科学出版社.

张志敏，陈玲，闫进芳. 2024. 2019~2020年科普图书出版情况报告. 北京：科学出版社.

张志敏，任福君. 2012. 科普活动作为一种社会教育资源的价值探讨：基于科普活动效果评估案例的分析. 科技导报，30（28）：98-102.

张志敏，郑念. 2013. 大型科普活动效果评估框架研究. 科技管理研究，33（24）：48-52.

章道义，陶世龙，郭正谊. 1983. 科普创作概论. 北京：北京大学出版社.

章梅芳. 2019. 新中国城市社区科普历史回顾. 科普研究，14（5）：23-33.

章梅芳，陈笑钰，岳丽媛，等. 2022. 中国科技类博物馆运行机制探索——基于我国科技类博物馆发展基本情况调查的结果分析. 科普研究，17（1）：33-41.

章梅芳，张馨予，李正伟. 2021. 新中国林业科普历史回顾——以林业科教影片为考察对象. 科普研究，16（3）：13-21，107.

赵海虹. 2013. 王晋康——中国科幻的思想者. 科普研究，8（1）：65-73.

赵洋，马宇罡，苑楠，等. 2021. 中国特色现代科技馆体系建设：回顾与展望. 科普研究，16（4）：80-86.

郑久良，潘巧. 2018. 新时代中国农村科普队伍建设的现状、问题与对策探析——基于四省十二市农村科普调研的思考. 科普研究，13（4）：42-50，107.

郑念. 2020. 场馆科普效果评估概论. 北京：中国科学技术出版社.

郑念，吴鑑洪，王晶，等. 2020. 基于因子分析方法的科普能力建设评估//中国科普研究所. 中国科普理论与实践探索：第二十六届全国科普理论研讨会论文集. 北京：科学出版社：531-548.

郑念，张平淡. 2008. 科普项目的管理与评估. 北京：科学普及出版社.

郑永和，杨宣洋，彭禹，等. 2023. 提升中小学生科学素养的内涵要义与实践路径. 人民教育，（20）：61-65.

中华人民共和国中央人民政府. 2023. 习近平主持中共中央政治局第三次集体学习并发表重要讲话. https://www.gov.cn/xinwen/2023-02/22/content_5742718.htm[2024-10-10].

中华人民共和国中央人民政府. 2024a.《全民数字素养与技能发展水平调查报告（2024）》发布.https://www.gov.cn/lianbo/bumen/202410/content_6983292.htm[2024-10-10].

中华人民共和国中央人民政府. 2024b. 习近平：在全国科技大会、国家科学技术奖励大会、两院院士大会上的讲话. https://www.gov.cn/yaowen/liebiao/202406/content_6959120.htm[2024-10-10].

钟博. 2014. 提升现阶段我国农村科普工作实效性的路径分析：基于我国农村科普工作变迁的历史视角. 重庆：重庆大学.

周华清，吴虹丹. 2023. 科技期刊对科普短视频洗稿的识别与治理研究. 中国科技期刊研究，34（8）：975-981.

周理乾. 2018. 单向度的公众——论科学传播中体制化科学对公众形象的表征与消解. 自然辩证法研究，34（8）：64-69.

周荣庭，尤丽娜，张欣宇，等. 2023. 超媒介叙事视角下科普内容生产策略研究——以《工作细胞》为例. 科普研究，18（6）：5-13，52，94.

朱洪启. 2017. 关于我国农村科普的思考. 科普研究，12（6）：32-39.

朱家华. 2019. 基于馆校合作的科技馆科学教育研究. 武汉：华中师范大学.

朱丽兰. 1996. 大力加强科普工作，提高全民族科学文化素质 为建设社会主义强国而奋斗. 科协论坛，（3）：12-17.

朱效民. 2000. 科学家与科学普及. 科学学研究，（4）：98-106.

朱效民. 2003. 当代科普主体的分化与职业化趋势——兼谈科普不应由科学家来负责. 科学学与科学技术管理，24（1）：69-71.

朱效民. 2008. 30年来的中国科普政策与科普研究. 中国科技论坛，（12）：9-13.

朱幼文. 2009. 中国的科技馆与科学中心. 科普研究，（2）：68-71.

朱幼文. 2014. 科技博物馆教育功能"进化论". 科普研究，9（4）：38-44.

朱幼文. 2016. 我国科技博物馆所需要的高端展教人才及其专业素质与技能. 自然科学博物馆研究，1（S1）：125-137.

朱幼文. 2021. 理念与思路的突破：从"馆校结合"到各类教育项目——"科普场馆科学教育项目展评/培育"带来的启示. 自然科学博物馆研究，6（1）：42-52，95.

诸葛蔚东，张一婧，傅一程. 2020. 由奖励制度看日本科普政策与实践的发展动向. 自然辩证法通讯，42（11）：101-110.

宗棕，刘兵. 2012. 高士其科普作品中的隐喻分析. 科普研究，7（6）：40-45.

邹文卫，洪银屏，翁武明，等. 2011. 北京市社会公众防震减灾科普认知、需求调查研究. 国际地震动态，41（6）：15-31.

邹莹. 2022. 英国儿童科普绘本创作与出版的现状、特点与启示. 科普创作评论，2（3）：35-43，51.

邹贞，张志敏，陈玲. 2021. 青年科普科幻创作人才培养的探索与实践——以"科普文创-科普科幻青年之星计划"项目为例. 今日科苑，（7）：71-76.

Stufflebeam D L, Madaus G F, Kellaghan T. 2007. 评估模型. 苏锦丽，等译. 北京：北京大学出版社.

The European Commission. 2022. Digital Economy and Society Index（DESI）2022. https://digital-strategy.ec.europa.eu/en/library/digital-economy-and-society-index-desi-2022[2024-05-01].

UNESCO《全球教育监测报告》小组. 2024. SDG4 Indicators. ENsure Inclusive and Equitable Quality Education and Promote Lifelong Learning Opportunities for All. https://www.education-progress.org/en/indicators[2024-05-01].

Yang Z. 2021. Deconstruction of the discourse authority of scientists in Chinese online science communication：Investigation of citizen science communicators on Chinese knowledge sharing networks. Public Understanding of Science，30（8）：993-1007.

第五章

科普研究的过程

任何领域的科学研究都要经历一个规范的研究过程。科普研究的过程，是指科普研究活动所经历的前后有序、相互衔接而又系统有效的基本阶段和主要步骤。每一阶段和步骤都要运用不同的研究方法，把各个阶段、各个步骤有机地结合在一起，这就构成了一套完整的科普研究程序。科普研究活动一般包括选择研究课题、提出研究设想、搜集整理资料、撰写研究报告、验证评价成果等环节。这些环节也常常被称为科研步骤，即在科普研究中所采用的最基本、最有成效的环节。在科普研究中，遵照有效的科研步骤、采取恰当的研究方法，是获得正确研究结果的必要条件。科普研究人员既要追求科研的成果，更要注重科研的过程。因为好的过程才能保证好的结果，而且任何研究结果均被包含在科学研究过程之中，并且在报告研究结果的同时亦需报告整个研究过程（张伟刚，2014）。

第一节 确定选题

问题是任何科学研究的逻辑起点。马克思明确指出："主要的困难不是答案，而是问题。""问题就是时代的口号，是它表现自己精神状态的最实际的呼声。"（中共中央马克思恩格斯列宁斯大林著作编译局，1982）习近平总书记深刻指出："坚持问题导向是马克思主义的鲜明特点。问题是创新的起点，也是创新的动力源。只有聆听时代的声音，回应时代的呼唤，认真研究解决重大而紧迫的问题，才能真正把握住历史脉络、找到发展规律，推动理论创新。坚持以马克思主义为指导，必须落到研究我国发展和我们党执政面临的重大理论和实践问题上来，落到提出解决问题的正确思路和有效办法上来。"（习近平，2016）各种各样尚未被认识和解决的现实问题就成为科学研究的选题，只有发现并提出科学问题，才能开始对这一问题开展科学研究。

一、确定选题的意义

确定选题是科学研究的开始环节，具有方向性、战略性的作用。正如人们常说的"良好的开端，是成功的一半"，科研人员也常说"好的选题是科研成功的一半"。具体而言，在科普研究领域，确定选题主要有三方面的意义。

第一，科普选题不仅决定着科普研究工作的主攻方向和基本目标，而且决定着科普研究的对象和范围。只有确定了选题，才知道应做什么，不应做什么，才能使科普研究工作沿着既定的方向进行；只有确定了选题，才能明确应使用哪些方法和选择哪些步骤去完成研究任务，以实现预期目标。"坚持问题导向，要敢于正视问题、善于发现问题。问题无处不在、无时不有，关键在敢不敢于正视问题，善不善于发现问题。"（中共中央宣传部，2018）一般而言，科学家和研究人员都高度重视科研选题的确定，并把选题的科学性提到战略高度来看待。"坚持问题导向，要科学分析问题、深入研究问题。发现问题是前提，能不能正确分析问题更见功力。"（中共中央宣传部，2018）发现问题、分析问题、解决问题，是科普研究的三个方面。所以，坚持问题导向，强化问题意识，明确研究问题，深入分析问题，有效解决问题，便是科普研究的重要步骤。

第二，科普选题的正确性是决定科研成败的重要一环。实践表明，研究人员如果选题错误，即使能力再强，也会南辕北辙，注定失败。相反，如果选题恰当，成果就会丰硕。在科普研究中，如果选题不当，如研究方向有偏差、研究领域不契合、难易程度不合适、能力水平不达标、环境条件不具备等，往往导致科普研究工作难以达到预期目标，难以形成高质量的科研成果。无数成功案例证明，只有科研课题选择精准，即选择了有价值、有创造性并有能力解决的科研课题，才能有序开展科普研究工作，也才有可能获得高水平的科普科研成果。

第三，确立科普选题是培养和锻炼科普工作者的重要方式。科普选题的质量，可以反映出一名科学工作者的研究态度和工作方法，直接反映着其科研水平和科研能力。要确定一个高质量的科研课题，科普研究工作者不仅要具备足够的科学素质和学术勇气，而且要懂得选择课题的基本知识；不仅要求科普工作者具有丰富的实践经验、广博的知识储备和较强的想象力、洞察力与鉴别力，而且要具有对科普研究发展前沿的把握能力。因而，正确地确定既能满足现实需要，又能反映未来发展趋势并有创新性的科研选题，是促进科普人才锻炼成长的重要方式。

二、选题的基本分类

科普研究选题依据不同的标准，可以有不同的分类。

（1）依据研究目的的不同，选题可分为基础性研究课题、应用性研究（对策性研究）课题。基础性研究课题，是指以揭示某种科学技术普及现象的本质及其发展规律为主要目的而进行研究的课题，如关于人们科学素质发展规律的课题、关于预测人们科学素质发展趋势的课题等。应用性研究（对策性研究）课题，是指以提出解决科普问题的具体方案或对策为主要目的而进行研究的课题，如为激发青少年学习科学知识的积极性而进行的青少年学习态度与学习方法的研究。基础性研究课题侧重于科普基础理论方面，理论性较强。应用性研究（对策性研究）课题侧重于实践操作方面，实践性较强。两者各有侧重，既相互区别又彼此联系。基础性研究为应用性研究（对策性研究）提供理论基础，应用性研究（对策性研究）为基础性研究提供实践平台。需要注意的是，这两类课题之间并没有绝对的界限，两者的划分也只是相对的。实际上，由于科普理论和生产实践、生活实际结合非常紧密，很多课题往往具有双重目的。

（2）依据性质的不同，选题可分为描述性课题、解释性课题、预测性课题。描述性课题，是指对某一方面的科普现象或科普实践进行准确描述的课题，主要回答的是"是什么""怎么样"等问题。解释性课题，是指揭示科普现象或科普实践产生的原因、条件、特征及相互关系的课题，主要回答的是"为什么""怎么办"等问题。预测性课题，是指在描述科普现象或科普实践的现状、揭示各种科普现象或科普实践规律的基础上，进一步推测科普活动的未来发展趋势的课题，主要回答的是"将怎样""应怎样"等问题。

三、选题的确定原则

通常而言，确定研究选题需要遵循以下四项原则。

（1）价值性原则。价值性原则一般是指选题时要先选择那些科普迫切需要解决的理论问题和现实问题。这一原则既体现了科普研究的目的性，又体现了研究课题的需要性。衡量一项研究课题的价值，就是要看它是否符合科普理论发展的潮流和趋势，能否满足科普的现实需求，能否为促进社会发展和人类科学素质提升服务。无益于社会发展和实际工作，进行"坐而论道"的概念论证和"纸上谈兵"的书斋学问，或仅仅只是出于功利目的而著书立说，都违背了科普研究的价值性原则。

（2）客观性原则。客观性原则是指选题要有客观的事实根据和科学的理论根据，必须正确反映客观现实及其规律。从根本上讲，选题的客观性原则体现着实事求是的科学精神和研究准则。选题是否具有客观性，一是要看它是否来源于现实世界，是否反映社会需求，是否遵循和体现客观规律；二是要看它是否坚持辩证唯物主义和历史唯物主义的基本立场、观点和方法。人们常说的科学无禁区，主要是针对科学的领域和方法而言的。对于科普这样一种具有一定意识形态性的学科来说，必须坚持马克思主义的指导地位。科学虽无禁区，但选题要有限制，要受到客观性原则和伦理性原则的限制，否则，选题就是不科学、伪科学甚至是反科学的。

（3）创新性原则。创新性原则是指选课要有创造性和开创性，即针对前人没有解决或没有彻底解决、没解决好的问题，预期可形成具有新发展、新突破的科研成果。"创新是一个民族进步的灵魂，是一个国家兴旺发达的不竭动力，也是中华民族最深沉的民族禀赋。"（习近平，2018）科学的魅力在于创造。只有站在科普学科发展的前沿，瞄准重大的科普理论和现实问题，关注科普的生动实践，善于从中凝练选择有突破、有创新、有特色的课题，才能够取得有价值的研究成果。如果只是人所共知的常识性问题或者重复前人的劳动，这种课题就没有研究的必要。能使用正确理论解决现实中的重大科普问题，产生新的认知是创新；能探索总结科普领域的新理论、新方法是创新；能洞察和预测科普思潮与人们科学素质提升的新趋势及新特点也是创新。

（4）可行性原则。可行性原则是指要坚持一切从实际出发和量力而行的原则，根据现实情况和经过努力就可以具备的研究条件来选择课题。可行性原则体现了选题的客观条件性和现实的可能性，要求研究人员根据当时的主客观条件，选择力所能及的研究课题。从主观条件上讲，主要是指研究人员的科学素质、理论水平、知识储备、实践经验、科学精神、研究态度、时间的充裕程度和精力的保证情况等；从客观条件上说，主要是指组织支持、经费保障、团队合作、图书资料、设备条件、社会关心等。此外，选题的可行性还涉及研究内容和研究方案的可行性。

总之，选题的确定原则反映了科普研究的目的、性质、依据及条件，这些原则在选择课题过程中既相互区别，又相互联系。价值性原则表明了科普研究活动的根本目的，客观性原则指明了科普研究活动的内在根据，创新性原则强调了科普研究活动的本质特征，可行性原则统摄着科普研究活动的现实条件。我们只有根据实际情况综合运用这四项选题确定原则，才能正确、恰当地进行科普选题。

第二节　提出研究设想

确定科普选题以后，研究人员就可以提出研究设想，即构思、推测研究的方向、过程、结论等，进而按照研究设想所确定的方向、步骤及目标进行深入研究。

一、研究设想的基本内涵

研究设想,又称理论假设,是指对和研究对象有关的各种内外因素及其联系的性质、形式、结构、机制等所做的某种有一定根据的推测性假设或解释。研究设想的三个构成要素包括:能合理解释原有理论所能解释的现象和事实;能解释新发现的,但原有理论不能解释的现象和事实;能明确预言尚未发现的新事实,为进一步检验假设提供可能性。

依照不同的情况,研究设想有不同的分类。

(1)依据形成的不同,研究设想可分为归纳设想和演绎设想。归纳设想是在观察基础上进行的概括,是人们通过对一些个别经验、事实材料的观察得到启示,进而概括、推论提出的经验定律。演绎设想则是从某一科学理论或一般性命题出发,通过理论综合和逻辑推演而提出的理论定律和原理假设。

(2)依据性质和内容的不同,研究设想可分为描述性设想、解释性设想和预测性设想,这三种设想也是研究设想发展的三个阶段。科学探索的最初阶段是描述性设想,主要描述认识对象的结构要素及其分布特征,即关于事物的外部表象、外部联系和大致数量关系的推测。比描述性设想更高一级的假设形式是解释性设想,主要说明事物的本质规定和存在发展的根源,即从整体上揭示事物各部分相互作用的机制,揭示事物发展的最初状态和最终状态间的因果关系等内部联系的推测。在以上两种假设的基础上,更复杂、更困难和更高级的假设形式就是预测性设想,它是一种对事物未来发展趋势进行的科学推测。

二、研究设想的主要作用

研究设想在研究活动中的主要作用体现在三个方面。

第一,研究设想是深化科普课题研究的必要工具。我们经过初步思考和分析课题之后,对课题的认识程度虽然有所深化,但总体而言还是较为抽象、较为宽泛的。为了使科普研究更具象化、系统化,研究者需要利用研究设想深化科普课题研究。

第二,研究设想是搜集科普文献资料的重要指针。研究设想一般都列明了需要加以深入考察的课题相关因素,将无关课题的因素排除在考察范围之外,这就为搜集和整理文献资料提供了重要指针。在研究设想的指引下,我们就会明确哪些资料应该搜集,哪些资料不需要搜集。

第三，研究设想是探求科学真理的重要形式。恩格斯曾深刻指出："只要自然科学在思维着，它的发展形式就是假说。"（中共中央马克思恩格斯列宁斯大林著作编译局，1972）这个论断对于科普研究同样适用，这是因为人们通过调查搜集到的相关资料，是检验研究设想的逻辑依据。在检验过程中，研究设想可能被逻辑证实，也可能被推理证伪，还可能被部分证实、部分证伪。在研究设想被证实的情况下，该设想自然就成为真理的一部分；相反，在研究设想被证伪的情况下，该设想自然是被推翻的；如果是被部分证实、部分证伪，研究设想则是需要被修改、补充和完善的。因此，研究设想是探求科学真理的重要形式。

三、研究设想的建构路径

研究设想是人们创造性思维的产物，其产生和形成需要深厚的理论功底、宽广的知识视野、丰富的实践经验和较强的创新能力。研究设想的建构通常有三种路径。

一是从实践经验中提出研究设想。在社会实践中，人们形成的感性认识就是经验。尽管在上升为理性认识之前，经验在形式上带有感性直观的性质，但它的内容是客观的，在一定程度上反映着事物发展的本质和规律。实践经验往往是提出研究设想的根据，在社会经验的基础上可以概括、推理出研究设想。只有正确地把握研究对象内部与外部条件的新情况和新变化，才有可能从以往的实践经验中引出新的理论假设。

二是从科学理论中推导出研究设想。作为客观事物的本质及其发展规律的正确反映，理论对正确认识主观世界和客观事物具有普遍的指导意义。因而，在科学理论本身中也可以产生研究设想。在探求富有新意和创意的调研课题答案时，人们往往可以从现有的理论出发，推理出与课题相关的研究设想。

三是从现实需求中产生研究设想。实践是认识之源，生活是智慧之泉。只要我们从中国式现代化建设的实际问题和现实需求出发，着眼于教育、科技、人才"三位一体"的发展战略，着眼于科普事业新的实践和新的发展，就可以得到科普领域中的新设想。

以上三种路径，只是为了方便叙述。实际上，研究设想和理论假设的形成是一个复杂的思维过程。这个过程往往需要综合使用和交叉使用这三种路径，把它们截然分开是很难的。

第三节　搜集和整理资料

在确定研究课题和提出研究设想之后，研究人员就需要尽可能全面深入地搜集文献资料，并对其进行整理与分析。

一、搜集和整理资料的意义

在科学研究中，搜集和整理资料具有重要意义，主要体现为以下两点。

第一，搜集和整理资料是做好科研的前提与基础。在科普研究过程中，只有充分地占有文献材料，才能分析出研究对象的各种发展形式，探寻这些形式之间的内在联系，最终将研究结论恰当地呈现出来。因此，尽可能全面地搜集和占有研究对象的相关文献资料，获取对研究对象的系统而真实的认知，并分析综合、加工整理所占有的研究资料，克服主观性和片面性，才能真正把握研究对象的本质特征和发展规律。

第二，搜集和整理资料有利于提高科研的效率与价值。系统掌握前人在同类研究课题上已取得的科研成果，密切关注他人在同类研究课题上的研究动态，并将相关研究成果作为研究基础，即"站在巨人的肩膀上"，可以避免重复劳动。一般而言，在整个科研过程中，科研人员至少要拿出 1/3 的时间用于搜集资料。通过搜集和整理相关文献资料，还可以参考和借鉴他人研究的成功经验与失败教训，从而趋利避害，指引自己在研究工作中少走弯路，早出成果，多出成果。

二、搜集资料的途径和方法

一般而言，科普研究所需资料主要包括理论文献资料与经验事实资料。研究人员常常运用文献查阅方法搜集理论文献资料，运用社会观察、社会调查、社会实验等方法搜集经验事实资料。理论文献资料的搜集要求是全面、系统、权威和最新，经验事实资料的搜集要求是真实、鲜活、具有代表性。

在理论文献资料的搜集中，研究人员通过搜集、分析和筛选各种纸质文献、电子文献，获取与研究课题相关的古今中外的文献资料信息。其中，国内外近十年的有关专著和高水平论文是需要重点关注的内容，同样需要全面掌握的还有专门研究相关领域的专家学者的主要研究成果以及刊发相关领域研究成果的重要期刊。

在长期、深入的社会观察中，研究人员有目的、有计划地运用自己的感官或其延长物——仪器设备来直接搜集处于自然状态下的感性资料；在社会调查中，研究人员通过咨询、座谈、问卷调查等方法搜集社会成员的科学态度、科学意识、科技诉求和有关科普现象、科普事件等方面的资料信息；在社会实验中，研究人员通过有意识地控制科普环境来获得有关科普对象变化发展的经验事实资料。

三、整理资料的程序和技巧

搜集到大量的研究资料后，研究人员就要加工、整理所占有的资料，为验证研究设想、解答研究问题提供直接、全面的资料佐证和理论基础。整理资料的第一步是分析和评估所获得的资料与研究课题的相关度及可用价值。要排除那些与研究课题关系不大、价值不高的资料，进而认真审核保留下来的与研究课题有关的资料，看其是否真实可靠，是否有效和系统完整。在此基础上，为了使研究资料系统化、条理化，研究人员需要对研究资料进行分析统计、归纳分类，从而为开展进一步的理论研究奠定基础。从最终目的而言，整理资料就是在梳理相关研究成果的基础上，"经过思考作用，将丰富的感觉材料加以去粗取精、去伪存真、由此及彼、由表及里的改造制作工夫，造成概念和理论的系统"（毛泽东，1991）。主观认识符合客观事物的发展规律。这一整理资料的加工方法，就是由具体到抽象、由分析到综合的抽象思维方法，是由感性认识升华为理性认识的逻辑思维过程。正如毛泽东（1991）所说："认识的真正任务在于经过感觉而到达于思维，到达于逐步了解客观事物的内部矛盾，了解它的规律性，了解这一过程和那一过程间的内部联系，即到达于论理的认识。"

第四节 撰写研究成果

撰写研究成果（包括研究报告、学术论文、学术专著、智库报告等），是科普研究的关键阶段。科普的实践研究和理论研究，如果不以文字的形式进行总结，不撰写出研究成果，就等于没有最终完成研究工作。作为一种便于保存的永久性的学术记录，研究成果在总结科研结论、进行学术交流中有着重要作用。撰写研究成果有助于锻炼研究人员的逻辑思维能力，促使研究工作更加严谨规范。撰写研究成果也是提高研究人员分析综合能力、创造能力与表达能力的重要方式。正是在这一意义上，撰写研究成果是总结科普研究的最好形式。

一、研究成果的基本结构

研究成果的结构具有多样性，一般学术性较强的研究报告主要包括标题、摘要、引言、正文、结论、参考文献、附录。

标题是对研究报告或学术论文的高度概括，集中表达了研究的主题，因而要简洁、明了、准确和引人入胜。

摘要是对研究报告或学术成果主要内容的概括，要十分简要地阐明研究目的、研究问题、理论假设、研究方法、研究结论等，一般在200~300字，通常置于标题之后、正文之前。关键词通常要反映研究的内容、主题和角度等，是体现研究报告或学术成果中心概念的词语，好的关键词往往会让人眼前一亮。

引言又叫前言、序言、导言等，是研究报告或学术成果的开场白。引言要说明研究的目的、理论意义和实践意义，介绍相关学术前沿的研究成果，提出本项研究的设想、需要解决的问题以及研究的途径、步骤和方法等。

正文是研究报告或学术成果的主要内容。由于不同的研究报告涉及的领域、选题、研究方法、表达方式、语言风格等存在很大差异，因此对正文内容一般没有统一规定。要根据要论证的主题性质，充分运用理论和事实材料，全面深入地论证研究人员的新发现，做到实事求是、准确完备、合乎逻辑、层次分明、深入浅出、简练可读、令人信服等。

结论是经过严密的逻辑推理和充分的研究论证所做出的最后判断，是研究的最终结果，是全篇研究报告或学术成果的精髓。结论要写得简明扼要、准确精练，不能含糊其辞，也不能太绝对化。对所获得的研究成果进行的评价要公正、恰当，掌握好分寸，不能言过其实。如果要否定或推翻前人或他人的观点，则更需使论据充分有力、推理严密可信，使自己的观点无懈可击。

参考文献是指在研究过程中所参考引用的主要文献资料，包括专著、论文、研究报告等。在文后列出参考文献，一方面，表明研究人员尊重文献作者的劳动，并帮助读者查寻引用文献的原作；另一方面，展示研究人员对本课题研究领域进展状况的掌握程度，有利于读者认可研究报告或学术论文的研究基础。

附录是为了证实研究报告或学术成果的信度与效度，可以把详细的原始数据和实验记录、统计表图、数学公式的计算推导，或者其他不便于放入正文中的资料等，放入研究报告或学术成果的最后，以资查证。

二、撰写研究成果的主要步骤

研究成果的撰写大体上可以分为以下四个步骤。

一是写作准备。写作准备包括资料准备和思路整理。资料准备，即搜集资料和利用资料；思路整理，即厘清自己所要表达的思想，确立研究报告的主题，明确研究报告的论点、论据、论证。

二是草拟提纲。拟写提纲是作者执笔成文的第一步。提纲是由序号和文字组成的一种逻辑顺序，将分散的原始材料按照构思组合起来形成纲目。提纲是研究报告或学术论文的缩影和结构雏形，是执笔成文的重要依据。在执笔行文过程中，研究人员可以对提纲进行适当的调整。

三是写作初稿，就是按照提纲进行正式写作。篇幅较短的研究报告或学术论文通常可以一气呵成，待初稿完成后再进行推敲、加工、修改等；篇幅较长的可以分成若干部分写作，然后进行统稿。初稿主要是用来评价提出的观点是否明确，内容的层次是否清楚，所用的资料是否妥当，已做的研究工作是否存在漏洞等。

四是修改定稿。初稿要经过反复修改，以达到完善的程度。修改的方式包括自己修改和请专家进行指导修改。修改定稿大致可以从三个方面着手：①修改内容，进一步查阅文献和检查报告初稿，查看理论建构是否正确，分析讨论是否深刻，方法使用是否得当，研究结果是否新颖，数据处理是否客观，引文注释是否准确，然后予以修改完善；②修改结构，使总体布局、层次结构、详略比重更加合理和优化；③修改语言，仔细检查斟酌用词是否恰当，尽可能删繁就简、去粗取精，用科学、规范、优美的语言进行表达。

三、学术论文的撰写规范

本书以学术论文的撰写为例，对各个部分的撰写规范进行介绍。

（一）题名

题名不仅是一篇学术论文的总纲领，也是对其研究对象及核心内容的精确、简明概括（全国信息与文献标准化技术委员会，2022）。题名在反映论文主题、确定关键词、指导文献检索方面具有重要意义。在组成要素上，论文题名可以反映研究理论（视角）、研究对象、研究方法三个核心要素。在具体语法上，题名通常不使用非通用缩略语、代号及公式，不以阿拉伯数字开头，也不必具备主、谓、宾完整语句结构等（刘恭懋，2001）。

首先，学术论文的题名要具有准确性，能够明确地反映论文的核心思想和主要内容，以确保题文一致。其次，题名要具有学术性，必须用学术语言来反映文章的学术内涵，是基于学术思维而对研究主题的总结和概括，不宜使用口号式、口语化、文艺化表达，也不宜使用试论、浅谈、刍议、思考等词语。最后，题名要具有高度概括性，要简明扼要，不可太过笼统和泛化，一般在20字以内为宜，若需要对标题加以补充，可以添加副标题。

例如《超媒介叙事视角下科普内容生产策略研究——以〈工作细胞〉为例》，主标题阐明了文章的研究方法和研究内容，副标题则进一步明确了研究对象，同时明确了文章属于案例研究的性质；又如《取"人"之长：虚拟数字人在科普中的应用研究》，主标题表明了作者的核心观点，副标题阐明了文章的研究内容；再如，《加强国家科普能力建设：时代使命、基本内涵与实践路径》，主标题明确了文章的主题，副标题阐明了研究的逻辑层次，具有较强的层次感。上述论文的标题均具有较强的准确性、学术性和概括性，容易吸引读者进一步阅读。

（二）摘要

摘要是一篇论文核心内容的摘录汇总，按其功能划分，大致可以分为报道性摘要、指示性摘要、报道-指示性摘要三种类型。科普研究类论文的摘要以报道性摘要为主，主要用来报道论文的核心成果和提供定量或定性相关信息，篇幅控制在300字以内为宜，但目前也有期刊采用长摘要形式。

摘要的基本要素包括研究目的、方法、结果和结论，且重点在于研究结果和结论。在具体内容方面，摘要须指明研究工作的主要对象和范围、采用的手段和方法、得出的结果和重要结论，有时也包括具有情报价值的其他重要信息等；注意不要与引言、结语相混淆，更不要重复引言和结语中的内容。在特征标准方面，摘要应具有独立性和自明性，具备与文章一样的主要信息，真正能够概括文章的核心观点和结论。在语言逻辑方面，摘要应结构严谨、表述简明、语义确切。英文摘要应使用现在时态进行叙述，尽量使用被动语态，不必强求与中文摘要一一对应。

1. 案例：《科普期刊微信公众号传播效果的影响因素与驱动机制——以中国优秀科普期刊（2020）为例》

有些期刊明确要求摘要要标明四要素，如《科普期刊微信公众号传播效果的影响因素与驱动机制——以中国优秀科普期刊（2020）为例》（毕崇武等，2024）一文的摘要，四个部分一目了然，有助于读者迅速对文章内容进行概览。

摘要 【目的】探究科普期刊微信公众号传播效果的影响因素与驱动机制，为其改进运营策略、提升传播力提供建议。【方法】以《中国优秀科普期刊目录（2020年）》入选期刊为例，从环境、技巧、内容、互动4个层面出发，利用有序Logit回归模型分析其微信公众号传播效果的影响因素，进而运用fsQCA方法探索其呈现良好传播效果的驱动机制。【结果】科普期刊微信公众号传播效果受多因素综合影响，其中内容和互动因素产生核心影响，环境和技巧因素产生边缘影响。科普期刊取得良好传播效果存在环境优先型、策略导向型、综合驱动型3种驱动机制。【结论】为提升科普期刊微信公众号传播效果，应当发挥环境优势，优化平台建设；树立营销观念，完善发布策略；坚持知识引领，创新内容输出；维护用户关系，注重互动交流。

2. 案例：《现代科技馆体系协同发展的实践、机制与策略研究》

四要素并非必须一一标出，也不必严格以目的、方法、结果、结论为顺序，但作者在写作时应以四要素为引导。比如，《现代科技馆体系协同发展的实践、机制与策略研究》（钱岩等，2024）一文的摘要，采用的就是"研究背景—研究方法—研究结果—研究结论—研究目的"结构，同样清晰明了。

现代科技馆体系是普及科学知识、弘扬科学精神、提升全民科学素质、实现基本公共文化服务均等化的重要力量。本文基于2012年至2024年现代科技馆体系建设的发展数据和实践案例，借鉴协同学理论，总结科技馆体系协同发展实践，分析问题、模式和机制，探讨未来发展策略。研究表明，在协同实践方面，主要存在着科普资源总量不足、区域分配不平衡、内外协同顶层设计不完善等问题；在协同模式及机制建设方面，进行以问题为导向的协同发展模式与机制探索，总结出省域内协同、区域协同、跨领域协同模式，增加科普资源供给总量、缩小区域供给差距，连接科普资源与科普活动并推进体系信息化建设。最后提出体系未来协同发展的策略，即加强省域内协同、完善区域协同、促进跨领域协同，更好为基层科普服务均等化和全民科学素质提升服务。

（三）关键词

关键词应是从论文标题、层次标题和正文中选出能反映论文主题、论点、技术关键点等的词或词组，应紧扣文章主题，按重要性进行排列。以3~5个实词为宜，尽可能选用《汉语主题词表》等词表提供的规范词。此外，关键词作为"论文之窗"，是准确检索和查找论文的重要标志词，一般不建议使用"分析""研究""对策""建议"等普适性高但区分度低的词语。

论文《生成式人工智能时代的使用者伦理研究》选择"生成式人工智能""使用者伦理""数字素养"作为关键词，清楚且明晰。

（四）引言

引言是正文的第一部分，扮演着至关重要的角色。它是对整篇论文的概括性介绍，也是抓取读者阅读兴趣，引导其阅读后续内容，并帮助读者理解研究内容的关键。引言能够为读者提供论文的主体，即所要论述内容的主要信息，主要包含以下几个方面：研究背景和意义、研究综述、研究问题、论文的框架结构，最后还可进一步点明研究目的。引言的写作要开门见山地向读者展现文章所要研究的问题，问题的来源主要分为：学界理论研究存在的瓶颈、对理论的新见解；某一事件凸显出的现实实践中的问题；在国家大政方针下，对未来发展的构想；等等。因此，引言部分往往涉及一定的背景信息，需要对研究对象的过去、现在和未来的信息进行描述，并做出判断。引言还应指出写作目的或研究的预期结果，以体现研究的价值与意义。理论依据可为研究的可行性作基础，而已有研究成果是否存在不足则可体现研究是否具备创新性与价值。

1. 案例：《科普助力创新文化建设的机理及实现途径》

在《科普助力创新文化建设的机理及实现途径》（刘萱和段志伟，2024）一文中，作者首先从党的二十大报告提出的总体目标入手，层层递进到科普在创新文化传播中的重要作用，并将研究背景和意义置于非常高的层次。接着，作者提出研究问题，并进一步地提出论文的整体架构，包括研究理论、方法、内容等。整体较为简明扼要。

党的二十大报告将建设科技强国、国家文化软实力显著增强作为我国到2035年发展的总体目标。持续提升科技硬实力需要不断增强的创新文化软实力与之匹配，需要在全社会大力推进创新文化建设。创新文化是当代科学普及的重要内容。科学普及是向社会传递创新文化的重要途径和形式。在创新文化的传播过程中，科学普及发挥着至关重要的作用，高质量的科学普及不仅能有效扩散科学知识，而且能使科学方法、科学思想、科学精神更加深入人心，有助于形成有利于科技创新的社会文化基础。因此，面对到2035年建成科技强国和国家文化软实力显著增强的总目标，需要分析科学普及参与创新文化建设的机理、厘清科学普及助力创新文化建设的实现途径。本文从创新文化的内涵演化出发，梳理科技强国建设目标下创新文化的内涵特征，引入社会互动理论与科学普及模型，构建科学普及参与社会范畴下创新文化建设的平面机理框架，探究科学普及助力创新文化建设的实现途径；聚焦科学普及更好助力创新文化建设的目标，从增强时代性、系统性、多样性的角度完善科技强国视域下的科学普及叙事体系，提升价值认同导向的传播体系效能，丰富以对话为重点的多样化媒介策略，以创新文化建设助力科技强国实现进程。

2. 案例：《数字伦理：数字化转型中科学普及的新使命与新规范》

《数字伦理：数字化转型中科学普及的新使命与新规范》（王硕和李秋甫，2023）的引言，首先介绍研究背景，然后分析与目前研究主题相关的研究现状，指出存在的不足。通过这两部分的论述，分析论证了开展此项研究的必要性，最后提出研究问题并同时阐明了研究框架。

数字化转型带来大量新的社会伦理问题，直接影响科学普及的任务、方法与规范。科学普及作为提升公众的科学素质和科学认知能力、促进科技社会进步和发展的重要手段，需要充分考虑数字化转型背景下的数字伦理问题，将提升公众数字伦理素养作为其重要任务，借助数字技术提供的新方法、新技术，同时也要遵循一定的数字伦理规范。

目前，关于数字伦理与数字化转型中科学普及之间相互关系的讨论相对较少。一方面，有关数字伦理的基本概念研究较为缺乏。与数字伦理相关的概念很多，包括科技伦理、算法伦理、数据伦理、数字技术伦理、数字社会伦理等，学界对这些概念进行了较多的探讨。然而，如何将数字技术及其产品的开发、传播和应用所引发的一系列社会伦理和技术伦理问题视作一个整体的"数字伦理"议题？对于这方面，有关研究仍显不足。国内直接使用"数字伦理"概念的研究主要集中在传播学领域，这些研究主要关注互联网平台企业面临的数字伦理挑战、数字技术带来的主体性缺失挑战等问题。也有学者从不同层面对数字技术伦理问题进行了系统的梳理与归纳。《牛津数字伦理手册》（*The Oxford Handbook of Digital Ethics*）提供了一个较为全面的清单，包括虚假新闻、约会、脑机接口、价值对齐、算法偏差、预测性警务、价格歧视、医疗人工智能等37个数字伦理问题。但是，这些研究都没有系统地对数字伦理的本质、内容和意义进行深入探讨。另一方面，有关数字化转型中科学普及使命与规范的变化的研究也较为少见。随着数字化转型的不断深入推进，越来越多的学者开始研究科学普及在当代社会中的新特点和新形态，包括科普短视频、科普微博、数字科技馆等。还有学者对"数字科普"的发展前景进行分析[8]，认为"数字科普"是数字时代科学普及的主流[9]。这些研究揭示了科学普及在数字化转型中的新变化，但未能注意到数字伦理已经悄然成为当代科学普及的重要任务。更重要的是，数字伦理对当前的科学普及也提出了新的规范和要求。

本文旨在探讨数字伦理的具体内涵以及数字伦理与数字化转型中科学普及的相互关系，以期为数字社会的科学普及提供有益的理论启示。具体来说，本文主要探讨以下问题（见图1）：第一，何为"数字伦理"？数字伦理何以成为数字社会中的新型伦理秩序？良性数字伦理秩序对数字化转型有何重要意义？第二，为什么要重点关注公众数字伦理素养的提升？当前公众的数字伦理素养与认知呈现出怎样的特点？全民数字伦理素养的提升对科学普及的任务与使命提出了怎样的新要求？第三，数字化转型赋予科学普及新方法与手段的同时带来了哪些值得关注的伦理问题？数字化转型中的科学普及应该遵循怎样的数字伦理规范？

（五）文献综述写作

顾名思义，文献综述既需要对文献进行综合整理与分析，又需要对其进行全面、深入的评述。在撰写文献综述时，作者首先应对相关文献进行查找、阅读和筛选，选择合适的文献。文献的查阅方式多种多样，互联网技术的普及便捷了研究者对文献的搜集，依托于各大数据库，作者可以根据主题、发表时间等快速地查找相关领域的海内外文献。然而，这也在一定程度上容易使研究者在面对海量文献时感到无从下手，因此，文献的选择变得尤为重要。作者在进行文献选择时应注重文献的科学性、可靠性、代表性、权威性，以选取质量较高的文献。

作者应明确自身的文章与已有文献之间的关联，这对作者的研究来说也是有益的。在文献选择完成后，作者可对文献进行归纳与整理，从而对已有文献做出判断。文献综述并不只是简单的文献罗列，而是需要作者对文献进行评价与叙述，从而更好地展现研究进展与已有文献存在的问题等，也能够将最新的研究成果传递给读者。

在文献综述的写作过程中，作者要将文献的作用描述出来并做出评价，即既往研究在相关研究领域发挥了什么作用，是否存在不足等，从而为自身的研究作铺垫，让已有文献为自身所用，指出研究的必要性，特别是那些能够为自身研究提供理论、实践支撑的文献，这些都将提升研究选题的重要性与研究结论的合理性。在论述过程中利用他人研究的结论，也能够反映出研究的现状。

除此之外，作者要有问题意识，用问题将已有的文献串联起来，并思考文献综述在文章中所起到的作用，在写作文献综述时要有意识地发挥这些作用。文献综述可为研究的问题找到立足点，即研究的问题应在某一或某几个研究领域内，如此才能获得学术同行的关注与认可。更重要的是，通过对已有文献的回顾，也能证明自身研究的价值，即这一研究解决了哪些问题，与已有研究相比有何进展、创新等，也可以总结为三点：填补研究空白、对已有研究进行修正、对已有研究进行扩展。

这也就需要作者对已有文献加以分析评述，将已有文献与自身研究进行对比等，如已有文献的论述是否正确，存在哪些优点与局限；已有的文献之间是否存在结论上的争议，或者是否存在结论与实践情况不符的情况；已有文献的研究热点、趋势是什么，自身的研究能否为当前的研究作出贡献等。

文献综述的写作有多种方式，作者可根据研究主题、自身表达习惯进行撰写。从写作方法来看，作者可运用归纳法、推理法、对比法等。从综述逻辑架构来看，作者可参考以下几种写作方式。

第一，可按时间顺序写作。作者按时间顺序对文献进行整理，可以得出各时期研究的主要关注点、研究方法、特点及不足等。

第二，可按研究主题写作。作者可对已有文献进行整理，并按主题分类，将相似主题的文献整合、总结到一起，并加以论述。

第三，按问题导向写作。将已有文献作为论证材料，以支撑对所探讨问题的论述。

当然，这些写作方法并非简单地罗列文献，作者一定要有逻辑地对文献进行归纳分析与总结。在对文献进行分析时，要抓住文献的本质，不能浮于表面。对文献进行批评时，要运用推理、论证等方法，使自身的论断有理有据，要避免一味否定的主观化，要肯定其中合理、有价值的部分。

《气候变化认知、环境效能感对居民低碳减排行为的影响》（王小红和胡士磊，2021）一文的文献综述主要叙述了现有研究存在的局限性，而这些局限性正是作者的研究想要解决的问题。作者首先指出了现有研究较少关注气候变化认知与低碳减排行为的关系，且前者对后者的促进作用才是关键；之后利用已有研究，说明"环境效能"是居民亲环境行为的重要预测变量，而现有研究忽视了其对居民低碳减排行为的影响。除此之外，作者还认为，现有研究只关注气候变化认知对节能行为的影响，对气候变化认知对低碳减排行为的异质性影响研究不足，需要进一步实证检验。作者通过对已有研究的深入分析，发现了已有研究存在的问题与局限，从而体现了自身研究的必要性。

当前，国内外在公众对气候变化的认知及低碳减排行为方面已取得丰富成果，然而，现有研究却存在一定程度的局限性。首先，现有研究主要聚焦居民对气候变化的认知，较少关注居民的气候变化认知与低碳减排行为的关系，然而，认知本身不是目的，了解居民的气候变化认知能否推动低碳减排行为的发生才是关键。其次，现有研究发现环境效能感是居民亲环境行为的重要预测变量，因而也可能是居民低碳减排行为的重要影响变量，而仅有的研究居民气候变化认知与低碳减排行为关系的成果忽视了环境效能感对居民低碳减排行为的潜在影响。最后，仅有的研究只关注了居民气候变化认知对单一低碳减排行为（节能行为）的影响，难以有效捕捉气候变化认知对不同低碳减排行为的潜在异质性影响，而事实上居民的气候变化认知对能源节约行为影响的结论是否适用于其他低碳减排行为尚未可知，有待进一步的实证检验。

有鉴于现有研究的局限性，本文在理论分析揭示居民低碳减排行为差异的基础上，利用2010年中国综合社会调查数据来考察居民的气候变化认知和环境效能感对居民不同低碳减排行为的异质性影响，并识别居民低碳减排行为的关键影响因素，以期能够为政府相关部门制定居民低碳减排鼓励性和引导性政策，政府、环保组织等相关利益主体开展气候变化科普宣传工作，以及当前在各大城市广泛推行的垃圾分类工作提供参考。

（六）论文语言

论文语言是一种典型的学术书面语言，论文作为科研成果的话语集成，不仅要对科研成果进行准确阐述，更要符合学术论证逻辑和书面语言表述规范。因此，论文语言应当保证准确性、完整性、合理性、规范性，适当追求对称美观性。

1. 准确性

准确性是指论文所用话语语义的准确性，具体包括论文所用术语、题名及层次标题、理论观点、方法设计、数据收集及分析、结果呈现、文献引用等的准确性。术语不可含混，概念要明确，在表达尽意的情况下尽量保证术语的一致性；题名要简洁清晰、明白晓畅，层次标题要直观、清晰，不可使用歧义词语；理论观点要有出处，以确保解读和使用的准确性，不可张冠李戴、名实不副；方法设计要准确阐释，不可遗漏；数据收集及分析的准确性要求作者遵循学科内公认的程序和步骤进行数据处理，确保数据客观准确；结果呈现的准确性要求文字语言和图表语言必须准确描述与解释数据，确保结论的可靠性；文献引用的准确性要求凡有参考必加引用，凡有引用必须确保参考文献内容和格式的准确性。

2. 完整性

完整性是指论文篇章结构的完整性，一篇完整的论文是由前部、中部和后部三个分工明确又彼此连贯的部分组成的。前部即论文名片——题名、作者及论文项目信息、摘要、关键词、中图分类号、文献标识码，需要注意的是此部分包括中英文版。中部即论文正文——引言、主体，其中引言可不编号，若编号则为0；主体部分依照论述结构分别拟定层次标题，一般采用三级标题层次，"1、1.1、1.1.1"和"一、（一）、1"为两组常用的三级标题类型；在内容结构上，引言须对研究背景进行论述，进而引入研究对象和内容，主体部分要保证文献综述、研究理论、研究方法、数据采集与分析、结果与结论、结语六大部分的表述完整性。后部即论文补充信息——参考文献、附录（若有），须保证每条参考文献著录要素和附录数据的完整性。

3. 合理性

合理性是指论文的合逻辑性，具体包括论证的合逻辑性和话语表达的合逻辑性。论证的合逻辑性要保证概念、命题的真实性，假设和研究设计的合理性，数据的信效性，推理的严谨性和结论的可靠性。话语表达的合逻辑性指论文所用话语要合乎事理逻辑，表达要前后连贯，不可自相矛盾。

4. 规范性

规范性是指论文语言的合规则性，这些规则具体包括语言自身的语法规则、不同类型学术论文的撰写规则以及文献引用和注释的著录规则。

（七）图表

图表作为一种较为直观、具体的信息呈现形式，在一篇论文中占据着重要地位，发挥着重要作用。清晰合理的图表能把单纯用语言难以表述清楚的内容直接呈现出来，帮助作者说理，利于读者更深入地理解论文内容。

1. 要素组成

图和表都应具备序号、题名和内容，在有些情况下，有些图表也会带有注释。

图和表均采用阿拉伯数字依序编号。一般情况下，学术论文的图表按其在文章中出现的先后顺序进行排序。题名即图和表的标题，图有图题，表有表题，题名应当简洁明确。图和表内所写内容应当完备、清晰、明确。图中标示的术语、符号、单位应与文字表述一致，不可含混，图的质量要清晰，表的表头字段结构要完整。样例可参见图5-1的论文中的表格截图。

表2 播放量最高的10个新冠肺炎科普视频信息

视频ID	创建日期	视频时长/分钟	播放量/次	分享量/次	创建者	人度	"充电"数/次
86216616	2020年2月2日	10.3	4 737 000	381 000	回形针PaperClip*	1 967 000	4 504
84513261	2020年1月22日	4.9	4 137 000	74 000	兔叭咯	1 643 000	1 068
88061096	2020年2月11日	25.0	4 119 000	195 000	巫师财经	27 57 000	5 777
91822864	2020年2月26日	7.2	3 752 000	55 000	不正经老丝	580 000	689
85339275	2020年1月28日	9.3	2 170 000	37 000	龙女之声	383 000	726
84354799	2020年1月21日	10.0	1 953 000	39 000	二次元的中科院物理所	871 000	870
86052908	2020年2月4日	16.5	1 862 000	50 000	思维实验室	1 742 000	2 963
85508117	2020年1月29日	8.5	1 682 000	52 000	毕导THU	983 000	511
85537015	2020年1月29日	26.6	1 541 000	70 000	李永乐老师官方	2 334 000	3 915
89013193	2020年2月14日	5.2	1 421 000	7 501	商悟社	13 000	4

注：数据采集日期为2020年3月1日；*表示该账号主体已被平台下架。

图5-1 《网络嵌入视角下B站科普视频扩散的影响因素研究》中的表格截图

2. 注释

注释是针对图表来源、图表所述内容的解释。一般需要在注释内容前标示"注"字样并用"："隔开。

3. 格式要求

1）图的格式

图序与图题之间留一字空，图序与图题共同列于图的下方；图的大小要适中，线条和色彩要合理，图中文字和符号应植字，字体大小要适中；坐标轴图中量和单位符号应齐全，分别置于纵、横坐标外侧，居中排，横坐标自左向右写标目，纵坐标自下而上写标目。样例可参见图5-2的论文中的图片截图。

2）表的格式

表序与表题之间留一字空，表序与表题共同列于表的上方；表一般采用三线表格式，有需要可添加辅助线；若表中某一项内容为空白，则表示未采集此项数据，而若内容为0，则表示原数据是0；若表须跨页，则应在第二页的表的上方标明"续表"字样，同时排出表头。样例可参见图5-3的论文中的表格截图。

科普研究导论

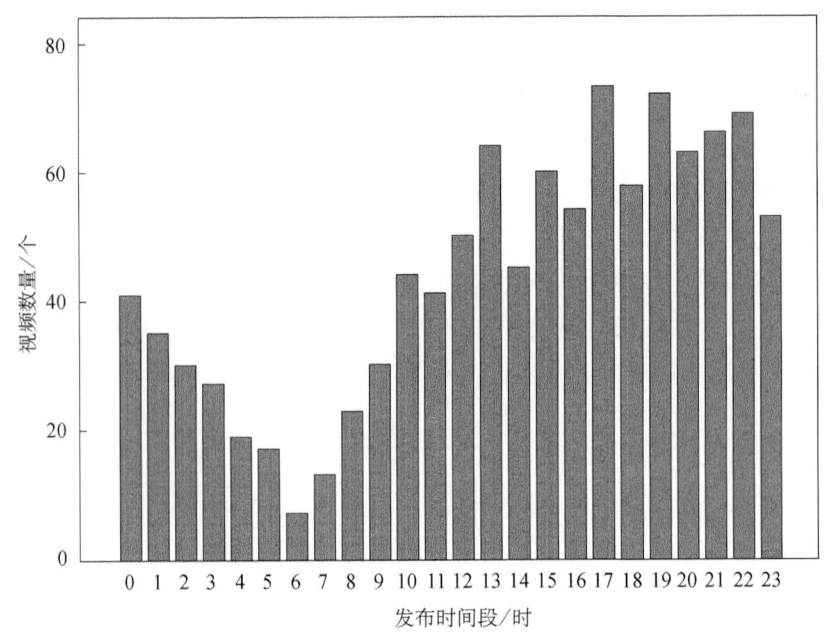

图 5-2 《网络嵌入视角下 B 站科普视频扩散的影响因素研究》中的图片截图

表 3 主轴式编码主要结果

主范畴	对应范畴	对应范畴的内涵
政策导向（ZF1）	政策体系（F1）	政策（国家或区域）体系是系统性的政策工具，对科技传播能力提供框架指引
	资源投入（F2）	为保证县级融媒体中心开展科技传播所必需的资金投入与媒体资源投入
融媒体中心（机构）（ZF2）	任务来源（F3）	驱动县级融媒体中心开展科技传播的机构与任务
	政策渗透（F4）	县级融媒体中心对于科技传播政策的关注度与使用程度
	管理实施（F5）	县级融媒体中心对各项政策的落实以及自身对科技传播的特有政策
	领导重视（F6）	县级融媒体中心领导对科技传播工作的重视情况，即包括自身主动的重视，也包括外在因素导致的重视

(a)

续表 3

主范畴	对应范畴	对应范畴的内涵
融媒体中心（机构）（ZF2）	考核体系（F7）	县级融媒体中心的考核内容，既包括对融媒体中心的直接考核，也包括对县委县政府的各项考核由融媒体中心负责落实
融媒体中心（平台）（ZF3）	传播体系建设（F8）	县级融媒体中心本身功能的建设与健全程度
	平台间的融合（F9）	县级融媒体中心融媒体的利用与融合程度，包括上融、下融、平行融的情况
科学内容（ZF4）	人员能力（F10）	县融媒体中心工作人员的能力：一是本身从事融媒体工作的能力，二是从事科技传播的能力
	人员认知（F11）	对县融媒体中心科技传播事件重要性的认识
	科学创意（F12）	县融媒体中心工作人员能够对科学热点的捕获能力，以及对科学事件的科学编译能力
	区域特点（F13）	传播的科学内容是否与区域的中心工作、支柱产业等关联
	科学性审读（F14）	对传播内容的科学性能否有效把握
公众（ZF5）	公众关注度（F15）	公众对县级融媒体平台是否关注
	公众喜爱度（F16）	公众对县级融媒体平台喜爱程度

(b)

图 5-3 《县级融媒体中心科技传播能力的影响机理研究》中的表格截图

194

3）常用图表类型

（1）常见图示例。常见的学术论文插图主要涉及数据统计图（图5-4）、流程图（图5-5）、模型图（图5-6）、影像图（图5-7）和词云图（图5-8）。

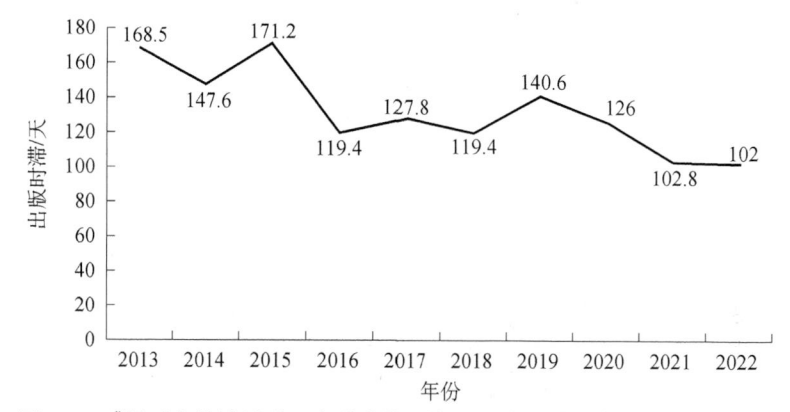

图5-4 《基于文献计量学研究学术期刊高质量发展策略》中的数据统计图

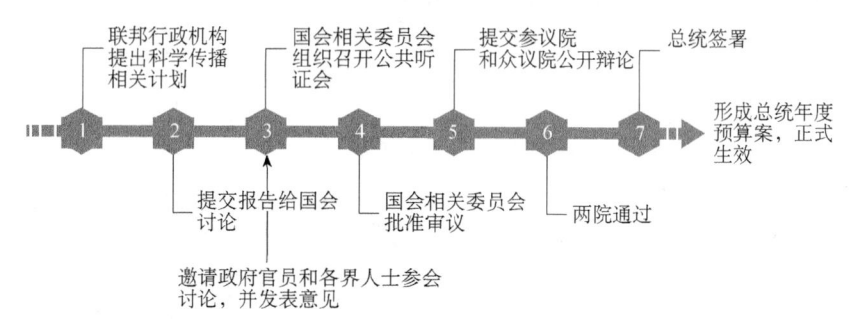

图5-5 《发达国家科学传播政策分析以及对我国的启示》中的流程图

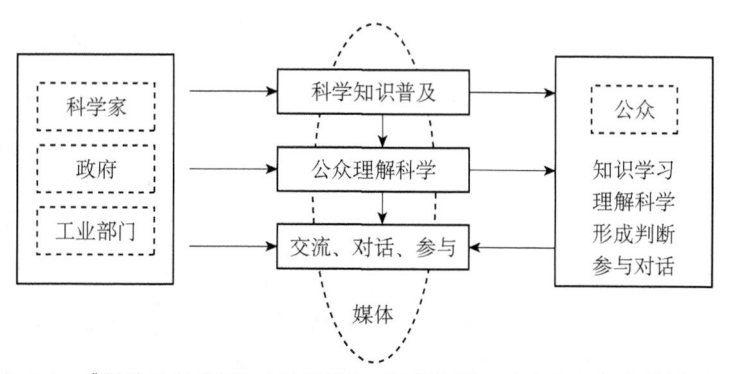

图5-6 《科技公共传播：知识普及、科学理解、公众参与》中的模型图

图 5-7 《医学健康类科普动画叙事策略研究——以〈头脑特工队〉〈工作细胞〉〈终极细胞战〉为例》中的影像图

图 5-8 《关联理论视角下微信科普文章的标题特征研究》中的词云图

（2）常见表示例。常见的学术论文表格主要涉及说明类表（图 5-9）、统计类表（图 5-10）。

表1 自变量测量表

	序号	变量	细分类目	测量与编码说明
启发式线索	1	发布者特征	UP主"粉丝"量 认证账号 官方账号	取"粉丝"量对数 1=是;0=否 1=是;0=否
	2	封面类型		1=自配封面;0=系统选择
	3	标题信息	标题字数 标题句式	1=10字以下;2=10~30字;3=30字以上 1=陈述句;2=感叹句;3=疑问句;4=祈使句
系统式线索	4	内容主题		1=社会科学;2=思维科学;3=认识科学;4=生物学;5=天文学;6=物理学;7=化学;8=地球科学
	5	视频时长		1=5分钟以下;2=5~10分钟(不含);3=10~30分钟(不含);4=30分钟以上
	6	叙事类型		1=叙事型;0=非叙事型
	7	交互动机		1=成就型;2=探索型;3=问答型
	8	互动频次		1=5次以下;2=5~10次(不含);3=10~20次(不含);4=20次以上

图5-9 《科普互动视频信息传播效果影响因素的实证研究——以B站为例》中的说明类表截图

表1 《指导目录》图书分类与分级情况

类别	小低(1~2年级)/种	小中(3~4年级)/种	小高(5~6年级)/种	初中/种	高中/种	合计/种	占比/%
人文社科	3	7	11	20	18	59	19.67
文学	12	17	27	50	45	151	50.33
自然科学	4	7	11	20	18	60	20.00
艺术	2	3	6	10	9	30	10.00
合计	21	34	55	100	90	300	100.00

图5-10 《我国基础教育阶段科学阅读导向研究——以〈中小学生阅读指导目录〉中的统计类表截图

(八)文献引用和格式

《信息与文献 参考文献著录规则》(GB/T 7714—2015)(国家质量监督检验检疫总局和中国国家标准化管理委员会,2015)对文献标注有明确规定。结合国家标准和《科普研究》刊发文章具体案例,本部分分为参考文献标注法、参考文献类型两部分进行介绍。

1. 参考文献标注法

整体上,现行的参考文献标注法主要有两种,分别是顺序编码制和著者-出版年制。顺序编码制,即依照各引文在文章中出现的先后顺序对其进行连续编码,并将序号放到方括号内(上标),参考文献按引文序号排序;著者-出版年制,即在引用内容后直接将著者和出版年置于括号内,参考文献按照著者字顺和出版年份排序,参见本书文献标注体系。当然,在具体实践中,顺序编码制也会有多种可能。这里以《科普研究》刊发论文为例,对顺序编码制的标注规则进行详细介绍。若同一处引文出自多篇文献,应将各篇文献序号按序全部置于方括号内,并用","隔开;若多篇文献的序号连续,起讫序号间用短横线相连,参见样例1。若论文中多次引用同一作者的同一本书，只需对其首次出现的顺序进行编码并在文献序号的方括号外标注引文页码，后文再次引用时，无须重新编码，可重复使用编码并在括号外标注引文页码即可，参见样例2；但若多次引用的文献为期刊论文，则无须标注页码，只保留编码序号即可。

样例1

目前，HPV疫苗在我国接种的普及率仍然较低，很多人对其背后的健康知识不甚了解[27,30-31]。本研究以HPV疫苗接种为具体案例，将科普与健康传播效果进行结合，探索有效的健康科普信息设计策略以促进人们的健康行动，说明感知风险与行为意图的关联[12,14]。

［摘自《健康科普的内容设计策略探索：基于HPV疫苗的实验研究》（陈思懿和常明芝，2022）］

样例2

对于徒弟来说，最重要的就是对所从事的行业和师傅充满"孝心"[6]12，这种类似基于血缘的亲情直接表现为对企业的忠诚……目前，日本经营超过千年的企业有9家，经营超过五百年的企业有39家，经营超过两百年的企业有3416家，百年企业有50 000多家[6]23。

［摘自《日本匠人传统的文化基础及历史演进》（何迪和姚梦豪，2023）］

2. 参考文献类型

从组成要素来看，参考文献大体上由责任者、题名、文献类型、出版地、出版者、出版年、引文页码、发布日期、引用日期、访问链接十大要素组成，不同类型的文献之间稍有差别。常用的文献类型大致包括图书、汇编、标准、报告、学位论文、期刊论文、报纸、电子资源、论文集九大类。特定类型的参考文献有其特定的著录格式，下面是不同类型参考文献著录格式的具体示例。

1）图书

例1：詹姆斯·费伦.作为修辞的叙事：技巧、读者、伦理、意识形态[M].

陈永国，译. 北京：北京大学出版社，2002.

例2：中国科学技术协会. 全民科学素质行动规划纲要（2021—2035年）[M]. 北京：人民出版社，2021.

例3：Salmon W C. Four Decades of Scientific Explanation[M]. Pittsburgh：University of Pittsburgh Press，2006.

2）汇编

例1：中共中央文献研究室. 建国以来重要文献选编 第11册[G]. 北京：中央文献出版社，2011：328.

3）标准

例1：中国科学技术协会. 科学技术馆建设标准：建标101—2007[S]. 北京：中国计划出版社，2007.

4）报告

例1：范长江副主席在全国科协农村群众科学实验活动经验交流会上的总结报告（记录稿）[R]. 南京：江苏省档案馆，6010-002-0015-12.

例2：Law N，Woo D，Gary W，et al. A Global Framework of Reference on Digital Literacy Skills for Indicator 4.4.2[R]. Montreal：UNESCO Institute for Statistics，2018.

5）学位论文

例1：高建杰. 科普筹资多元化机制研究——以潍坊市为例[D]. 济南：山东大学，2013.

6）期刊论文

例1：原艳飞，金兼斌. 争议性科学议题中叙事对第三人效果的影响[J]. 未来传播，2020，27（2）：9-18，132.

例2：康丽颖. 中国校外教育发展的困惑与挑战——关于中国校外教育发展的三重思考[J]. 北京师范大学学报（社会科学版），2011（4）：22-30.

7）报纸

例1：潘教峰. 完善《科普法》促进科普工作健康发展[N]. 人民政协报，2021-11-26（8）.

8）电子资源

例1：中国科学技术协会关于印发《现代科技馆体系发展"十四五"规划（2021—2025年）》的通知 [EB/OL].（2021-12-17）[2022-02-23]. https://www.cast.org.cn/art/2021/12/17/art_51_175783.html.

例2：Csizmadia A，Curzon P，Dorling M，et al. Computational thinking——A guide for teachers [M/OL]. [2023-11-20]. https://eprints.soton.ac.uk/424545/. html.

例3. Deepmala A S，Upadhyay A K. Informationliteracy：An Overview [J/OL]. [2023-05-16]. https://www.researchgate.net/publication/357339684_Information_Literacy_An_Overview.

例4：中国科学技术协会. 中国科协2021年度事业发展统计公报[R/OL].（2022-08-22）[2023-08-14]. https://www.cast.org.cn/sj/ZGKXNDSYFZTJGB/art/ 2022/art_f2daa2bc2feb4e51af3553125d0f7f08.html.

例5：Zurkowski P G. The Information Service Environment Relationship and Priorities[DB/OL]. [2023-05-16]. https://files.eric.ed.gov/fulltext/ED10039.pdf.

9）论文集

例1：李正风，程志波. 从当代科技发展看科技馆体系建设[C]//程东红. 中国现代科技馆体系研究. 北京：中国科学技术出版社，2014：21-32.

例2：Pearce J M，Howard S. Designing for flow in a complex activity[C]// Lecture Notes in Computer Science. Berlin：Springer Berlin Heidelberg，2004：349-358.

第五节　验证评价研究成果

验证评价研究成果是科普研究活动的最后环节。科普领域的研究成果最终要通过检查评估、同行认可和社会反映来进行验证与评价。只有那些能发表、被认可、很管用的研究成果，才算是科普研究中有价值、有意义的研究成果。

首先，组织鉴定研究课题完成后，要按照有关要求及时将有关研究报告、专著或论文上报课题发布单位和有关管理部门，并申请和组织成果鉴定。通过鉴定，研究者可以及时发现研究成果的学术价值、现实作用、社会影响及有待改进之处，有利于社会了解和认可研究成果，并不断扩大影响。

其次，投稿或是申报奖项。要把研究报告或学术成果积极向有关部门推荐或向刊物、出版社投稿，争取被采用或公开发表、出版，让更多的社会成员了解这些科研成果。根据研究成果情况，研究者可适时申报各级各类奖励，申报时要认真填写成果申报书，着重对研究报告或学术成果的创新点和社会反响进行介绍与汇报。要注意收集社会反响方面的佐证材料，包括是否转载引用，是否被政府采纳使用，是否在有关行业领域广泛应用等。

再次，社会实践检验。科普的研究成果，无论发表和获奖与否，都要拿到社会实践中去检验，也就是要把研究中揭示的规律、提出的思路、探索的方法，拿到现实中去试验，看是否用得上，是否真管用，是否受到广大社会成员的欢迎，等等。只有那些能有效指导具体社会活动并取得明显实效的成果，才是真正的优秀研究成果。

最后，反馈创新。验证评价研究成果既是上一个研究工作或过程的结束，也应成为下一个研究工作或过程的开始。科普实践永无止境，科普研究必须与时俱进，已有的科普研究成果就会成为新的科普研究活动的基础。每一项具体的科普研究成果，一定会促进新一轮的研究继往开来、推陈出新。

本章参考文献

毕崇武，延敬佩，张译心，等. 2024. 科普期刊微信公众号传播效果的影响因素与驱动机制——以中国优秀科普期刊（2020）为例. 中国科技期刊研究，35（2）：153-162.

陈思懿，常明芝. 2022. 健康科普的内容设计策略探索：基于HPV疫苗的实验研究. 科普研究，17（6）：80-89，107.

国家质量监督检验检疫总局，中国国家标准化管理委员会. 2015. 信息与文献 参考文献著录规则：GB/T 7714—2015. 北京：中国标准出版社.

郭美廷. 2023. 自然科学博物馆科学解释的有效路径探究. 科普研究，18（3）：80-87.

何迪，姚梦豪. 2023. 日本匠人传统的文化基础及历史演进. 科普研究，（6）：86-93.

李正风，张徐姗. 2023. 走向"数字社会"进程中的科学普及. 科普研究，（4）：8-17，106.

刘恭懋. 2001. 学术论文题名拟定举隅. 编辑之友，（4）：47-49.

刘萱，段志伟. 2024. 科普助力创新文化建设的机理及实现途径. 科普研究，19（1）：41-48.

毛泽东. 1991. 毛泽东选集（第一卷）. 北京：人民出版社.

钱岩，刘巍，莫小丹. 2024. 现代科技馆体系协同发展的实践、机制与策略研究. 科普研究，（4）：62-70.

全国信息与文献标准化技术委员会. 2022. 学术论文编写规则：GB/T 7713.2—2022. 北京：中国标准出版社.

王硕，李秋甫. 2023. 数字伦理：数字化转型中科学普及的新使命与新规范. 科普研究，18（3）：57-64，72.

王小红，胡士磊. 2021. 气候变化认知、环境效能感对居民低碳减排行为的影响. 科普研究，16（3）：99-106，112.

习近平. 2016-05-19. 在哲学社会科学工作座谈会上的讲话. 人民日报，2 版.

习近平. 2018. 习近平谈治国理政 第一卷. 2 版. 北京：外文出版社.

张伟刚. 2014. 科研方法导论. 2 版. 北京：科学出版社.

中共中央马克思恩格斯列宁斯大林著作编译局. 1972. 马克思恩格斯选集（第三卷）. 北京：人民出版社.

中共中央马克思恩格斯列宁斯大林著作编译局. 1982. 马克思恩格斯全集第四十卷. 北京：人民出版社.

中共中央宣传部. 2018. 习近平新时代中国特色社会主义思想三十讲. 北京：学习出版社.

附 录

我国科普研究领域热点和研究趋势分析

——基于文献计量的分析
（2013～2022 年）

附录　我国科普研究领域热点和研究趋势分析——基于文献计量的分析（2013~2022年）

调研分析科普研究类相关文献，厘清科普研究领域的热点和研究趋势，对于破解当下科普研究困境、助力探索下一步科普研究方向具有重要意义。

一、数据与方法

目前，国内已有学者利用文献研究法分析了国内科普研究的特点与现状，但由于关键词选择具有主观性，研究结果的可信度仍然不高。因此，本研究拟更精确地限定关键词，并使用文献计量法探究科普研究领域的热点和研究趋势。具体来看，本研究旨在确定检索式后在大型中文论文数据库中收集科普研究的相关文献，通过描述分析论文、关键词、作者、期刊等实体层面的具体情况，探究国内科普研究领域包括发文量、主题、学科、作者、机构分布等在内的基本特点，并针对实体间的关系，寻找学术文献集合和作者集合之间的引用、合作、共引等具体关系特点，绘制出科普研究领域的知识图谱。在此基础上，进一步评估国内科普研究学科发展状况，揭示学科内部结构或子学科分布状况，指导未来领域内科学研究和专业期刊的高质量发展。

为了更好地了解国内科普研究领域的现状，本研究以国内科普研究相关的期刊文献为研究对象，选取CNKI作为数据来源。利用CNKI的高级检索功能，将主题词限定为"科普"或"科学普及"或"科学技术普及"或"科学传播"或"科技传播"或"科学技术传播"或"科学教育"，时间设置为2013~2022年，期刊来源类别限定为核心期刊，允许同义词扩展。此外，我们采用《自然-物理》（*Nature Physics*）在2015年提出的算法，使用复杂网络方法针对核心集合的引文和参考文献进行扩展。为保证数据的有效性，通过手动筛选和软件去重进行数据清洗。手动筛选时剔除非学术论文（主要包括公告、新闻、动态、通知、启事等），最终得到有效文献4051篇。

本研究的分析工具是CNKI附带的可视化统计工具以及可视化软件CiteSpace、VOSviewer和Gephi。CNKI附带的可视化统计工具可对CNKI中检索式的全部检索结果进行简单的各实体层面的描述性统计分析和可视化展示。CiteSpace、VOSviewer和Gephi软件则能够用于科学知识图谱的绘制，对于各实体间关系层面的分析和可视化展示效果比较突出。因此，本文综合运用两类工具，更综合、清晰地展现领域特征、研究热点与发展趋势。

二、研究结果

（一）领域文献基本分布情况分析

1. 年度发文量统计分析

年发文量在一定程度上体现出领域研究者的活跃程度与该领域的成熟度，2013～2022年，我国科普研究领域核心期刊共收录3852篇相关文献，年均收录385篇。总体来看，2013～2022年我国科普研究领域年度发文量呈现小幅震荡特点，2021～2022年略有小幅上升趋势，2021年和2022年发文量均超过450篇。

距我国2002年颁布全球首部针对科普的国家法《科普法》已有二十余年，这二十余年间国家持续高度重视科普工作。2007年科学技术部、中共中央宣传部、国家发展和改革委员会、教育部、国防科学技术工业委员会、财政部、中国科学技术协会、中国科学院联合下发《关于加强国家科普能力建设的若干意见》，极大鼓舞了科普研究领域的热情。其后十几年，伴随着互联网等新技术在我国的普及和不断发展，科普研究学术领域一直保持活跃状态，年发文量也基本保持高位稳定。2020年新冠疫情的暴发对人民的日常生活带来巨大影响，为协助疫情防控工作，缓解群众紧张畏惧情绪，国内外科普期刊和其他各类媒体迅速响应，针对新冠疫情相关的重点话题开展全方位科普。在这样的环境下，医学科普与健康科普越来越受到政府与社会大众的关注，相应地，学界关于科普研究的成果数量也明显增加。可见，科普研究的发展除了与科学技术、经济发展水平高度相关外，还受到国家政策与社会热点事件的影响。

2. 主题分布

由附图1可见，2013～2022年我国科普研究领域主题覆盖较广，关键词较为多元，重合率相对较低。其中"科学传播"作为最高频关键词，相关主题文献达到208篇，比频次数量排行第二的关键词的文献数的三倍还多，呈现断层第一的现象。可见，科普工作的主要内容还是关于科学技术的传播，与科学传播理论、实践等相关的研究成果数量也在科普研究领域处于领先地位。

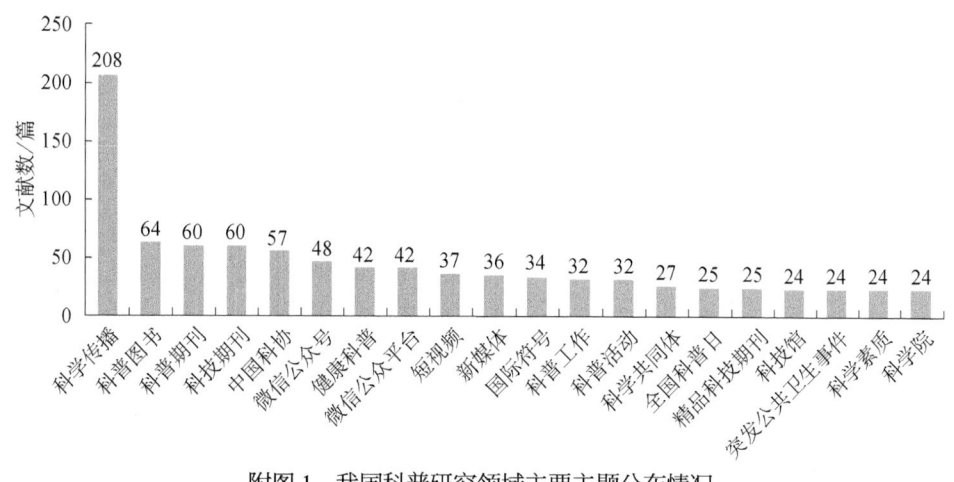

附录 我国科普研究领域热点和研究趋势分析——基于文献计量的分析（2013~2022年）

附图1 我国科普研究领域主要主题分布情况

紧随其后的"科普图书""科普期刊""科技期刊"都是关于科普传播方式的关键词，并且都属于传统纸质媒体。可见在科普工作中，传统媒体还是科普传播的主流媒介形式，在当今互联网信息化时代，传统媒体如何适应、改变、创新也是众多研究科普传播方式的学者所关注的话题。"微信公众号""短视频""新媒体"作为科普传播的新方式、新流量是比较受学者关注的主题。近年来，众多自发进行科普创作的社会大众往往选择公众号、短视频等这些新创作形式和传播模式，参与到社会性科普工作中。但门槛的降低、流量的涌入，也潜藏着一定的问题，对于新媒体环境中科普内容的质量审查、谣言预防问题，以及如何进行辟谣工作，吸引了众多学者的关注，引发了他们的思考与研究。

"健康科普"作为科普研究中的一个重要领域，是众多学者关注的一个主题词。随着国家经济发展水平与医疗卫生水平的不断提高，我国社会公众的平均寿命不断增加，社会大众对于健康的追求也越来越强烈，与之相关的健康科普受到大众的欢迎。"突发公共卫生事件"作为主要主题位列第18位，这个主题主要是由于新冠疫情暴发引起的学术思考。2020年新冠疫情暴发以来，科普研究界对这一事件高度关注，致力于对相关研究与实践提出建议。部分学者从传染病等突发公共卫生事件角度思考科普工作如何帮助全国人民渡过难关。

"科普工作""科普活动""科学素质"等都是与科普工作高度相关的主题，体现了领域研究者对日常科普工作实践的关心与重视。

中国科协、中国科学院作为中国科普工作的领导单位，科技馆作为科普工作具体实践的重要基地，"中国科协""科学院""科技馆"成为部分学者关注的话题。领导单位如何发挥好统筹指挥作用，基地如何为全社会科普工作服务，都是值得思考与探索的主题。

总体来说，2013~2022年我国科普研究领域的主题词分布较广且呈现多元化特点，面向受众的传播手段、科普场所以及日常的科普工作受到学界的高度关注。但高频主题词频率分布的差异较大，"科学传播"作为领域的总括词远比各细分领域相关主题词更受关注，在一定程度上说明学界更多地从宏观角度研究科学普及问题。此外，部分关键词高度展现了研究成果的时效性，以及对于社会大众需求的关注与满足。主要主题分布情况体现出我国科普研究学界紧密联系科普事业实践经验，结合时代热点与研究重点，突出学科理论的传承与创新，促进学科各领域协同发展的认识与态度。

3. 期刊统计分析

由附表1可见，2013~2022年我国科普研究领域发文数量最多的前十种期刊分别为《科普研究》《科技导报》《青年记者》《科技与出版》《中国科技期刊研究》《出版广角》《编辑学报》《传媒》《中国出版》《科技管理研究》，这10种期刊的发文数均在50篇以上。10种期刊累计发文1238篇，占总发文量的32.1%。

附表1 2013~2022年我国科普研究领域高产核心期刊统计

期刊	发文数量/篇
科普研究	321
科技导报	255
青年记者	135
科技与出版	116
中国科技期刊研究	98
出版广角	88
编辑学报	65
传媒	58
中国出版	51
科技管理研究	51

其中，发表相关文献数量最多的是《科普研究》期刊，发文量为321篇，占总发文量的8.3%。《科普研究》是科普研究领域的专门期刊，主要刊载科学传播与普及领域的理论和实践研究成果。其实，现有科普研究领域的专业期刊共3

> 附录 我国科普研究领域热点和研究趋势分析——基于文献计量的分析（2013~2022年）

种，分别为《科普研究》《科普创作评论》《科技传播》。根据《中文核心期刊要目总览》（2020年版），其中核心期刊仅《科普研究》一种。《科普创作评论》主要面向科普创作工作者、科普创作研究者发行，聚焦国内外科普、科幻作品的研究和评论。《科技传播》则从科技传播政策、科技传播实践、科技传播技术手段的发展等多个层面关注科技传播领域，侧重传播学内部的科学内容。相比较而言，《科普研究》面向广大科学传播与普及的研究者和实践者，覆盖领域较为全面，作者群体也比较多元，这可能是《科普研究》期刊是唯一一种专业科普研究类核心期刊的原因，也同样是附表1中仅《科普研究》是专业科普类研究期刊的原因。

《科普研究》创刊于1987年，最初为内部发行，侧重于科普创作理念与方法的研讨，并涉及科普研究、科普活动等相关主题。随后大量译介了国外的科普研究成果和重要科普文献，为国内学者开启了一扇理论视窗。2006年，《科普研究》获准公开发行，载文来源、主题和涉及领域极大拓展，影响力显著提升。迄今，《科普研究》仍是中国科普研究领域影响力最大的专门学术期刊，这也不难解释在我国科普研究领域《科普研究》期刊载文量断层第一的原因。

余下的核心期刊中，《科技导报》《科技管理研究》作为科技相关核心期刊，也刊载了不少科普研究相关的文献。其中《科技导报》多从宏观角度研究科普工作情况，如资源配置、人才发展、工作建议等。《科技管理研究》则多从科普工作管理的具体实践角度研究科普工作情况，多采用案例分析方法。《青年记者》作为注重时效性的期刊，较为关注当今融媒体环境下科普工作的开展情况。《传媒》则刊载了部分从传播学角度研究科普传播方式等相关内容的文献。《科技与出版》《出版广角》《编辑学报》《中国出版》都是出版学相关的期刊，比较关注科普出版的相关情况。《中国科技期刊研究》作为专门研究科技期刊发展情况的期刊，刊载了很多研究科普期刊发展现状、为科普期刊高质量发展建言献策的相关文献。

总的来说，我国科普研究领域的高产核心期刊分布情况与学科分布情况相符合，期刊都属于科学研究管理、出版、新闻与传媒三门学科领域。其中，专业科普研究类期刊《科普研究》的发文量遥遥领先，出版学科领域的期刊数量较多，相关发文量也比较接近。如何保持《科普研究》持续高质量发展、如何增加专业科普研究类核心期刊的数量，是科普期刊研究领域未来急需重视的问题。

4. 作者及作者机构统计分析

某一领域中研究者、发文数量、来源单位的分布，能够体现出该领域的主要贡献者和主要研究机构。对作者自身来说，在某一领域的发文量不仅反映出该作者对该领域的关注度、对学科研究的贡献率和影响力，还能映射出作者对该领域的研究深度。长期关注固定领域且发文数量高的作者形成的核心作者群，可以用于衡量该学科发展的成熟程度。

附表2为2013～2022年我国科普研究领域发文数量排名前20位的重要作者统计，20位作者共发文243篇，占该期刊发文总量的约6.3%。重要作者对我国科普研究领域有较大贡献，王大鹏、贾鹤鹏、郑念等学者最高产，是我国科普研究领域最为活跃的一批学者。从这些学者的单位来看，前20位高产作者中有10位来自中国科普研究所，可见中国科普研究所作为专业的科普研究机构，为领域输送了大量人才以及大量高质量研究成果，他们作为领域的核心供稿者保障了领域持续出现高质量论文。此外，苏州大学、中国科学技术大学、中国科学院大学等高校，中国科协创新战略研究院、中国科学院物理研究所等科研机构，《航空知识》杂志社等杂志媒体也对该领域贡献显著，体现出各机构单位在该领域的学术生产力。

附表2 2013～2022年我国科普研究领域高产作者统计

作者	单位	发文数量/篇
王大鹏	中国科普研究所	33
贾鹤鹏	苏州大学	19
郑念	中国科普研究所	16
汤书昆	中国科学技术大学	16
周荣庭	中国科学技术大学	14
高宏斌	中国科普研究所	12
张增一	中国科学院大学	12
任磊	中国科普研究所	12
任福君	中国科协创新战略研究院	10
何薇	中国科普研究所	10
张超	中国科普研究所	10
齐培潇	中国科普研究所	10
胡俊平	中国科普研究所	10
余敏	《航空知识》杂志社	9
钟琦	中国科普研究所	9
詹琰	中国科学院大学	9

续表

作者	单位	发文数量/篇
刘兵	清华大学	8
刘德生	北京航空航天大学	8
张志敏	中国科普研究所	8
魏红祥	中国科学院物理研究所	8

附表3展示了2013~2022年我国科普研究领域发文量最高的高产机构分布情况，统计出发文数量排名前10位的机构，包括中国科普研究所、中国科学技术馆等科普研究或实践机构，中国科学院大学、清华大学及中国科学技术大学等高校和中国科学技术协会等组织。这说明相关各界对科普研究事业均表现出高度关注和支持的态度，表中各机构投稿数量大、文献质量高，为我国科普研究领域带来了广泛的稿件来源，体现了其在本领域不俗的学术能力，充分显示了"百花齐放，百家争鸣"的学术活力。其中，中国科普研究所的文献发表量一枝独秀，体现了该科研机构在本领域的突出实力和领导作用。其他载文贡献机构主要为各大高校，辅以科研院所和实践机构，大规模且丰富的机构来源对我国科普研究领域未来的人才培养的益处是显而易见的。

附表3　2013~2022年我国科普研究领域高产机构统计

机构单位	发文数量/篇
中国科普研究所	182
中国科学院大学	101
清华大学	77
中国科学技术大学	76
北京大学	43
中国科学技术协会	43
中国传媒大学	37
上海交通大学	32
南京大学	32
中国科学技术馆	30

从地域分布来看，10家高发文机构中，北京有7家，安徽合肥、上海、江苏南京各有1家。可以推断，除与经济发展水平相关外，政治环境、科学氛围、人才资源也是出现这种现象的主要原因。

（二）领域合作网络分析

文献计量学中可以通过共同发表论文来对作者的合作情况进行测度。近年来，学术研究趋于全球化，科学不再仅仅是个体科学家的活动，科学合作的情况在学术研究中越来越普遍，并在科学发展中起到了至关重要的作用，也在机构、规模、地域、文化等方面呈现出异质性、多样性的特点。学者、机构、国家之间从微观到宏观视角下的科学合作，有利于凝结更多学者的智慧，整合研究资源，为同一个研究问题提供更多的解决方案，还有可能提高研究成果的影响力；科学合作还能带来多维度认知资源的联系，促进跨学科学术研究的发展。由于本研究旨在探讨我国科普研究领域的现状，因此仅从微观层面的学者间合作和中观层面的机构合作来进行分析与阐释。

1. 作者合作网络

使用 Gephi 软件选取力导向算法（force atlas algorithm），通过对学者间共同发文的文献进行分析，得到如附图 2 所示的作者共现网络知识图谱。整体来看，我国科普研究领域的学者合作网络是很零散的，处于相同或不同机构的重要作者之间并未形成较稳定的合作关系，学者之间呈现出以重要作者为核心、各自发文的松散格局，缺乏联结紧密的学术团体。偶有几位重要学者间曾经有过少量的合作关系，形成了部分关系不是那么紧密的规模较小的学术团体。大多数学者都处于单独发文的状态，特别是那些仅仅发表过一两篇文献的学者基本都是单独节点。可见，领域内学者间合作关系相对较弱，学者个人研究的状态比较流行。

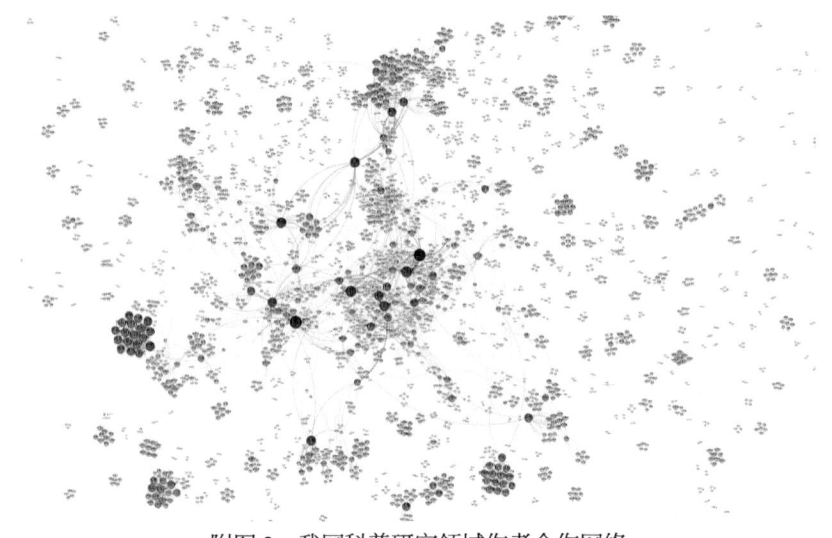

附图 2　我国科普研究领域作者合作网络

附录　我国科普研究领域热点和研究趋势分析——基于文献计量的分析（2013～2022 年）

具体来看，节点较大的几位学者间曾经有过相互交流合作，在图谱中形成了几个作者子网络结构。其中，规模最大、节点数量最多的是以郑念、齐培潇、王大鹏、贾鹤鹏为首的学术团体所形成的网络结构（附图 3）。

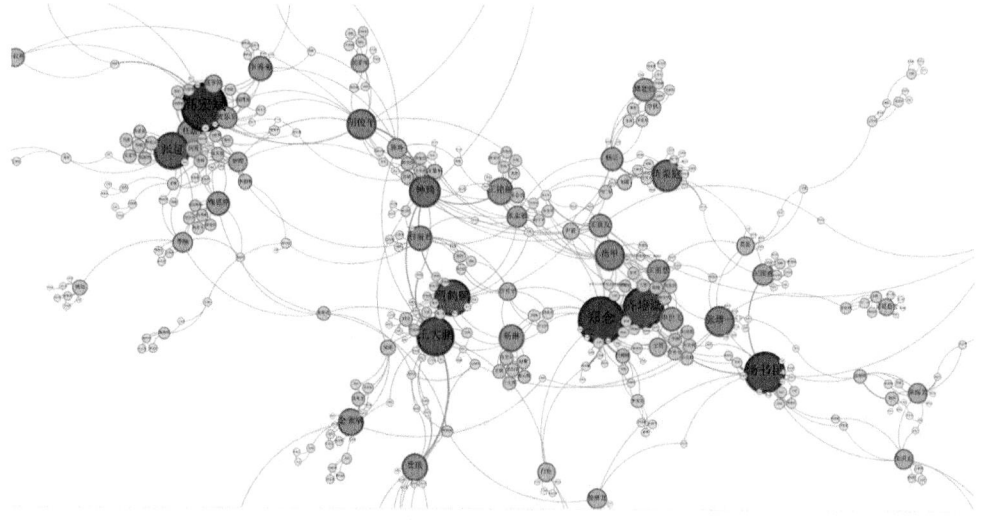

附图 3　我国科普研究领域规模最大的作者合作团体

王大鹏、郑念均来自中国科普研究所，但二人之间并未合作过，作为中介节点连接起二人的是来自首都师范大学初等教育学院的白欣。可以看出，中国科普研究所部分学者与各大高校的学者合作的情况较为常见。以中国科普研究所的郑念学者为例，与其合作的白欣来自首都师范大学初等教育学院，王明来自湖南科技大学，任嵘嵘来自东北大学，王博来自辽宁石油化工大学。与所内王大鹏合作过的高产学者贾鹤鹏来自苏州大学。这体现出我国科普研究领域政府科研机构与各大高校间紧密的合作关系，多元化的学者背景激发了学者在交流合作中碰撞出思想火花。

当今学术领域，研究者相互合作的价值愈发凸显，学者以合著等形式开展学术合作，对学科领域的长远发展具有重大意义。总的来说，2013～2022 年，我国学者在科普研究领域的沟通合作意识不是很强，联结紧密的学术团体数量较少、规模较小，学者间的合作关系相对较弱。未来，领域学者在全身心投入自己的学术研究的同时，也需要加强与其他学者间的学术交流与合作。

2. 机构合作网络

同样使用 Gephi 软件选取力导向算法，通过对文献的作者来源机构进行分析，得到如附图 4 所示的机构共现网络知识图谱。

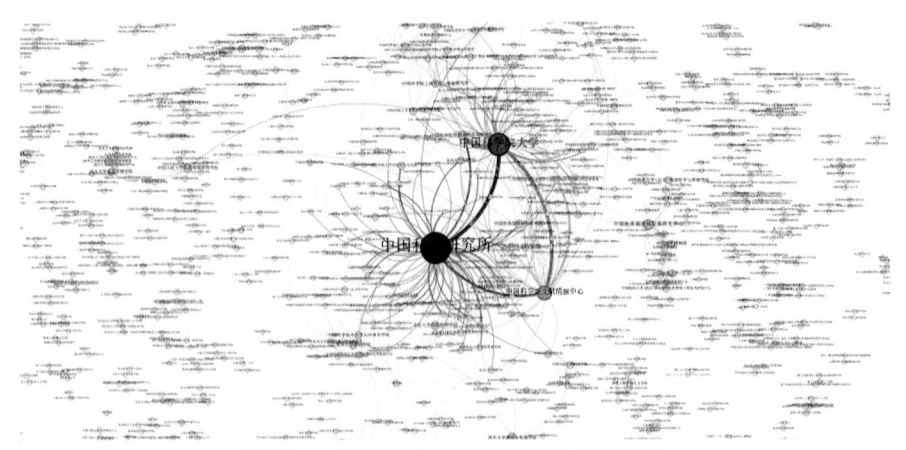

附图4 我国科普研究领域机构合作网络

与作者共现网络知识图谱相似的是，我国科普研究领域的机构合作网络也十分松散，1707个节点间仅有1954条连线（连线数表示节点之间的联系，连线数量越多表明节点之间联系越密切），单独节点机构占绝大多数。领域内机构间整体合作关系较弱。

但领域内也存在一个规模较大的机构合作团体（附图5），图中较大的3个节点是这个团体的中心，即中国科普研究所、中国科学院大学、中国科学院文献情报中心。可见，在我国科普研究领域，科研机构领导着领域内的学术合作，是各机构间交流合作的桥梁和中心。

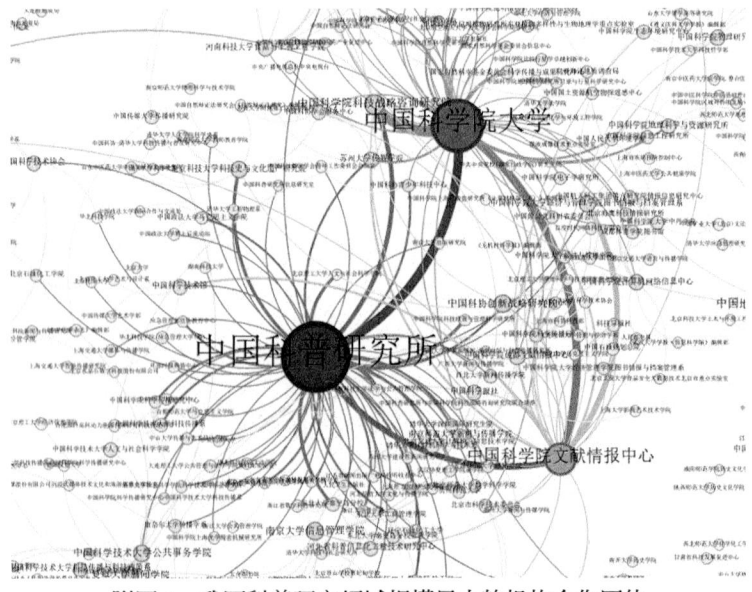

附图5 我国科普研究领域规模最大的机构合作团体

附录　我国科普研究领域热点和研究趋势分析——基于文献计量的分析（2013~2022年）

中国科普研究所作为我国科普研究领域的专业科研机构，同时具有高发文量和高中心性。作为我国科普研究的核心机构，其与众多科研机构，尤其是各大高校都有着密切的合作关系。中国科学院文献情报中心同样是领域内机构间合作交流的中心机构。与中国科普研究所不同的是，中国科学院文献情报中心的科普研究相关发文量并不十分高，合作机构多为科研机构、民间性协会团体，其中还不乏中国科学报社等媒体，合作机构来源十分丰富。

由于各机构研究资源配置的不同，机构间的合作可以帮助学科领域内整合优化研究资源，为同一个研究问题提供更多的解决方案，甚至提高研究成果的影响力，推动领域的成熟与高质量发展。总的来说，我国科普研究领域机构间的合作不是十分紧密，虽然以中国科普研究所为代表的部分机构有着较为广泛的合作网络，但大多数机构仍处于孤立研究状态，这与上文论及的作者间合作有一定关联性。领域内学者和机构间的学术交流与合作亟待加强。

（三）领域研究热点及研究重心变迁

研究热点反映了某时段某一研究领域的研究重点及方向，对于深入了解与分析这一领域的研究内容具有十分重要的意义。关键词作为一篇文献中内容的核心凝练，某一领域关键词出现频率较高就反映了该时段这一领域的研究热点。不同时段的热点关键词不同，在时间尺度上观察热点关键词的变化就能大致推断出这段时间内领域研究重心的变迁及研究趋势变化。本研究通过关键词聚类分析的方法对科普研究领域的研究热点进行分析，并利用关键词时序图和关键词突现分析的方法对研究重心在时间尺度的发展变迁进行分析，以探求我国科普研究领域的研究热点主题和研究趋势变化。

1. 研究热点主题分析

利用VOSviewer软件，可以绘制我国科普研究领域关键词共现图（附图6）和关键词共现密度图（附图7）。由图可知，我国科普研究领域学者关注的关键词十分丰富且联系紧密，如"科学传播""科普""科普图书""科普教育""科普期刊""科技期刊""新媒体"等关键词都有较大的热度。尤以"科学传播""科普"关键词的共现密度最高，可见大多数学者都是选择以这两个关键词为出发点，并结合代表某个具体方向的关键词进行研究。注意，由于已经把相关词汇预先进行了嵌入式表示，因此虽然在图谱中出现了"科普""科学普及"等同义词/近义词，但其在图谱中的距离很近，并不影响聚类效果和图谱解读。这也是本研究中采用嵌入式表示的优势。

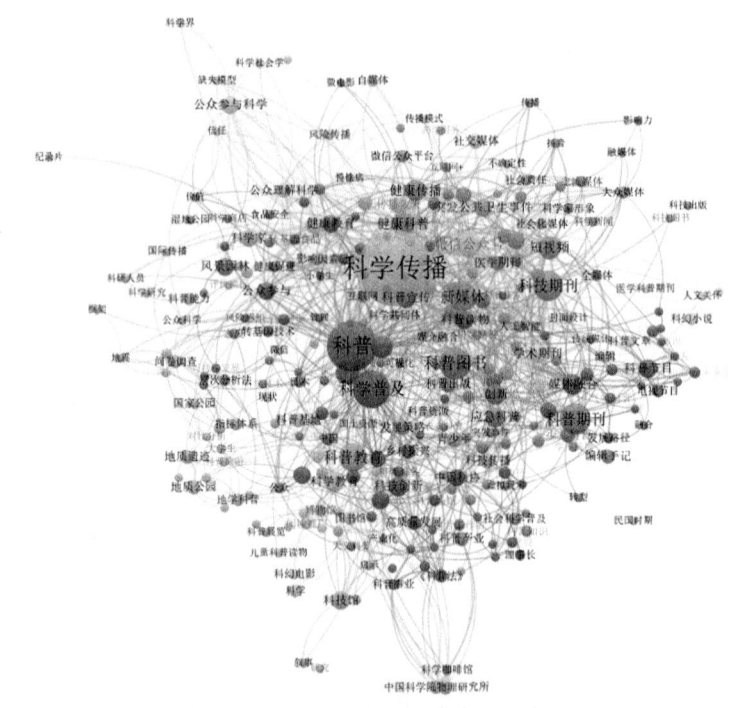

附图6　我国科普研究领域关键词共现图

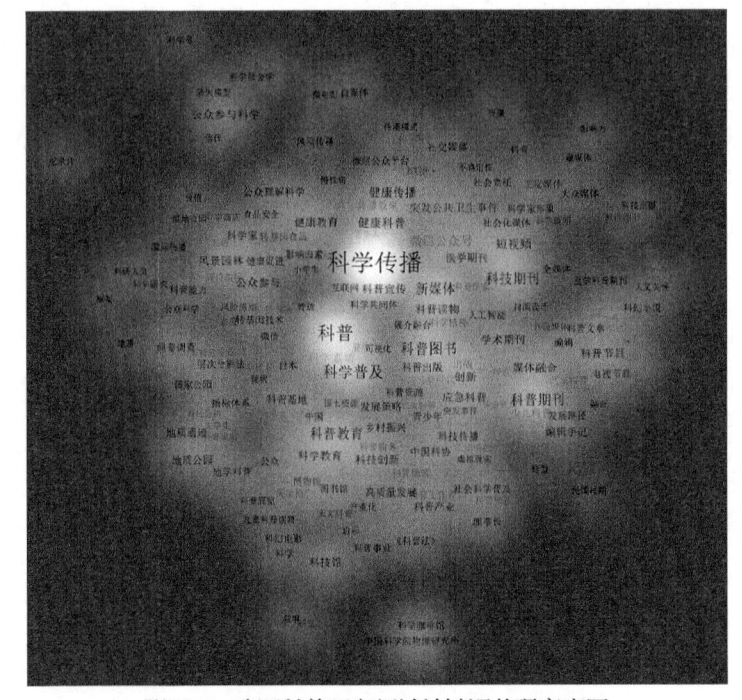

附图7　我国科普研究领域关键词共现密度图

附录　我国科普研究领域热点和研究趋势分析——基于文献计量的分析（2013～2022 年）

运行 CiteSpace 软件，设置时间跨度为 2013～2022 年，时间切片为 1 年，节点类型设置为关键词，TOP N=50，g 指数比例因子 k=12，其他参数为默认设置，采用对数似然比（log-likelihood ratio，LLR）算法，生成节点数为 286、连线数为 661、密度为 0.0162 的关键词聚类视图（附图 8）。从图谱的各项参数来看，模块性 Q 值（modularity Q）为 0.4812，平均轮廓值（mean silhouette）为 0.7866，两者数值均在合理的范围内，说明本研究聚类效果显著。图中呈现了 9 个聚类，分别是"科普""科学传播""中国科协""科普期刊""科学普及""科普图书""科普节目""科普教育""科技期刊"，反映了我国科普研究领域的研究热点。

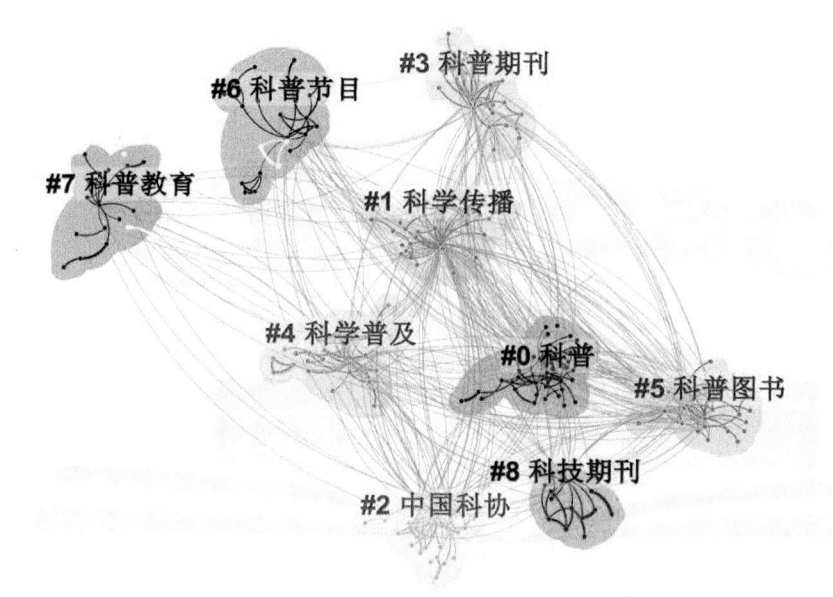

附图 8　我国科普研究领域关键词聚类网络

由于类名选择不够具有代表性，第 0 类类名"科普"与第 4 类类名"科学普及"相似度过高，现根据各聚类关键词情况人为提炼修改聚类名称如附表 4 所示。

附表 4　我国科普研究领域关键词聚类表

聚类号	聚类大小	关键词	聚类名称
#0	35	科普；健康教育；短视频；科普性；抖音；传播力；健康中国；健康促进	健康科普
#1	34	科学传播；转基因；科学家；传播效果；科普期刊；传播模式；信息化	科学传播
#2	31	中国科协；科普活动；疫情防控；应急科普；书记处；座谈会；科普人才	中国科协

217

续表

聚类号	聚类大小	关键词	聚类名称
#3	27	科普期刊；创新；融合发展；少儿科普；全媒体转型；主题宣传；新冠肺炎	科普期刊
#4	27	科学普及；科学素质；公众参与；科学教育；科幻小说；人工智能	科学素质
#5	25	科普图书；健康科普；新媒体；媒体融合；健康传播；出版；融合出版	科普图书
#6	20	科普节目；科普宣传；公益性；档案局；电视节目；主持人；科普内容	科普节目
#7	17	科普教育；青少年；主题讨论；博物馆；乡村振兴；人才培养；认知态度	科普教育
#8	13	科技期刊；大众媒体；影响力；社交媒体；杂志社；知识服务；学术传播；专家论坛	科技期刊

第一类主题：健康科普。这一类是与日常生活中健康教育相关的科普内容，在"健康中国"口号的宣传推广以及时代经济发展水平的支持下，大众对健康科普的关注度越发加强，短视频等新媒体也改变了当前健康科普的传播方式。

第二类主题：科学传播。这一类是有关科学知识的传播方式、传播效果的内容，具体的如科学家、科普期刊在科学传播过程中发挥的作用及效果，以及在具体的某种科学知识传播科普实践中运用的传播方式与传播效果。

第三类主题：中国科协。这一类是有关中国科学技术协会等国内科普研究领域领导机构的工作等内容，特别是有关在疫情防控背景下，如何领导领域做好应急科普工作，以及科普人才培养工作。注意，这一类别的文章很多介于学术论文和研究报告之间。

第四类主题：科普期刊。这一类是有关科普期刊的建设发展问题，在如今融媒体时代，科普期刊要进行创新发展，向全媒体转型，与此同时，在疫情背景下科普期刊需要做好与疫情相关的主题宣传工作，以及在平时注重少儿科普相关的主题宣传工作。

第五类主题：科学素质。这一类是有关公众科普、提高公众科学素质的内容，通过科学教育、科幻小说、科普电影等方式，提高科普中的公众参与度，极大提升公众的科学素质。

第六类主题：科普图书。这一类是有关科普图书的建设发展问题，健康科普一直是科普图书的重要主题内容。在新媒体环境下，科普图书转向媒体融合出版，顺应当下媒体融合趋势。

第七类主题：科普节目。这一类是有关科普节目的制作相关的内容，科普节目的制作需要秉持科普公益性的初心，打造高质量的科普电视节目内容，并注重

附录 我国科普研究领域热点和研究趋势分析——基于文献计量的分析（2013~2022年）

主持人等的配置。

第八类主题：科普教育。这一类是有关青少年的科普教育，科普教育可以以博物馆等科普实践基地为主体，对青少年等特定人群开展有目的的主题讨论活动，这对于人才培养、改善公民对科学知识的认知态度都是极其有益的。

第九类主题：科技期刊。这一类是有关科技期刊的建设发展问题，科技期刊作为知识服务与学术传播的主体，其传播效果是比较受关注的话题。在新媒体时代，科技期刊如何利用大众媒体与社交媒体提升自己的影响力也是十分重要的话题。

由上述对各聚类的具体描述可知，LLR算法在对我国科普研究领域关键词聚类的时候，更像是在为科普研究领域划分子领域，得到的九类关键词的成分构成极其复杂，而且各类间还存在交叉情况。这是由于算法的局限性，也体现出科普研究的研究成果多是针对某一概念实体的全面宏观分析。如果按照科普工作的成分划分，科普研究其实就是关于科普概念界定、科普主体、科普客体、科普传播手段与途径、科普机制与模式、科普实践的评估体系这6种角度的分析探索，这在聚类结果的每一类中几乎都有体现。

当然，LLR算法的关键词聚类结果的确反映了2013~2022年我国科普研究领域的研究热点，有关科普期刊、科普图书等的转型发展问题一直是亟待探讨的领域核心问题，健康科普更是当下关注的热点话题。科学传播、科学素质、科普教育相关的话题则是领域的立身之本，也是国家最为重视的基础科普工作。

2. 研究重心变迁及趋势分析

研究重心的变迁可以简单理解为领域热点关键词的变化，关键词时序图可以用来反映某一研究主题随时间变化的主要研究内容，也能够在一定程度上反映某一时间段内的领域研究趋势。

运行CiteSpace，在关键词聚类分析的基础上，使用时区视图，按时间片段生成科普研究关键词时序图谱（附图9）。整体来看，我国科普研究领域的关键词节点半径较短且数量较多，能够对文献研究重心的变迁做出较为细致的反映。各聚类内关键词之间的共现关系明显很强，表明国内对于相关问题的研究集中在较小的子领域范围内，主题的前后继承关系很紧密。

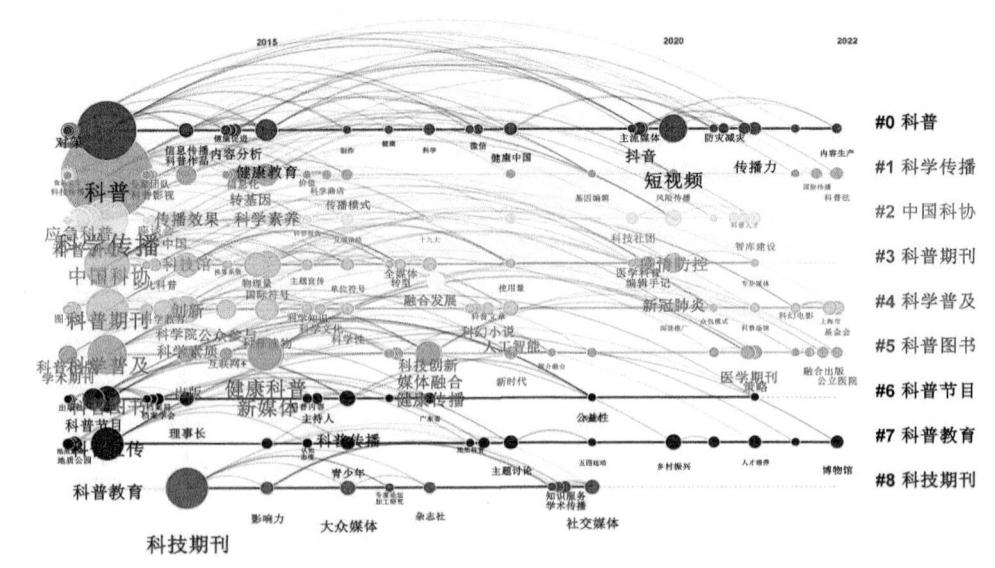

附图 9　我国科普研究领域关键词时序图

　　结合文献阅读、相关背景及软件分析结果，2013 年以来我国科普研究大致可以分为以下三个阶段：稳步发展阶段（2013～2015 年）、全面战略升级阶段（2016～2019 年）和协同深化发展新阶段（2020 年以来）。2015 年我国产生了首批拥有研究生学历的科普专业人才，研究群体发展壮大，且更加专业；2016 年习近平总书记提出"科技创新、科学普及是实现创新发展的两翼"的重要理念；2016 年国务院办公厅印发《全民科学素质行动计划纲要实施方案（2016—2020年）》，对"十三五"期间我国公民科学素质实现跨越提升做出总体部署，并明确这一阶段我国全民科学素质工作的目标是：科技教育、传播与普及长足发展。这些政策的出台促使我国科普研究领域从 2016 年起进入全面战略升级阶段。2020年新冠疫情的暴发、新型社交媒体的空前繁荣发展，以及 2021 年国务院印发《全民科学素质行动规划纲要（2021—2035 年）》，多种原因促使我国科普研究领域从 2020 年起进入深化协同发展新阶段。

　　具体的，突现词是某一个时间段内被引频次突然增多的关键词，可以用来反映某一时间段内的研究前沿。通过研究前沿的识别与追踪，研究者能够了解该学科各阶段的研究演化动态，预测研究领域的发展趋势，并识别需要进一步探索的问题。附图 10 显示的是我国科普研究领域 2013 年以来的关键词突现分布图，其中包含排名前 25 的突现关键词，加深色块显示的是该关键词突现的年份，所有突现关键词按时间顺序排列，可以看出突现研究热点的变化情况。

附录　我国科普研究领域热点和研究趋势分析——基于文献计量的分析（2013~2022年）

关键词	年份	强度	开始	结束	2013~2022年
中国科协	2013	10.52	2013	2016	
科普活动	2013	7.83	2013	2016	
科普工作	2013	5.24	2013	2014	
科技传播	2013	4.28	2013	2014	
科普性	2013	3.65	2013	2014	
科学院	2014	3.93	2014	2016	
理事长	2014	3.66	2014	2016	
国际符号	2015	7.22	2015	2019	
转基因	2015	5.31	2015	2016	
编辑部	2015	4.92	2015	2016	
科普读物	2015	4.88	2015	2016	
物理量	2015	5.79	2016	2019	
大众媒体	2016	3.79	2016	2017	
终身教育	2016	3.5	2016	2018	
科普期刊	2013	5.07	2017	2018	
主题讨论	2018	4.19	2018	2019	
新时代	2018	3.66	2018	2019	
健康科普	2015	6.86	2019	2022	
健康传播	2017	5.18	2019	2022	
短视频	2020	10.97	2020	2022	
新冠肺炎	2020	6.46	2020	2022	
应急科普	2013	6.31	2020	2022	
疫情防控	2020	6.17	2020	2022	
抖音	2020	3.78	2020	2022	
乡村振兴	2020	3.73	2020	2022	

附图10　2013年以来我国科普研究领域TOP 25突现关键词（统计截止到2022年）

稳步发展阶段（2013~2015年）。这一阶段的研究热点主要是关于日常科普工作。"中国科协"在2013年成为研究热点，热度一直持续到2016年。中国科协是中国科普事业的领导机构，2014年起中国科学技术协会以"科普中国"品牌为统领，会同社会各方面推动实施"互联网+"科普和科普信息化建设工程，着力科普内容建设，创新表达形式，借助传播渠道，促进传统科普与信息化深度融合，精准满足公众个性化需求，提高科普时效性和覆盖面。"科普活动""科普工作""科技传播""科普性"等作为科普日常事业的相关关键词，也在这一阶段保持了热度。转基因食品的安全问题一直是学界和大众争论、关注的重点，2015年，"加强转基因科学普及"首次被写进中共中央一号文件，"转基因"也在2015年成为我国科普研究领域研究热点，并在2016年一直保持热度。对于"科普读物"的关注也开始于2015年，并一直持续到2016年。

全面战略升级阶段（2016～2019年）。这一阶段的研究热点主要是关于科普教育、科学传播在具体领域的进一步探索。2016年微信的广泛流行使得"大众媒体"再次回归大众视野，促进科普事业的进一步发展。随着国家对科普教育的重视，科普场馆应成为公众接受终身教育的阵地的观点被提出，并引发2016～2018年学界的热烈讨论。"科普期刊"作为关键词在2013年就已经出现，但在2017～2018年受到了学界更广泛的讨论，在新时代大众媒体环境下，科普期刊如何提升影响力、紧跟时代发展是学界十分重视的话题。2019年，国家卫生健康委员会开始推动"健康中国行动（2019—2030年）"，并指出健康知识普及是行动的首位，随后"健康科普""健康传播"受到学界的广泛关注，2020年新冠疫情的暴发使得健康科普热度高居不下，热度一直从2019年持续到统计截止的2022年。

协同深化发展新阶段（2020年以来）。这一阶段的研究热点主要受到社会热点事件和时代背景的影响。2020年新冠疫情的暴发严重危害了人民的生命健康，使得疫情防控成为全国人民的头等大事，"疫情防控"等话题的研究热度一直持续到2022年末。疫情期间，以抖音为代表的短视频平台成为最流行的大众社交媒体，由于平台的巨大流量和传播速度，以及疫情背景下大众对健康医疗知识的渴望，借助短视频平台进行科普的研究成为领域的新研究热点，该热度也一直持续至今。2021年"7·20河南暴雨"对河南人民造成了极大的生命财产损失，全国驰援河南防汛抢险救灾，"应急科普"成为当时最为热议的主题。"应急科普"作为领域关键词早在2013年就已出现，作为长期性的科普重点工作贯穿科普研究始终。2020年在全面建成小康社会之际，中央一号文件强调继续聚焦"三农"问题，并把"三农"问题定义为乡村振兴，对乡村振兴的科普研究也随之成为领域热点。

从以上领域研究热点及研究趋势分析可以发现，某个研究热点的出现往往是与时代背景、国家政策要求及科学技术发展息息相关的。做好科普及其研究工作，需要在国家顶层设计中的相关政策指导下，密切结合社会热点、经济发展状况及科学技术发展状况，为提升全民科学素质、实施科教兴国战略和建设创新型国家而奋斗。

附录　我国科普研究领域热点和研究趋势分析——基于文献计量的分析（2013~2022年）

三、研究结论

本研究旨在通过文献计量法探究我国科普研究领域 2013~2022 年的研究热点和研究趋势，对领域研究现状的分析结果如下。

（1）从发文量来看，2013~2022 年我国科普研究领域年发文量总体呈平稳趋势，2021~2022 年略有小幅上升，说明我国科普研究领域已经基本成熟，2021~2022 年略比之前受到更多的关注。

（2）从作者来看，我国科普研究领域发文量最高、最为活跃的一批学者大都来自中国科普研究所，此外各大高校也有部分高产作者，这些高产作者往往也是高被引论文作者，他们构成了我国科普研究领域的专业核心作者群。但发文量较多的学者之间合作较少，仅有的几个学术合作团体规模较小，说明我国学者需要强化合作意识，扩大研究范围。

（3）从发文机构来看，我国科普研究领域的高产机构大多为北京的科研机构和高校。其中，中国科普研究所的文献发表量一枝独秀，与其他机构间的发文量悬殊较大，体现了该科研机构在本领域的突出实力和领导作用。但与作者合作情况类似的是，机构间的合作不是十分紧密，虽然以中国科普研究所为代表的部分机构有着较为广泛的合作网络，但大多数机构仍处于孤立研究状态，机构之间的合作意识亟待加强。

（4）从学科分布来看，2013~2022 年我国科普研究领域期刊文献的学科来源十分多样。其中，科学研究管理、出版、新闻与传媒作为最主流的学科来源，占据了科普研究文献的半壁江山，为科普工作提供了普适性的理论来源。其余学科则是与科普内容相关，为具体的科普宣传工作提供独特的领域经验。

（5）从文献来源期刊来看，我国科普研究领域的高产核心期刊分布情况与学科分布情况相符合，高产期刊大多属于科学研究管理、出版、新闻与传媒三门学科领域。其中，专业科普研究类期刊《科普研究》的发文量遥遥领先，但目前领域专业核心期刊就只有《科普研究》一种，且领域最高被引论文大多不是来自《科普研究》。

（6）从研究热点及趋势来看，我国科普研究领域主要围绕健康科普、科学传播、中国科协、科普期刊、科学素质、科普图书、科普节目、科普教育、科技期刊 9 类主题展开，包括对科普概念界定、科普主体、科普客体、科普传播手段与途径、科普机制与模式、科普实践评估体系 6 个角度的分析探索。2013~2022 年领域研究热点经历了从日常科普工作、科普教育、科普期刊、健康传播到新冠疫情、短视频、应急科普、乡村振兴的变迁,其中健康传播、短视频、应急科普从突现至今仍是较受学界关注的主题。

目前,我国科普研究领域存在一些悬而未决的关乎领域未来发展的战略性问题,首要的便是关于科普是否是独立学科的问题。由于科普的综合学科属性,学术界对于科普是否是一门独立学科始终没有达成一致意见。为了我国科普研究领域的良性发展,以及社会科普工作的高效推进,学术界需要尽快就这一问题达成共识,系统构建科普学科体系指导社会性科普工作,并通过修订科普法、建设科普教育体系等具体工作推动学科体系的完善。其次是科普领域期刊发展问题。专业期刊是领域学者发表学术成果、进行学术交流、提升学术影响力的重要途径,也是学科发展的前沿阵地。如何促进科普领域的专业期刊发展一直是学术界面临的重要问题。此外,有关科普领域的合作问题备受学术界关注。由于科普的跨学科属性,我国科普领域的学者来源十分多样化,有来自中国科普研究所的专攻科普研究的学者,有来自科技传播、出版等专攻技术传播的学者,还有来自科学社会学背景的学者等。众多不同背景的学者有着不同的视角、不同的理论基础,如何使这些差异化明显的科普圈子实现有机合作、共同发展,是我国科普研究领域面临的重要问题。

今后,我国科普研究领域需要提高对以下几方面的重视程度。

(1)加强合作意识。各机构间需要加强合作,互相分享合作经验和研究资源,以促进我国科普研究的进度与效率。学者们更应该加强合作交流,为同一个研究问题提供更多的解决方案,促进领域研究发展更加全面化和系统化。

(2)地域协调发展。由于科普研究与具体的科普实践工作息息相关,为了促进全国各地域公众科学素质的共同提升,相关的科普研究工作也应该在各地协同开展。各地区可以依托地方科普实践经验,发表带有地方特色性的科普研究成果。

(3)领域深入细分。目前,学术界对科普研究的学科边界界定较为模糊,对其独立学科的性质承认有限,更多的是利用出版、传播领域的已有知识理论对科普研究进行指导。由于科普研究涉及的学科众多,科普研究领域如何细分是一个十分困难且复杂的问题。但为了领域的进一步深入探索与健康发展,未来需要更多的学者对领域细分方式进行探索,挖掘出更多的微观话题,避免总是从宏观角度浅尝辄止。

(4)紧跟社会热点。分析我国科普研究领域2013~2022年的研究热点及趋势可以发现,某个研究热点的出现往往与时代背景、国家政策要求及科学技术的发展息息相关。科普研究的范围十分广泛、学科界定尚不清晰、体系庞大且复杂，相应的科普工作也难以落实。鉴于运动式的治理经验，科普研究可以紧跟社会热点，并利用研究成果指导当下及之后类似事件发生时的科普宣传工作，并根据实践结果反哺研究，促进领域的长足发展。

（5）借鉴国外经验。我国的科普研究多是针对国内实践的经验总结，缺少对科普相关学术理论的梳理总结与深入探索。国外科普工作开展较早，研究成果较为丰富，国内学者可以对国外科普研究成果进行搜集和梳理，将国外科普理论研究的最新成果与国内科普实践相结合，并对相关理论进行创新性研究与改进，形成适用于我国科普发展特点的理论体系。